KB010562

시간은
흐르는가

시간, 우주, 철학의 상식적 접근과 창의적 발상법

시간은 흐르는가

이창우 지음

생각나눔

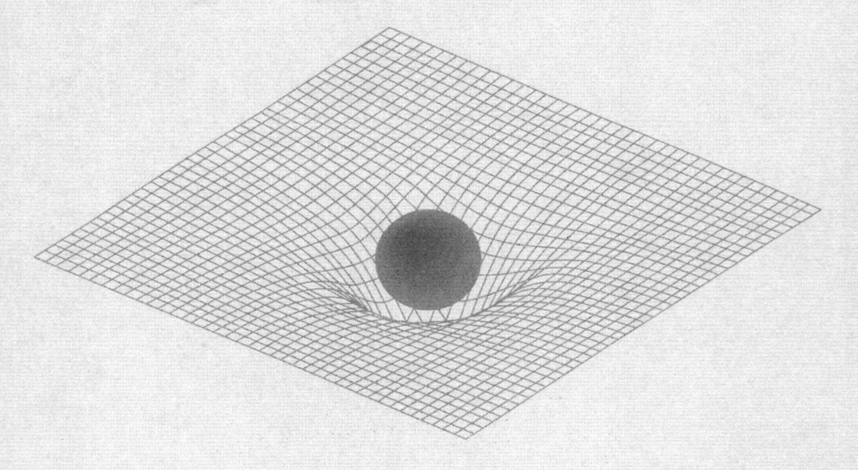

머리말

저 깊은 우주! 모래알처럼 셀 수 없이 반짝이는 별들. 그것이 아무리 신비하고 오묘할지언정 그 원리를 모르고서는 느낄 수가 없다. 그러나 우주의 원리를 안다는 것은 그리 특별한 테크닉이 필요치 않다. 하늘을 올려다보면 그 자체로 이미 수십만 광년의 우주에 도달하고 있다. 별을 본다는 것은 나의 시선이 별을 향한다는 뜻일 뿐 행동으로 다가오는 것은 정작 별이다. 별을 보면서 시간을 헤아릴 수 있다. 저 별은 몇 광년, 또 저 별은 몇 광년 하는 식으로 말이다. 눈에 띄는 별 하나하나마다 각각 시간이 다르다. 내가 현재라면 별은 과거다. 거리가 멀수록 오래전의 과거이고, 거리가 짧을수록 현재에 가깝다. 별뿐만은 아니다. 우리의 시각과 두뇌를 통하여 인식된다면 그것은 언제나 과거일 뿐이다. 물론 '나'라는 존재도 당신이 느끼고 있다면 그것 역시도 이미 과거에 속한다. 이 책을 쓰면서 느낀 점은 나이와 정신은 별개라는 것이다. 필자의 글을 보면 알겠지만, 연식은 들었으되 정신은 짓궂은 개구쟁이와도 같다. 꿈많던 어린 시절 상상력은 필자에게는 아직도 유효한 정보에 속한다. 가끔 필자가 던지는 뜬금없는 질문이 초등학생의 그것처럼 들리는 이유다.

필자는 건축과 관련되는 일을 천직으로 삼고 있는 건축전문가다. 고백하건대 필자는 철학은 물론 천문학이나 물리학을 특별히 공부한 사실이 없다. 다소 비루한 언어로는 인터넷이 강의실이요, 정보게시자가 필자의 스승인 셈이다. 책은 가끔 모셔오는 가정교사인 셈이다. 체계적으로 파고든 것이 없으므로 필자가 떠벌리고 있는 논리들은 대부분 주워 담은 정보와 필자의 창작적 발상일 뿐, 학문적으로 그토록 신뢰할만한 것이라고는 없다고 보아야 한다. 그러나 더러는 연구해볼 가치는 있을지도 모른다. 필자는 난해한 숫자나 수학 공식만 봐도 거부반응부터 든다. 그러한 필자가 감히 물리학이 어떻고 철학이 어떻고를 논할 수 있을 정도의 지식을 겸비했다고는 볼 수가 없을 것이다. 따라서 이 책은 필자가 썼다는 이유만으로도 그 내용은 물리학도 아니고 더군다나 철학도 아니다. 학문은 배제되고 오직 물리학적이거나 철학적인 관점으로 상상한 결과를 알량한 미사여구를 써가면서 글로써 표현한 것이다. 그렇다고 미리 실망할 필요까지는 없다. 가끔은 필자 자신도 놀랄만한 상상력을 발휘하기 때문이다.

이 책의 제1장은 시간과 공간, 제2장은 우주적 관점, 제3장은 철학적 사고라는 이름으로 우선 거창하게 포장을 해놓았다. 그러나 1장, 2장, 3장이라는 구분에 별 의미는 없다. 모든 것이 우주에 관한 이야기요, 모든 내용이 철학적인 관점의 이야기며, 모든 이야기가 생활에는 별 보탬이 되지 않는 이야기일 뿐이다. 다만 지루함을 덜기 위한 술책일 뿐이다. 강조하지만, 이 책은 철학이 아닌 철학적인 관점의 이야기이며, 물리학이 아닌 물리학적인 관점의 이야기다. 지금 이 책의 단점을 이야기하고 있지만, 더욱 결정적인 단점은 이 책은 장르가 불분명하다는 것이다. 두루뭉술하게 인문학 분야일 수도 있고, 수필로 분류될 수도 있다. 욕심을 낸다면 교양 과학이거나 교양 철학일 수도 있다. 책 판매가 부진하다면 자칫 자전적 수필로 전락할 수도 있다. 이 책의 단점 중에는 내용이 두서가 없고 너무 산만하다는 것이 포함된다. 갈릴레오, 뉴턴, 아인슈타인을 이야기하다가 불쑥 소크라테스가 튀어나오기도 하고 유클리드가 나오기도 한다. 참고로 이러한 현상을 양자역학에서는 이해할 수 없다는 뜻으로 불확정성의 원리라고 표현하고 있다.

전작(前作)을 낸 지 대략 3년 만이다. 공저로 출간한 기술사 수험서를 포함하면 필자의 출간은 이 책이 세 번째가 된다. 어느덧 필자도 명실공히 문필가의 반열에 오르는가 보다. 만에 하나 필자의 수필 전작은 절대 읽지 말기를 바란다. 전작을 들춰보면 허술하기 짝이 없고 유치하기까지 하여 얼굴부터 화끈거린다. 출간 당시에는 그래도 자아도취에 빠져 더는 손댈 부분이 없다고 생각했었는데, 작금에 이르러보니 상황이 그 모양이다. 그래서 이번에는 더욱 심혈을 기울였다. 전작에서 수치심을 느낀다는 것은, 그만큼 필자의 역량이 배가되었다는 방증일 것이다. 그러나 이 책의 본문에서도 완벽이란 결함이 없이 완전한 것이고 완전함은 현실에서는 있을 수 없는 일이라고 토로한 바 있으니 그래도 군데군데 아쉬움은 남을 것이라고 본다. 책 소개는 이쯤하고 이제 본문으로 들어갈 차례다. 이 책의 본문으로 들어갈 때는, 그럴 필요까지는 없겠으나, 모든 문을 통과할 때에는 마스크를 착용하자! 창궐하는 코로나-19에도 불구하고 기꺼이 이 책을 맞이해주신 독자 여러분의 옥체 보존과 뜻하는바 만사형통을 빈다.

CONTENTS

제3부 철학적 사고 / 219

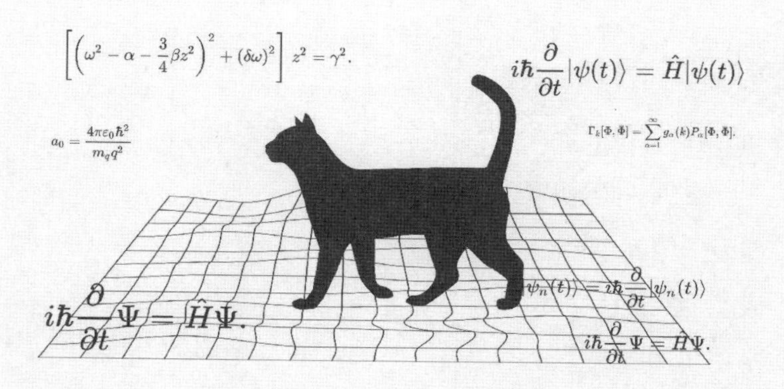

... 우주의 시작점

... 시간은 실재하는가

... 시공간에 대한 고찰

... 시간여행에 대하여

... 빛은 움직이는가

... 우주의 수명

... 시평면(時平面)

제1부

시간과 공간

우주의 시작점

태초에 우주에는 시간도 흐르지 않았고 공간도 없었으니, 우리에게 그것은 하나의 점으로만 묘사되고 있다. 시간이 흐르지 않고, 공간도 없다? 과연 이 말이 무슨 뜻일까? 시간이 흐르지 않는다는 것은 모든 것이 멈춰진 상태라는 뜻이고, 공간이 없다는 것은 아무런 물질도, 물질이 존재할 장소도 없다는 뜻이다. 물질도, 장소도, 그 어떤 존재도 없었으니 '우주는', '우주에는'이라는 주어가 성립할 수가 없다. 공간이 없었으니 어떠한 물체도 물질도 존재하지 않았음은 물론 존재라는 낱말 자체가 성립되지 않는다는 뜻이다. 애초부터 시작이 없었으니 시간은 물론이고, 공간도 형체도 물질도, 아무것도 없는 상황에서 우주는 어느 날 갑자기 대폭발을 일으킨다. 그러나 여기서는 '어느 날 갑자기'라는 표현도 적절치가 않다. 문맥상 '우주'가 '어느 날'보다 선두의 위치에 있는 것도 모순이다. 이 세상의 언어로는 도저히 설명할 수 없는 논리적 오류 속에서 표현 자체도 모순을 안고 태동한 우주는 빅뱅을 시작으로 엄청난 속도로 팽창하여 지금에 이르고 있다. 밝혀진 바로는 그로부터 현재까지 137억 9800만 년 ±3700만 년(**이하 138억 년이라고 하자.**)이라는 세월이 흐르고 있으며, 지금도 그 팽창은 계속되고 있다. 빛의 속도 그 이상으로. 여기서 빛의 속도를 상정하는 이유는 우주의 경계는 최소한 광자(光子)가 미치는 영역까지 포함될 것이기 때문이다. 다시 말해, 빛은 그 밝기가 소멸해 없어질 때까지 희미하게나마 고유의 속도로 끝없이 내 닫을 것이며, 천체의 무리(群) 또한 일정한 속도로 그 간격이 넓어지고 있으므로 '빛이 퍼져나가는 속도+천체 간에 멀어지는 속도=우주의 팽창 속도'로 봐야 한다는 뜻이다. 이 팽창 논리는 일반의 과학이론과는 거리가 멀 수도 있고, 필자만의 생각일지도 모른다. 끝없는 우주에서 경계에 대한 논리를 펼친다는 자체가 모순이지만, 우주는 공처럼 표면이 있다거나 천체의 구처럼 뚜렷한 형상을 가지지는 않았을 것이다. 그러나 우리가 알기로 우주는 분명 465억 광년이라는 반지름을 가지고 있다. 그 465억 광년이라는 우주의 크기를 위 설명대로 빛이나 천체가 존재하는 공간으로 한정시켜야 할지, 아니면 아무것도 존재하지 않더라도 공허한 공간을 전부 포함 시켜야 할지, 그렇게 되면 공허한 공간 뒤에는 또 무엇이 있는지도 궁금해진다. 우주의 나이가 138억 년이라고 했는데 사실 필자는 이 부분이 실제로 밝혀진 사실이라고는 보지 않는다. 그것이 진리가 아닐 수 있다는 말이다. 그것은 어떤 과학자의 계산 결과에 대하여 이를 신뢰하는 자들끼리의 약속일 따름이다. 우리가 경험으로 알 수 있듯이 그 계산 결과가 언제 또 경신이 될지 알 수가 없다. 그렇다고 필자가 밝혀지지 않은 사실에 대하여 그 이유를 설명하거나 증명해 보일 수는 없다. 필자가 만약 그 정도의 위치라면 지금 여기서 한가하게 미주알고주알 토를 달면서 이 글을 쓰고 앉아 있을 수만은 없을 것이다. 따라서 여기에 대하여 부정할 방법이나 별다른 대안이 없으므로 당분간은 과학자들의 약속을 그대로 수용하기로 하자.

빅뱅에서 시작된 우주의 나이가 138억 년이라고 할 때, 우주의 팽창 속도가 순전히 광자가 퍼져나간 속도라고 한다면 우주의 반지름은 138억 광년이 된다. 그러나 빅뱅 초기에는 인플레이션이라고 하는 이상 팽창 과정과 함께 좀 전에 필자가 제시했듯이 천체 간에 선형적으로 멀어져간 속도를 포함함에 따라 우주의 반지름이 현재 465억 광년에 이르고 있다. 예를 들어 반지름이 138cm인 풍선이 있다고 할 때, 내부 압력 대비 풍선을 구성하는 재료의 장력이 한없이 작아져서 갑자기 풍선의 반지름이 465cm로 팽창해 버렸다는 말이다. 더군다나 우주는 빛의 속도 그 이상으로 가속 팽창하기 때문에 우주의 끝이 어떤 장막을 이루고 있을지라도 빛의 속도로는 영원히 우주의 끝 지점에는 도달할 수가 없다. 우리가 빅뱅 이전의 상황을 상정해볼 때 두 가지 상황을 떠 올릴 수가 있는데, 기존의 어떤 공간 속에서 빅뱅이 시작될 것인가 아니면 공간도 없이 하나의 점에서 시작할 것인가의 문제다. 만약 빅뱅 이전의 상황에서 공간을 허용하지 않는다면 우주가 팽창한다는 것은 관측 불가능한 우주를 포함한다. 이때는 관측 가능한 우주는 물론이거니와 관측 불가능한 우주까지도 팽창하고 있을 것이라는 뜻이다. 여기서 생각해볼 문제는 관측 불가능이란 낱말의 범위가 과연 어디까지인가라는 것이다. 이를테면 이미 존재하는 공간 안에서 빛이 닿지 않으므로 인하여 더 멀리는 볼 수가 없다는 뜻이기도 하고, 우리의 시력에 한계가 있다는 뜻이기도 하다. 또한, 풍선의 바깥이 분명 존재는 하는데 풍선 내부에 있는 우리가 그 바깥을 볼 수 없다는 뜻이기도 하다. 풍선의 외부든 공간의 암흑이든 그곳이 아예 존재하지 않는다면 '관측 불가능한'이라는 수식을 쓸 수가 없다. 존재하지만 볼 수 없는 것이 곧 관측 불가능이다. 문제는 관측 불가능한 우주의 크기가 어느 한계로 이미 구획되어 있고 관측 가능한 범위가 확장되고 있는지, 아니면 관측 가능한 우주의 바깥 전체가 끝도 없이 관측 불가능한 우주로 이어지는지 우리로서는 알 수가 없다. 방금 표현한 우주 바깥 전체라는 말도 그 뜻이 모호하다. 우리의 지각으로 전체란 그 어떤 규모일지라도 분명 어떤 한계를 가질 것이기 때문이다. 분명한 것은 우리의 지각 능력으로는 한계가 없는 전체를 머릿속으로나마 그려낼 수가 없다. 현재 시점에서 관측 가능한 우주는 465억 광년이지만 관측 불가능한 우주는 그 끝이 몇 천억 광년인지, 몇 천조 광년인지 알 수가 없다. 그것은 아직 열리지 않은 미래의 우주로서 우주의 종말에 다다를 때야 비로소 그 끝을 알 수가 있을 것이다. 한편, 공간의 구성은 시간의 구성을 배제하고는 성립할 수가 없다. 우리가 언필칭 우주의 나이를 들먹이고 있지만 우주의 나이 138억 년이라는 세월은 지구가 태양을 138억 바퀴째를 돌았다는 의미이다. 우리가 간과하고 있는 것은 시간이란 어떤 천체의 회전 속도로 가늠이 되고 지나간 세월은 그 횟수에 의존하는바 지구를 포함한 태양계는 구성된 지가 고작 46억 년이라는 사실이다. 즉, 46억 년이란, 태양계가 구성되고 지구가 태양을 46억 바퀴를 돌았다는 이야기다. 따라서 그 이전에는 태양도 지구도 존재하지 않았으므로 우주가 얼마나 긴 시간을 존재했었는지 알 수가 없다. 태양계 이전에는 또 다른 천체의 회전에 의존하여 시간을 가늠할 수도 있겠으나 여타의 원시 행성이 지구의 자전이나 공전 속도와 같을 리가 만무하고, 만에 하나 우주에 그 어떠한 회전체도 존재하지 않았다면 우주가 존재한다는 사실만으로는 시간의 길이를 가늠할 수가 없다. 필자의 생각에는 지금 쓰고 있는 광년이라는 단위도 우주적 단위로는 부적절하다고 본다. 광년은 지구 기준의 단위이기 때문이다. 또한, 지금도 속속들이 발견되고 있는 별들 가운데는 46억 광년이라면 그리 먼 축에 들지도 않을 뿐 아니라 빅뱅 후 불과 4억 년인 134억 광년의 별도 발견되고 있기 때문이다. 엄밀히 태양계가 생성되기 전에 출발한 빛은 그 거리를 광년으로는 따질 수가 없다. 우주에서의 단위는 최소 외계의 행성에서도 널리 범용할 수 있는 표준적인 단위가 필요하다고 본다. 이를테면 그 반지름이 태양의 800배에 달하는 베텔게우스에 속한 어느 행성에 지적 생명체가 살고 있다고 하자. 아마 거기서도 광속은 기호만 다를 뿐이지 c의 길이로 통할 것이다. 그러나 지적 생명체의 존재는 어디까지나 골디락스 존[1]에서 가능성이 있다고 할 때 어느 항성에서 골디락스 존의 거리는 항성이 발산하는 열에너지와 관계가 있을 것이므로 예를 들어 베텔게우스가 발산하는 열에너지가 태양의 수백 배라면 응당히 모항성인 베텔게우스에서부터 골디락스 존의 거리도 상당할 것이므로 여기에 속한 행성의 공전거리는 태양계와는 엄청난 차이가 날 것이다. 아마 거기서 1년이라는 세월은 태양계의 1년에 비해 수백 배는 더 길지도 모른다. 이 사실 만으로도 우주의 나이, 우주의 규모를 들먹인다는 자체가 지극히 모순이라고 아니할 수가 없다.

우주 탄생을 규명하는 우주 이론 중에서 가장 정설로 통하고 있는 이론이 현재로서는 빅뱅 이론이다. 앞에서 설명한 바와 같이 아무것도 존재하지 않는 텅 빈 곳에서 어느 순간 뭔가가 일순간에 폭발하여 우주가 탄생하였고, 그 후 지금까지 일정한 속도로 팽창하고 있다는 이론이다. 방금 '텅 빈 곳'이라는 장소의 설정은 잘못된 설정이다. 빅뱅 이론의 초기 설명이 학자나 책마다 대개가 다 이렇게 시작하는 것을 보면 아마 빅뱅 이론에서는 우주가 시작되기 이전에 공간을 허용하는 듯하다. 우주의 나이는 운석의 연대 측정이나 여타의 분석으로 추정해볼 수도 있겠지만, 우주의 팽창 속도를 역산하여 현재 우주의 크기에서부터 좁혀 가면 끝내는 하나의 점에 도달하게 된다. 그것이 지금으로부터 138억 년 전이라는 것이다. 우주는 138억 년 전에 하나의 점에서 시작되어 오늘에 이르고 있다. 그런데 이 분야에 지식이 아무리 짧다고 해도 필자의 견지에서는 빅뱅이 우주의 시작이라는 논리에 동의하기는 어려울 것 같다. 우리가 궁금한 것은 좀 전에 짚어둔 바와 같이 공간도 시간도 없는 무의 상태에서부터 불현듯이 발생하는 우주의 시작점이지 천체가 발생한 시점이 아니라는 말이다. 즉 빅뱅은 우주의 시작에 대한 설명이 아니고, 천체의 시작에 대한 설명이라는 것이다. 빅뱅의 설명은 대강 이렇다. 우주에는 공간이 존재했고 그 공간은 카오스, 즉 혼돈 상태였으며 에너지가 하나의 극한점으로 모여 있는 상태에서 그 점이 갑자기 폭발한 것이다. 눈 깜짝할 사이에 모든 것이 사방으로 퍼져나가 우주를 형성하게 되었으며, 빅뱅을 시작으로 은하가 탄생하고, 별과 행성과 성간 물질이 생겨난 것이다. 그러나 정작 우리가 궁금한 것은 빅뱅 전의 상황 즉 우주 공간이 어떻게 시작이 되었는지가 궁금한 것이다.

공간이 이미 존재하였다면 그 어딘가에서 뭔가가 불현듯 발생한다는 것은 그리 난해한 생각은 아닐 것이다. 우주 탄생 과정을 접할 때마다 우리에게 늘 모순처럼 생각되는 것이 시간과 공간의 시작점이었다. 애초에 공간도 없이 우주가 탄생했다면 그 직전에는 어떤 상황이었을까 하는 문제에 봉착하게 된다. 시간의 시작도 마찬가지이다. 빅뱅을 시작으로 시간이 흐르기 시작했다면 그 직전에는 어떤 상황이었을까 하는 문제가 앞을 가로막게 된다. 3차원의 존재인 필자가 생각하기로, 우주의 팽창에 대해서는 두 가지를 상정해 볼 수가 있다. 하나는 외계를 배제한 상태에서 풍선의 내부가 팽창하듯이 존재하지 않았던 어떤 영역이 확장되어 나간다는 것이다. 이 설명은 곧 빅뱅이 공간을 형성한다는 이야기가 된다. 만약 그렇게 되면 빅뱅 이전은 어떠한 상황이었는지, 우리가 상상하고 있는 그 고립계[2]라는 영역의 바깥, 즉 현재 영역을 벗어난 외계의 형상이 어떠한지의 문제를 해결하지 않을 수 없다. 이 경우에는 그러한 상황을 도저히 이해할 수 없는 우리의 미개한 의식에 책임이 따른다. 또 하나는 이미 완성되어 존재하는 암흑의 공간 속으로 빅뱅에서 출발한 광자가 퍼져나가는 속도에 의해 영역을 확장해나간다는 것이다. 즉, 빛이 나아가는 속도로 우주가 팽창한다는 뜻이다. 허블상수에 따라 실제로는 이보다 훨씬 빠르게 팽창하고 있다. 우리 눈에 보이는 모든 것은 빛이 있으므로 관측이 가능한 것이다. 따라서 이 경우에는 관측 불가능한 암흑의 공간이라는 전체는 이미 존재하고 그 전체 공간에서 관측이 가능한 범위를 확장해나간다는 의미가 된다. 이 논리는 매우 과학적이다. 다만 암흑의 공간은 언제 구성되었는가 하는 의문이 남는다. 이야기가 원점으로 돌아간다는 뜻이다. 우주 공간이 원래부터 있었다고 간단히 이야기한다면 더는 할 말은 없다. 이 경우 우리 의식에 대한 책임의 문제는 따르지 않는다. 다만, 빅뱅이 138억 년 전에 일어났다면 도대체 우주 공간은 언제부터 생겨나 있었을까? 질문만 허공에 남을 뿐이다. 이 문제는 3차원에 존재하는 우리 의식의 한계인지도 모른다. 앞으로 이 문제에 대해서는 3차원 범위에 있는 여러 물리학적 자료를 참고해도 더 진전이 없다면 다소 무리가 따를지라도 좀 더 철학적인 사고로 고찰해볼 필요가 있다.

노벨상에 빛나는 미국의 물리학자 리언 레더먼이 지은 『신의 입자』(박병철 역) 서두에 보면 우주의 시작점을 표현하는 문장으로서 이런 구절이 나온다. "태초에 진공이 있었다. 거기에는 시간도 공간도 없고, 물질도 빛도 소리도 없었다. 그러나 자연을 지배하는 법칙이 존재했고, 신비한 진공은 무한한 잠재력을 가지고 있었다. 그것은 마치 거대한 바위가 절벽 끝에 아슬아슬하게 걸쳐 있는 상황과 비슷했다. (…) 진공의 균형은 깎아지른 절벽 끝에 걸쳐 있는 거대한 바위처럼 극도로 정밀하고 아슬아슬해서, 털끝만 한 변화가 생겨도 '우주 창조'라는 엄청난 사건이 벌어질 태세였다. 그리고 그 사건은 결국 일어나고 말았다. 무(無)가 초대형 폭발을 일으키면서 엄청난 빛과 함께 시간과 공간이 탄생한 것이다." 필자의 생각으로 위 인용문은 시간과 공간의 탄생을 설명하기에는 모순이 있다. 이 문장들은 처음부터 끝까지 어떤 기회를 내포하고 있다. 기회란 시간을 수반하지 않고서는 존재하지 않는다. 방금 필자가 말한 '수반'이나 '존재' 역시 시간을 배제한다면 성립할 수가 없다. 위 문단 전체에서 처음부터 끝까지 이미 시간은 흘러가고 있다. 문장의 시작부터 '~태세였다.'까지는 공간적 변화가 없이 시간만 흐르고 있고, '그리고~'부터 '~탄생한 것이다.'까지의 문장에는 시간과 함께 극적인 공간적 변화를 동시에 수반하고 있다. '아슬아슬해서', '태세였다.', '일어나고 말았다.', '탄생한 것이다.'라는 단어나 문장들은 그 자체로 이미 시간을 소비하고 있다. 진공이 있었거나 잠재력을 가졌거나 진공의 균형이 있었다는 것은 주체의 관점이든 객체의 관점이든, 무엇인가의 현상이 있으므로 성립할 수가 있다. 내가 그것을 지각하든지 객체가 그 자체로 어떤 현상을 이루든지 시간이 수반되므로 성립하는 것이다. 성경의 창세기 첫 구절에 보면 절대자가 천지를 창조하여 빛과 어둠을 나누고 하늘과 땅을 만들면서 지구환경을 구성하는 이야기로 전개되는데, 폭넓게 관찰해보면 절대자라는 주체의 상정만 다를 뿐 빅뱅의 이론 및 책에서 전해지는 태초의 지구 환경과 배치되는 부분은 그다지 많지가 않다. 성경도 어떻게 보면 인간이 만들어낸 이야기이고 우주 탄생도 인간이 생각해낸 원리이니 우주 탄생을 보편적인 과학이론으로 도출해내는 데 성경 내용 말고는 갖다 붙일만한 별다른 스토리가 없었다는 뜻이리라.

망원경으로 시간을 볼 수 있다는 말은 참 허황하고 신기하지만 실제다. 우리의 시각(視覺)에서 먼 곳일수록 과거에 가깝고 가까운 곳일수록 현재에 가깝다는 등식은 성립한다. 50광년 거리의 별을 관측한다는 것은 50년 전의 그 별을 지금 보는 것이다. 우주의 나이가 138억 년이라고 했을 때 만일에 빅뱅 과정에서 이상 팽창의 과정이 없고 허블상수도 무시되고 우주가 시작부터 현재까지 다만 빛의 속도로만 팽창해왔다면 138억 광년 거리의 별을 본다는 것은 우주의 시작점을 본다는 뜻이다. 그렇다면 정확하게 138억 광년, 빅뱅의 순간을 망원경으로 포착한다면 우주의 시작점이라고 표현되는 그 입자, 그 폭발 장면을 볼 수 있을까? 여기에 대한 필자의 생각은 다음과 같은 이유로 매우 비관적이다. 우리는 빅뱅의 폭발 압력을 동력으로 하여 하염없이 밀려나고 있는 파편에 빌붙어있는 먼지에 불과하다. 여기서 빅뱅의 구성이 폭발의 성질인지 아닌지는 중요하지 않다. 다만 폭발과 팽창은 그 메커니즘이 화학적 반응의 결과인지 아니면 화학적 반응을 포함한 어떤 충격에너지에 의한 물리량의 결과인지 문제일 뿐 단위 시간에 작용하는 압력이나 속도에서는 둘의 구분이 무의미하다. 그렇다면 내가 북한의 도발 수단이라고 생각되는 그 핵폭탄의 껍데기에 붙어있는 먼지라고 가정하고, 이 핵폭탄이 탑재된 미사일이 '존엄하신 국무위원장님'의 지령에 따라 발사되어 날아가다가 어느 순간 공중에서 폭발을 해버렸다고 하자. 폭발과 동시에 번쩍하는 빛을 선두로 하여 압력과 파편들이 방사상으로 일순간 흩뿌려져 나갈 것이다. 내가 빌붙어있는 파편은 우주 공간으로 한없이 뻗어 나갈 텐데, 우주의 시작점을 본다는 그 원리대로 좀 전의 폭발 장소를 되돌아보면 폭발 장면은 볼 수 없고 폭발 잔해만 뿌옇게 남아있다. 왜 그럴까?

내가 남긴 과거를 내 눈으로 목격하기 위해서는 내가 빛의 속도를 앞질러가야 한다. 즉, 폭발과 동시에 발생한 빛의 속도보다 내 속도가 커서 폭발 당시 장면의 정보를 담고 진행하고 있는 광자의 속도를 앞질러 가서 기다려야 한다. 그러나 애석하게도 내 동작이 아무리 빨라도 첫 장면은 볼 수가 없다. 예를 들어 나의 속도가 빛의 속도보다 두 배 빠르다고 한다면, 폭발 직후 한 시간이면 2광시(光時)에 도착한다. 이 2광시의 장소에서 폭발 장소를 보면 처음 1광시 만큼의 폭발 장면은 이미 스쳐 지나가 버리고, 나머지 1광시에 해당하는 거리에서 폭발의 파편들이 날아오고 있는 장면만 보일 것이다. 따라서 내가 멀어지고 있는 속도가 빛의 속도 이하라면 나의 과거는 절대 볼 수가 없다. **(※1광시(光時)= 빛이 1시간 동안 진행하는 거리)** 빛보다 빠른 속도는 없다고 하는 우리의 물리법칙이 사실이라면, 우리에게는 빅뱅의 순간을 포착할 길은 없다. 다만 아직은 실용되지 않은 방법이지만 하나의 길이 있다면 타임머신을 이용하는 방법이 있다. 타임머신을 타고 빅뱅의 순간까지 한번 가보는 것이다. 그러나 장담하건대, 그것이 가능할지라도 절대 살아 돌아올 방법은 없다. 더군다나 빅뱅에는 나의 과거가 존재하지도 않을 뿐만 아니라 빅뱅은 무에서 시작한다고 했으니 가봤자 거기에는 아무것도 없다. 여기에 대한 자세한 이야기는 조금 후에 펼쳐지는 '시간여행에 대하여'에서 논하기로 한다.

앞에서 이미 고찰해보았지만, 관측 가능한 우주는 수백억 광년에 육박한다고 보고되고 있고, 관측 기계의 발달로 수십억 광년 우주 저편에 있는 별들의 관측이 가능해졌다. 결론적으로 '관측 가능'이라는 말에는 두 가지 의미가 있다. 하나는 우주가 열려있는 범위라는 뜻이고, 하나는 현재까지 개발된 관측 기계의 성능을 뜻한다. 관측 가능한 우주는 과거를 포함한 현재까지의 우주라는 뜻이고 관측 불가능한 우주는 이미 어딘가 존재는 하지만 아직 팽창 구간으로부터 확장되지 않은 미래의 우주라는 뜻이다. 현재의 우주는 공간적으로 465억 광년만큼만 열려있다. 일부는 과거에 존재하고, 일부는 미래에 존재하는 것으로 과거, 현재, 미래가 동시에 분포하는 것이 우주다. 우주는 시간적으로도 공간적으로도 이미 모든 것이 펼쳐져 있다. 우스갯소리로 우주는 이미 갈 데까지 가 있다는 말이다. 우리는 시공간적으로 방대하기 짝이 없는 우주의 현재를 기준으로 시간적으로는 대략 138억 년 과거의 끝자락에 존재한다. 우주적 범위에서 볼 때 우리는 빅뱅에서부터 현재까지 모든 과거를 답습한 후에야 오늘에 이르고 있다. 이미 모든 것이 펼쳐져 있는 가운데 과거의 우주는 우리 눈으로 관측이 가능하지만 미래의 우주는 관측할 수가 없다. 미래는 펼쳐져 있으나 우리가 아직 도달하지 않은 곳이기 때문이다. 우리의 존재를 시간적으로 좀 더 정확하게 표현하자면 우리는 현재가 아닌 과거와 미래의 중간지점에 있다. 지금 지나가고 있는 이 순간순간이 현재의 연속이며 현재는 과거와 미래의 경계일 뿐 시간적으로나 공간적으로 우리가 존재할만한 길이나 폭은 주어지지 않는다. 따라서 우리가 관측하거나 인식할 수 있는 것은 언제나 과거일 뿐이다.

시간은 실재하는가

시간은 과거, 현재, 미래로 구성되고 전과 후라는 방향성을 가진다. 시간이 전에서 후로 변화하는 현상을 두고 우리는 '시간이 흐른다'고 표현한다. 강은 위쪽에서 아래쪽으로, 높은 쪽에서 낮은 쪽으로 흐르지만, 시간은 미래에서 과거로, 전에서 후로 흐른다. 시간은 실체가 없으므로 존재한다고도 볼 수 없으며, 물리적 현상의 어느 측면에서 공간과 함께 인식될 뿐이다. 시간의 흐름으로 인식될 수 있는 것은 물질의 상태 변화와 공간에서의 위치 변화이다. 그러나 이 말은 우리 자각의 결과일 뿐 원자 단위로 보면 후자에 국한된다. 물질이라는 자체가 원자들의 집합이다. 현재까지 밝혀진 바로는 원자는 그 특성에 따라 고유한 형체가 있고 그 형체는 변하지 않으며 원자들이 모여 분자를 이루고 분자는 물질을 이룬다. 물질의 변화란 원자의 위치가 변화하고 재배열되는 과정에 대한 표현일 뿐이다. 시간이 흐른다는 것은 어떤 물질의 모양이 변화한다는 뜻이고 물질의 모양이 변화한다는 것은 물질을 이루고 있는 원자의 순서가 재배치된다는 뜻이다. 따라서 시간이란 원자의 배열 과정에 대한 범용적인 표현일 뿐이다. 어제의 당신과 오늘의 당신이 동일체인 것 같지만 세포 단위로 관찰하면 오늘의 당신은 어제의 당신에서 완전히 다른 세포로 재배열되고 있다. 그러한 현상을 두고 당신은 늙는다고 표현을 한다. 방금 확인했지만 우리는 늙어가는 것을 세포 조직의 변화에 따른 생물학적인 작용으로 알고 있다. 사실 늙는다는 것과 나이를 먹는다는 것은 차이가 있다. 나이를 먹는다는 것은 원자들이 당신이라는 형체를 구성하고 있는 동안 지구가 태양을 몇 바퀴째 돌고 있는지에 대한 산술적인 셈법이고, 늙어간다는 것은 당신을 구성하고 있는 원자가 배열 구조를 바꿈으로 인하여 당신이라는 물체가 물질적으로 변화해 간다는 뜻으로서 그것은 엄격히 화학적인 작용이다. 늙어간다는 실례는 별로 영광스럽지도 않을 텐데 여기에다 당신을 빗대니 듣고 있는 당신은 기분이 나쁠지도 모르겠다. 그렇다면 정정한다. 필자라는 물체라고 하자! 나이를 먹는다는 것은 내가 아닌 어떤 제삼의 물체, 이를테면 지구라는 행성이 위치 이동을 하면서 회전을 몇 번이나 반복했느냐 하는 횟수의 표현이고, 늙어간다는 것은 필자 자체를 구성하는 물질 원자가 배열을 바꾸면서 폭삭! 변화해 간다는 뜻이다. 전자(前者)는 중력의 법칙에 따른 거시적인 표현이고 후자(後者)는 양자역학에 따른 미시적인 표현이다.

우주의 넓이가 특정될 수 있다고 가정하면 그 전체 넓이의 팽창 속도는 빛보다도 빠르고, 지구의 공전과 자전, 태양계의 공전과 자전, 은하의 공전과 자전 속도의 합은 곧 당신의 위치 이동에 시간적 속성으로 추가된다. 당신은 의자에 앉아서 꼼짝하지 않는다고 해도 우주적 관점에서 관찰하면 당신의 속도는 밤하늘의 유성보다도 빠르다. 책을 읽다가 "운동하는 물체를 연구한다는 것은…"이라는 문장이 있다. 이 문장으로 유추해보면 운동하지 않는 물체도 존재한다는 뜻으로 해석이 된다. 그러나 그것은 단지 지극히 제한된 어느 위치에서의 상대적인 움직임에 한정될 뿐이다. 우주적 관점에서는 만물이 역동한다. 삼라만상, 우주 만물 중에서 제자리에서 가만히 있는 것이라고는 아무것도 없다. 산과 들판은 저곳에서 가만히 있는 걸까? 절대 그렇지 않다. 우리의 지각으로 감히 감지할 수 없을 뿐, 산과 산이 멀어지거나 가까워지고 대륙은 쉬지 않고 움직이고 있다. 지구는 태양 주변을 돌고 있고 태양은 우리은하를 돈다. 은하는 소우주를 돌고 소우주는 대우주를 돈다. 우주는 팽창하는 가운데 우리는 지구를 타고 하염없이 날아가고 있다. 사람이 늙는 다거나 철근이 녹 쓰는 것은 형상의 변화이고 지구의 자전과 공전, 낮과 밤, 사람의 움직임 등은 위치 변화이다. 그러나 원자 단위로 관찰하면 규모의 차이만 있을 뿐 둘 다 위치 변화이자 분산과 집합의 연속으로서 그 개념은 크게 다를 바가 없다. 지금 이야기는 시간의 객체에 대한 관점이다. 강은 강물이라는 실체가 있고, 강물의 움직임을 두고 강물이 흐른다는 표현을 쓴다. 그러나 시간은 실체가 있다거나 그 길이를 구체적으로 느낄 수 있는 것이 아니다. 다만 의식의 작동과 함께 변화되는 의식의 전개 과정이 관념 속에서 느껴질 뿐이다. 의식의 전개 과정 또한 뉴런과 시냅스에 의한 신경전달물질의 전달 작용이다. 따라서 시간이란 공간 속에서 이루어지는 어떤 사물의 변화 과정이나 원소들의 움직임에 대한 또 하나의 표현 방법이며, 그와 동시에 공간을 배제한다면 시간을 떠 올릴 수가 없다. 우주에 물질이라고는 없고, 공간이 없다면 시간이라는 개념조차도 부여할 수가 없다. 아니, 공간은 허용하더라도 물질이 없다면, 물질이라고는 하나의 원자조차도 존재하지 않는다면, 그 공간 속에서 시간은 무의미해진다. 우주가 물체도 물질도 없는 빈 허공이라고 가정해보자. 변화라는 속성을 가지지 않고는 시간은 무의미해진다. 여기서는 태양도 없고 달도 없고 지구 또한 없으므로 '어느 날'이라는 시점을 특정할 수가 없다. 허공만 존재하고 변화라는 속성이 없으므로 오직 지속이라는 개념만 존재할 뿐 과거나 미래도 부여할 수가 없고 또한 성립하지도 않는다. 거듭되는 이야기지만 시간이란 물질이 갖는 변화의 속성에 지나지 않으며, 물질의 변화 역시도 세포와 세포, 분자와 분자들이 가지는 이합집산의 연속일 뿐이다. 시간의 지속을 정량적으로 표현해낼 방법으로는 사물이 변화하거나 위치가 이동되는 속도뿐이다. 단지 강이 흐르는 것을 강이 '느리게' 흐른다거나 '빠르게' 흐른다는 것과 같이 강의 흐름, 더 엄격히 표현하면 물질 또는 파장의 위치이동이나 물체의 양자적 변화과정을 시간이라는 속성으로 대치할 수가 있다. 모든 물체와 물질은 원자들의 조합이다. 시간은 물질을 구성하는 입자들이 원리에 순응하기 위하여 발산과 수렴, 분산과 집합을 거듭하는 작용으로서 자연을 구성하고 있는 원소들의 위치가 수정되는 현상일 뿐 시간이라는 실체는 없다.

우리는 과거, 현재, 미래 중에서 현재만 체험할 수 있다. 과거는 이미 사라지고 없고, 미래는 아직 나타나지 않았기 때문이다. 그러나 엄격히는 현재도 존재하지 않는다. 시간상으로 우리가 살아가고 있는 위치는 현재라고는 하지만 정확하게 현재라는 것은 시간적 길이로서 존재할 수가 없다. 현재란 과거와 미래를 구분 짓는 경계일 뿐이며, 시간이라는 단위 개념으로는 표현될 수 없다. 미래에서 과거로 교체되는 순간이 현재이고 우리의 의식은 항상 과거에 존재할 뿐이다. 우리가 어제의 일을 생각한다고 할 때 어제의 일은 과거의 사건이고 그 생각은 현재의 사건이며 생각하는 행위 자체에는 시간적 길이가 존재한다. 그러나 그 길이도 순간의 연속일 뿐이며 순간순간의 발현과 동시에 이미 모든 것은 과거에 편입되어 있다. "좀 전에 내가 무슨 생각을 했지?"라고 생각한 그것은 물론 그 의문 자체도 이미 과거인 것이다. "지금!"이라고 현재의 순간을 지시함과 동시에 그 지금의 순간은 이미 과거에 속해 있다. "조금 후"라는 미래의 시간도 현재에 도래되는 순간 0.1초의 시간도 머무르지 않고 곧바로 과거에 귀속되어버리고 만다. 현재는 그렇다고 하더라도 우리의 기억으로는 과거가 대단히 길게 펼쳐져 있는 것으로 생각하고 있다. 우리가 꿈꾸고 있는 미래 또한 앞으로 그 길이가 장황하게 전개될 것이라고 믿는다. 그러나 그 생각과 동시에 그것은 과거에 편입되고 있다. 모든 것은 과거라는 이름으로 쌓아두고 있지만, 시공간 어디에도 과거는 길이로서 존재하지 않는다. 다만 기억이라는 형태로 과거가 존재할 뿐이다. 기억도 회상이라는 형태로 시간을 소비함으로써 도출이 가능하고 회상이라는 행위가 현재라는 단계를 거쳐야 한다면 우리에게는 그것이 미래일 수밖에 없다. 그러나 우리 의식을 통한다면 상상으로도 미래는 산출해낼 수가 없다. 미래를 꿈꾸는 순간 그 행위는 '좀 전에 그 생각'이라는 형태로 이미 과거에 편입되기 때문이다. 따라서 미래는 그 어떤 형태로든 이 세상에 절대로 구현해낼 수가 없다. 태양 빛이 8분 만에 우리의 시야에 들어오니 우리가 보는 것은 8분 전 과거의 결과라고 믿고 있다. 그러나 태양의 8분 전은 태양 그 자체의 과거일 뿐 우리의 시야를 거쳐야 한다면 우리에게는 그 또한 미래가 되는 것이다. 그러나 미래는 떠올리는 순간 과거에 편입되고 만다. 시간은 미래에서 과거로 변환되는 순간순간의 연속일 뿐이며 과거, 현재, 미래, 어디에서도 우리가 알고 있는 길이 형태의 시간은 존재하지 않는다. 따라서 시간을 길다거나 짧다고 표현할 수가 없고, 실체가 없으니 이 세상에 존재한다고 표현할 수도 없다. 시간은 길이로서는 표현할 수 없는 물질 변화의 또 다른 표현이며, 물질 변화는 곧 원자의 위치 이동을 수반하는 순간순간의 연속일 뿐이다. 누군가가 이 세상에 시간의 발명만큼 위대한 발명은 없다고 했었는데 필자가 생각하기로 그것은 시간의 내면을 간과한 설명이며, 시간은 우리의 의식에 심각한 왜곡을 가져다줄 뿐이다.

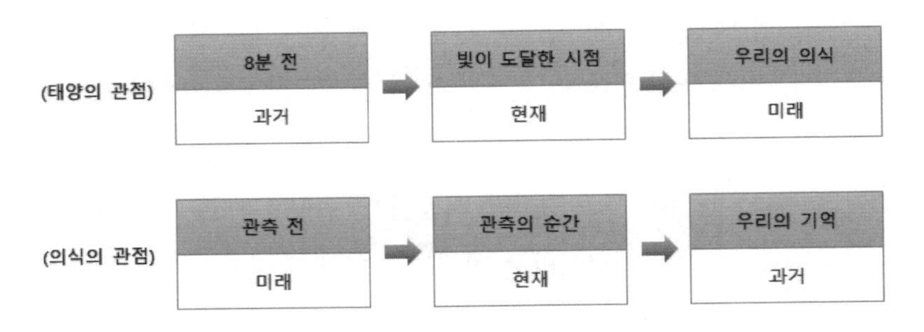

"시간이란 무엇인가? 아무도 내게 이런 질문을 하지 않아도 나는 그것을 알고 있다. 하지만 누군가 내게 물어보고 내가 설명하려고 하면 시간이 무엇인지 도대체 알 수가 없다." 기독교가 낳은 위대한 철학자 성 아우구스티누스의 시간에 대한 설명이다. 앞에서 無의 개념에 대해 언급했듯이, 세상에 아무것도 없는 것을 표현하는 것만큼이나 시간에 대한 설명은 어렵다는 뜻으로 해석된다. 우리는 하나의 공간 속에서 과거와 현재를 동시에 의식할 수가 있다. 나는 현재이고 내가 보고 있는 것은 언제나 과거에 속한다. 하늘에 보이는 태양은 8분 전의 과거이고, 바로 앞에 보이는 물체도 엄밀하게는 좀 전에 그 물체로부터 떠나 나의 망막에 맺히는 광자의 정보를 뇌가 편집하여 의식하는 것이다. 시간 단위를 쪼개면 찰나가 된다. 우리가 보고 있는 것은 과거이며 매 순간의 찰나를 연결한 것이다. 조금 완곡하게 표현한다면 시간은 시각(時刻)과 동시에 시각

(視覺)으로 느끼는 것이다. 시간은 공간과 함께 느낄 수 있으므로 시공간이라 한다. 우리는 시간을 길이로 느끼고 있으나 그 형체를 알 수가 없다. 우리가 지각할 수 있는 감각정보는 어떤 논리와 어떤 형체로 구체화되어야 하는데, 사실은 우리의 지각으로는 시간의 실체를 느낄 수 없을 뿐만 아니라 그것이 이 세상에 어떻게 분포하는지 논리적으로 정확하게는 설명할 수가 없다. 그러한 까닭에 무리하게나마 시각적으로 그 형체를 표현하기 위한 여러 가지 기하학적 이미지가 등장하곤 하지만 3차원의 존재인 우리에게는 시공간은 말로도 설명이 어렵듯이 절대 시각적인 이미지로는 그 형상을 설명할 수가 없다.

설명이 제자리에서 맴돌고 있을 뿐 진도가 나가지 않는 느낌이다. 대철학자 아우구스티누스도 설명하지 못한 것을 필자가 어떻게 설명을 하겠는가? 그렇다면 방향을 바꿔보자. 지금까지 시간은 물질의 위치 변화로 정의되었다면 지금부터는 그 역의 상황으로 시간이 정의된다. 즉, 공간의 움직임은 시간의 흐름에 따라 동반되는 현상이다. 사물이 변화하거나 위치가 이동되기 위해서는 우리가 이토록 어렵게 설명하고 있는 시간, 즉 시간적인 길이가 필요하다. 강물이 흐르고 있는 경우를 생각해보자. 어느 시점에서 시간이 멈춘다면 강물은 파동도 움직임도 일순간 사라져버리고 만다. 물속에서 노닐던 물고기는 투명한 호박 속의 화석처럼 굳어져 버리고 말 것이다. 그러나 이 설명도 성립할 수가 없다. 시간을 수반하지 않는다면, 이 세상에는 순간도 없다. 순간이 없다면 시각적(視覺的)으로 나타날 수 있는 이미지라고는 아무것도 존재할 수가 없다. 방금

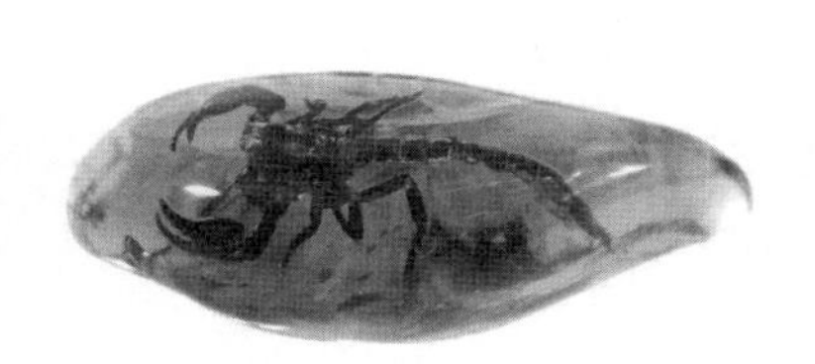
전갈이 들어가 있는 호박
(사진출처: 네이버)

쓴 '이 세상'이라는 낱말은 또 무슨 의미가 있겠는가? 시간이 흐르지 않는다면 이 세상도 있을 리가 없다. 순간도 없고 이 세상도 없다고 했으니 우주가 태동하기 전의 상황이 아마 그러한 상황이 아니었겠는가? 우주가 태동하기 전의 '상황'이라니 이 낱말은 또 무슨 뚱딴지같은 소리인가? 시간이 흐르지 않는다면, 순간도 이 세상도 그 어떤 상황도 성립할 수가 없다. 시간이 존재하지 않는다는 전제는 우리를 걷잡을 수 없는 의문의 세계로 꼬리에 꼬리를 물게 한다. 당연한 소리겠지만 인생이 짧다거나 인생이 길다고 느껴지는 것은 시간이 작동하기에 느껴지는 현상이다. 생명에 시간적 길이가 부여되거나 더 나아가서는 생물을 넘어 무생물의 존재 자체도 시간을 수반하기에 가능한 것이다. 강물이 흐르는 것도, 사물이 우리의 망막에 맺히고 우리 뇌를 통하여 의식하는 것도 시간을 수반하기에 가능한 현상이다. 시간이 배제된다면 그 어떤 현상도 그 어떤 실체도 나타날 수가 없다.

어떤 물체가 '있다' 또는 '존재하다'라는 단어로 수식되고 있다면 그것은 우리의 의식과는 무관하게 객관적으로 실재한다는 뜻으로, 공간적으로 그 자리에 가만히 있으니 움직임은 없다. 그러나 만약 시간을 공간처럼 생각한다면 시간의 속도만큼 움직인다고 볼 수 있다. 이 말뜻은 시간이 공간에 대응된다는 뜻에서 아인슈타인의 특수상대성원리와 같다. 즉, 우리는 현재 빛의 속도로 시간 속을 질주하고 있다. 만약 우리가 공간 속을 빛의 속도로 질주한다면 시간은 정지할 것이다. 그러한 사실을 배제하더라도 정지 상태의 사물이나 정적인 사실도 시간을 수반하기에 동적일 수 있으며, 모든 현상은 시간을 수반하기에 존재한다. 그러한 일련의 현상은 단층 촬영의 그것처럼 순간순간의 연속이며 시간이라는 필름으로 이들을 연결함으로써 우리의 의식에 투영된다. 뭔가를 바라보면서 어떤 순간을 포착했을 때 의식이 작동한다. 포착된 객체의 입장에서는 그 포착 순간이 시간의 소비 없이 순간일지라도 주체로부터 작동되는 의식은 시간을 소비하지 않고서 한순간의 단면만으로는 성립할 수가 없다. "인생은 찰나에 지나지 않는다!"라는 말이 있다. 시간이 흐르지 않는다는 사실과는 대비되는 말이다. 과장된 말이지만, 인생이 너무나 짧고 허무해서 찰나라는 시간으로 자주 인용되는데, 영겁의 시간이 찰나보다도 더 짧다거나 반대로 찰나라는 짧은 시간의 길이가 무한대로 길다고 한다면, 둘 다 그 길이를 측정할 수가 없으므로 시간은 흐르지 않는 것이나 다름없다. 표현이 어색했을지는 모르겠으나 시간이 상대적이므로 가능한 말이다. 이 세상에 엄연히 병존하고 있는 두 개의 세상, 양자의 법칙이 지배하는 세계와 중력의 법칙이 지배하는 세계가 바로 그러한 관계에 있다. "나는(飛) 화살은 순간적으로 정지 상태에 있다." 제논(Zenon)이 한 말이다. 날고 있는 화살은 위에서 언급한 단층 촬영처럼 정지 상태의 연속이고, 화살이 날아간다기보다는 순간순간이 계속 이어지는 것이라고 말할 수 있다. 시간이 정지하고 있다는 것은 곧 날고 있는 화살이 정지 상태에 있다는 것과 같다. 그러나 엄격하게는 이 말도 성립할 수가 없다. '있다.'라는 자체가 벌써 시간을 소비하기 때문이며, '순간'이라는 자체가 아무리 짧다고 해도 그것은 이미 시간 단위이기 때문이다.

자동차나 비행기 같은 이동수단의 능력을 뜻하는 단어 중에는 순간속도(瞬間速度)라는 단어가 있다. 순간속도의 사전적 의미는 운동하는 물체가 어떤 순간에 가지는 속도를 뜻하는 것으로 곧 어느 순간에 이동할 수 있는 거리를 규정할 수 있다. 순간적 시간, 찰나의 순간, 일순간은 셋다 동의어로 쓰이고 있다. 여기서 '순간적 시간', '찰나의 순간'은 동어 반복에 속한다. 순간, 찰나, 시간은 각각 독립적으로 시간의 길이를 내포하고 있다. 순간적 시간이나 찰나의 순간은 지극히 짧은 시간을 뜻한다. 일순간이란 단 한 번의 순간이라는 뜻이다. 일반적으로 우리는 순간이라는 단어에 '눈 깜짝할 새' 또는 약 0.1초 정도의 시간 단위를 부여하고 있는 듯하다. 그러나 한편으로 보면 순간이라는 단어는 시간을 수반하지 않는다. "날고 있는 화살도 순간적으로는 정지 상태에 있다."라고 하는 제논의 논리에 비추어보더라도 순간속도라는 단어 자체에는 오류가 있다. 그러나 또 한편으로는 시간을 배제하고서는 움직임을 떠올릴 수가 없고 움직임이 없는 곳에 순간의 의미를 부여할 수가 없다. 위에서 말한 '운동하는 물체를 연구 운운…'의 논리에는 다소 위배되는 경향이 있겠으나, 요지부동의 바위에 들어가서 순간을 생각해낼 수 없듯이 움직이지 않고서는 어느 순간을 떠올릴 수가 없다. '아름답다', '파랗다', '빨갛다'라는 단어는 형용사로서 뚜렷한 객체가 있고, 객체 그 자체로는 정적이며 시간을 소비하지 않고도 존재 그 자체만으로도 현상은 발할 수 있다. 그러나 그것을 바라보는 주체의 관점에서는 그러한 사실을 의식하는 시간이 필요하다. 같은 형용사로서 '슬프다', '기쁘다', '즐겁다'라는 단어는 어떤 주체가 가지는 주관일 뿐이지만 그 사실을 의식하기 위하여 시간을 소비하지 않을 수 없다. 이 또한 시간의 속도만큼 움직인다고 볼 수가 있다.

뉴턴의 고전역학에서는 시간은 장소나 조건에 상관없이 항상 같은 속도로 흐른다. 이를 절대적 시간이라고 한다. 아인슈타인의 특수상대성 이론에서는 에너지와 질량은 동등하며, 빠르게 운동하는 물체일수록 시간은 느려진다. 이것은 상대적 시간개념이다. 에너지는 질량과 광속제곱의 곱으로서 운동하는 물체는 시간이 지연되고 속도가 빠를수록 시간지연은 비례하므로 공간적으로 움직이는 속도가 무한(광속)에 도달할 경우 시간은 멈추게 된다. 그러나 모든 사물은 시간과 함께 존재할 수 있다. 시간이 멈춘다면 존재의 의미마저 사라지게 된다. 빛도 움직여야 한다면 시간이 필요하다. 시간의 소비 없이는 움직일 수 있는 것이라고는 없고 움직여야 한다면 시간은 필수 불가결하다. 속도가 빠를수록 시간은 느려지므로 시간은 속도에 따라 상대적이다. 참고로 방금 시간이 멈춘다는 언급은 논리의 비약이다. 시간이 멈춘다면 그 어떤 현상도 존재도 사라져버리기 때문이다. 이 책에서는 논리를 좀 더 증폭하기 위하여 광속과 등속으로 운동하는 물체는 시간이 정지된다고 가정한다. 본 가정은 물리법칙과는 거리가 있을 수 있고 다소 과장일 수 있으나 논리를 좀 더 간결하고 명징하게 설명하기 위하여 선택적 수용이 불가피할 것으로 생각한다. 시간이 상대적이라는 또 다른 개념으로 라이프니츠는 시간을 사건과 사건 간의 질서, 사물과 사물 사이의 관계로 보았고, 베르그송은 논리보다는 직관을 중요시하여 시간은 하나의 공간이고 공간적으로 계속 흘러가는 흐름이며 더하거나 빼거나 나누거나 정지시킬 수 없는 것이라고 했다. 제논은 시간을 순간순간의 연속이라고 보았다. 우리는 지금 대체로 라이프니츠를 좇아 시간을 원자의 운동 결과라고 보고 있다. 시간 그 자체도 상대적일 뿐만 아니라 시간에 대한 정의도 각각 상대적이다. 한편, 아인슈타인은 또 다른 관점에서도 시간이 지연되고 있음을 밝히고 있다. 일반상대성이론에 따르면 중력에 의해서도 시간이 지연된다. 중력질량과 관성질량이 동등하며, 중력이 클수록 주변의 공간은 휘어지고 시간은 느리게 흐른다는 것이다. 우리의 경험은 좀 더 비극적이다. 우리의 경험으로 보아 인생을 오직 시간상으로 오래 살고 싶다면 괴롭고 고단하게 세상을 살아가면 된다. 시간이라는 것은 즐겁고 편하거나 시간에 쫓기고 있을 때 쏜살같이 가버린다. 반면, 힘들고 어렵거나 무언가를 학수고대하고 기다릴 때 지루하고 좀처럼 시간이 가질 않는다.

말할 수 없이 긴 시간을 표현할 때에 불교에서 나온 용어로 겁이라는 단어를 쓴다. 1겁은 인간 세계의 시간으로는 43억 2,000만 년에 해당하는 시간이다. 사방 40리가 되는 바위산에 천 년에 한 번씩 천사가 내려오는데 그 천사의 옷자락에 스쳐 바위산이 다 닳아 없어질 때까지의 긴 시간이 1겁이라고 한다. 우주의 나이가 138억 년이니 겁으로 따진다면 우주는 3겁이 조금 지났을 뿐이다. 우리 은하의 자전 속도, 즉 태양계가 우리 은하를 한 바퀴 도는데 걸리는 시간은 2억 2,500만 년이다. 은하의 하루가 우리의 시간으로는 2억 2,500만 년이라는 뜻이고 태양계의 1년도 2억 2,500만 년이라는 뜻이다. 우주의 나이가 138억 년이고 우리은하의 자전 속도는 2억 2,500만 년이니 속도가 일정하다면 태양계는 우리 은하를 이제 21바퀴째 돌고 있는 셈이다. 당연히 지구는 태양을 46억 바퀴쯤을 돌고 있을 것이다. 유심히 관찰해보면 우주가 팽창하는 과정에서도 모든 것의 공통점은 어딘가를 공전하고 있거나 또한 자전하고 있다는 것이다. 코페르니쿠스도 갈릴레오도 세상은 돌고 있다는 주장 하나로 목숨까지 위태로웠던 적이 있다. 가위바위보에서 가위는 보를 잘라 이기고, 보는 바위를 덮어서 이기고, 바위는 가위를 부숴 이긴다. 가위바위보를 다이어그램으로 편성해보면 서로 회전의 관계에 놓여있다. 회전 또한 움직임의 표현이다. 회전은 원이나 여타의 폐곡선으로 나타낼 수가 있다. 만약 어떤 회전이 선(線)에 의해 표현되고 있다고 가정하자. 나르는(飛) 화살이 순간적으로는 정지 상태이듯이 회전 중에 시간이 멈춘다면 오직 선의 한 단면으로서 그것은 하나의 점으로만 표시될 것이다. 선은 단면이 없고 점이란 부피가 없는 그야말로 궁극의 선과 점이라는 사실을 차치하고서라도 그것은 우리의 선입견에 의한 착각일 뿐이다. 뭔가가 어떤 공간 속에 존재한다는 것은 시간을 수반하기에 가능한 것이다. 점이 존재한다는 것 또한 시간 흐름의 결과다. 설령 시간을 배제한 상태에서 점이 존재한다고 하더라도 어떤 주체에 의한 의식의 과정을 통하지 않고서는 존재를 특정할 수가 없다. 우리의 의식이 작동되는 것도 시간의 흐름 없이는 불가능하다. 시간이 흐르지 않는다면 회전은 성립할 수가 없고 의식도 결코 발현될 수가 없으며 점조차 존재할 수가 없다. 시간은 물질 변화의 과정일 뿐이며, 물질 변화는 공간 속의 움직임이다. 그러나 공간 속의 움직임도 시간의 흐름 없이는 성립할 수가 없다.

속도는 선속도와 각속도로 나눌 수 있고 일반적으로 속도는 선속도를 일컫는다. 선속도는 이동 거리를 시간으로 나눈 값이고 각속도는 원의 각 360도를 시간으로 나눈 값이다. 지구의 자전은 물론 모든 구의 회전에서는 선속도와 각속도가 동시에 존재한다. 우리에게 시간은 천체의 회전 속도, 즉 각속도를 의미하고 있다. 우리는 지구와 달의 회전 속도가 거의 변함이 없이 일정하다는 속도 관계를 이용하여 시간을 정량적으로 표현하고 있다. 지구가 자체로 한 바퀴 회전하는 것을 우리는 대략 하루라고 정해두고 있다. 이것을 24등분하면 한 시간, 한 시간을 60등분하면 일 분, 일 분을 60등분하면 일 초다. 달이 지구를 한 바퀴 돌면 한 달, 지구가 태양을 한 바퀴 돌면 일 년이다. 여기에다 하루를 24등분하여 어떤 기계의 2회전에 맞춰놓고는 매 등분을 1시간이라고 부른다. 이것이 우리가 알고 있는 시간이며, 누군가가 위대한 발명이라고 했던 그 시간이다. 참고로 금성에서의 하루는 1년보다도 길다. 금성의 공전 주기는 지구 시간으로 225일이고 자전 주기는 지구 시간으로 243일이다. 금성에서는 태양을 한 바퀴 돌아 1년의 세월을 보내는 동안에도 오늘은 계속되고 있다. 더군다나 금성에서는 해가 서쪽에서 뜨고 동쪽으로 진다. 태양계의 모든 행성의 자전 방향이 지구의 자전 방향과 유사하지만 유독 금성은 반대 방향으로 돈다. 따라서 하루를 1년처럼 사용할 수가 있고, 해가 서쪽에서 뜨는 신기한 나날이 계속되고 있다. 목성의 1년은 지구 시간으로 12년이고 자전주기는 지구 시간으로 대략 10시간이다. 목성의 하루는 짧지만 일 년은 너무 길다는 뜻이다. 또 다른 표현으로는 목성의 시간 단위는 지구에 비해 길지만, 세월은 짧다는 의미이기도 하다. 이를테면 목성에서 지구의 시간적 길이를 가지고 지구의 수명으로 살아간다면 출근 후 대략 3시간이면 퇴근해야 하고, 태어나서 두 살쯤에는 대학을 졸업하고, 세 살쯤에 결혼하고, 일곱 살쯤에는 죽게 된다는 뜻이다. 움직이는 것은 수명이 있다. 지금까지 설명한 시간과 공간의 모든 움직임이 끝나고 나면 우주는 아마 100조 년쯤 후에는 종말을 맞이할 것이다. 사실 100조 년이라는 시간 단위는 우리에게 아무 의미가 없다. 그것은 계산에 의할 수도 없거니와 누군가가 아무 계산도 없이 무책임하게 내질러 놓은 파롤에 불과한 것이기 때문이다. 100조 년이란, 제비뽑기처럼 여러 숫자 중에서 마음에 드는 하나를 선택했을 뿐 그것이 사실인지 허구인지 밝힐 방법이 없다. 따라서 그것이 사실이 아니라고 해도 더더욱 허구일 수도 없다. 우주가 종말을 맞는다는 것은 곧 공간의 소멸과 시간의 종료가 동시에 이루어진다는 뜻이다. '삼계는 우물 속의 두레박 같고 억겁 년 긴 세월도 일순간이라!' 이름도 예쁜 서울 난향마을 어느 작은 사찰 앞에 걸어놓은 한글 불경의 한 구절이다. 우주는 너무나 좁고 우주의 시작과 종말은 일순간에 지나지 않는다는 뜻이다. 하물며 우주의 종말에 그토록 의미를 부여할 필요는 없다. 끝이라는 것은 언제나 또 하나의 시작이기 때문이다.

시공간에 대한 고찰

우주가 공간도 없고 시간도 흐르지 않는 無에서 출발했다고 하지만 그 無라는 개념을 도무지 이해할 수가 없었다. 삼차원 존재로서 우리의 두뇌는 의식 속에서 물질은 배제할 수 있으나 공간을 배제할 수는 없다. 시간을 머릿속에 그려낼 수도 없는 일이지만 그것을 지워버릴 수는 더더욱 없다. 그런데 문득 이런 생각을 해본다. 우주라는 공간에 태양도 별도 행성도 없고, 물체나 물질이 될 만한 것이라고는 아무것도 없다고 생각해보자. 인간은 물론이고 미생물까지, 살아있는 생명과 의식의 주체가 될 만한 것, 먼지도 기체도 빛도, 심지어는 신이라든가 영혼의 가정까지도, '존재'라는 단어가 붙여질 수 있는 그 무엇도 존재하지 않는 공간이라고 생각해보자. 아무것도 존재하지 않는다면 우주라는 의미도 사라져버리고 만다. 이 광막한 우주가 아무것도 존재하지 않는다는 그 생각만으로도 우리는 개념적으로나마 시간과 공간을 우리의 의식 속에서 배제할 수가 있다. 우주가 아무것도 존재하지 않는 텅 빈 공간이라고 한다면 암흑이라는 조건을 떠올리지 않더라도 전후, 좌우, 상하를 가늠할 수가 없을 뿐만 아니라 공간의 의미나 시간의 의미도 사라지고 만다. 철학적 논리에 따르면 영혼이라든가 의식의 주체가 없다는 것만으로도 이미 아무것도 존재하지 않는 것이다. 하물며 빛도 기체도 그 원자까지도 없다고 한다면 진정한 무(無)의 세계가 연출되는 것이다. 우주의 시작을 표현할 때에 이러한 공간의 상정은 매우 자연스러운 시나리오에 해당한다. 따라서 태초에 우주가 공간도 시간도 없었다는 말은 삼차원 존재인 우리에게는 아무것도 존재하지 않는 암흑의 공간으로만 이루어져 있었다는 말로 정리된다.

아무것도 존재하지 않는 無의 우주에는 방향도 없고 위치라는 개념 자체가 있을 수 없다. 그러한 우주 공간에 원자가 하나 있다고 가정해보자. 아니, 원자보다도 더 작은 존재, 아예 부피가 없고 형체도 없는 궁극의 점이 하나가 있다면, 점이 있다는 사실만으로도 無라는 개념은 해제된다. 그렇다면 점이 있다는 사실만으로 방향이나 위치라는 개념은 성립할까? 필자의 생각으로 점을 중심으로 하는 그 자체의 위치는 있을 수 있겠으나 방향은 아직도 성립할 수 없다. 즉, 여기서(점으로부터) 몇 미터라는 이야기는 가능하겠지만, 점 자체에 형체나 부피가 없으므로 전후, 좌우, 상하를 구분할 수가 없다. 공간 어디에도 동서남북의 구별은 없으므로 방향의 개념은 도출해 낼 수가 없다. 만약 그러한 점이 두 개가 있다면 가까스로 상대적으로나마 방향과 위치라는 개념은 유도해 낼 수가 있을 것이다. 보나마나 상대가 있는 방향이 앞쪽이라고 인식될 것이다. 상대편이 있으니 전과 후는 구분이 가능할 것이다. 그러나 좌우와 상하는 아직도 애매하다. 자기 신체의 방향을 특정할 방법이 없기 때문이다. 부피가 없으니 나의 신체가 어디가 위고 어디가 아래인지 구분할 수가 없다. 상대가 나의 앞이라고 했지만 내가 바로 서 있는지, 누워있는지도 알 수가 없다. 그러므로 상하좌우를 구분할 수가 없을 뿐만 아니라 전과 후의 정의도 완전하지는 않다. 참고로 우리에게 위와 아래를 결정하는 것은 중력이다. 중력이 작용하는 어떤 행성의 지표면에서 본다면 행성의 중심 방향이 아래고 그 반대편은 위가 된다. 뭔가를 딛고 서 있다면 뭔가라는 그 물체는 아래가 된다. 내가 서 있다면 나의 머리 쪽은 위고 발이 있는 쪽이 아래다. 내가 누워 있다면 나의 정면이 위고 뒤통수가 아래다. 내가 엎드려 있다면 뒤통수가 위고 정면은 아래다. 반면 무중력 상태의 우주에서는 위아래의 구분이 없다. 일례로 우주선에서 우주인은 몸이 두둥실 떠오르는 것을 방지하기 위해 잠을 잘 때 벨트로 몸을 묶는다. 서서 자는지 누워서 자는지 구분이 없는 것이다. 그렇다면 이제는 온 우주에 점이 하나만 있고 그 점에 부피가 있다면? 그렇게 되면 자신의 신체에다 좌표를 설정할 수가 있다. 점에 부피가 있다는 사실만으로도 전후, 좌우, 상하 방향의 개념은 물론 회전의 의미까지도 부여할 수가 있다. 다만 이때는 점의 움직임에 모든 것이 보정되어야 할 것이다. 결국, 공간으로서 존재의 가치를 부여받자면 둘 이상의 부피가 있고 형체를 가지는 점이 필요하다는 뜻이다. 직전에 우리가 예를 든 점은 부피가 없고 형체도 없는 궁극의 점이라고 했다. 부피가 없고 형체도 없다는 말은 엄밀히 그 자체가 존재하지 않는다는 뜻이다. 차원을 설명할 때 흔히 궁극의 점을 영차원이라고 설명을 한다. 영차원은 말 그대로 차원이 존재하지 않는다는 뜻이다. 존재하지도 않는 차원을 존재한다고 가정하는 것이다. 지금의 이야기가 시각적인 개념으로서 존재에 대한 설명이었다면 또 한편으로는 물리량 측면에서 설명이 가능하다. 뉴턴의 운동 제2법칙 'F=m·a'라는 공식만 유추해보더라도 공간 속에 존재하는 질료라는 것은 그 형상이 아무리 작다고 해도 최소한의 질량을 가질 것이며, 그 어떤 입자가 질량이 전혀 없다면 이론상 회전이나 이동, 심지어는 공간 속에서 부유하는 행위까지도 불가능할 뿐만 아니라 존재 자체가 무의미하게 된다. 電子가 아무리 작고 가볍다고 해도 그것이 원자핵 주변을 돌고 있다면 운동량은 곧 질량의 근거이므로 계산상 질량을 부여할 수밖에 없을 것이고, 물질과의 상호작용이 거의 무시되는 중성미자에게도 질량이 부여되고 있는 것은 그것을 가속도라는 요소에 대입하기 위함일 것이다. 이야기가 깊어지니 점점 더 감당이 어려운 곳으로 전개가 되고 있다. 그러나 내킨 김에 조금만 더 깊이 들어가 보자. 우리의 이 무모한 행동이 무수한 세대를 거쳐 나가다보면 인류 전체의 의식 진화에 조금은 기여가 될지도 모른다.

여기까지 짧게 글을 쓰면서 나는 벌써 '존재하지 않는 공간', '무의 세계'처럼 단어를 이율배반적으로 사용함으로써 논리적 오류를 몇 번이나 범하고 말았다. 도대체 존재하지 않는 공간이란 어떤 공간일까? '존재하지 않는'이란 뭔가를 수식하는 언어이고, 그 수식으로 인하여 이미 아무것도 가리킬 만한 것이 없다는 뜻이다. '무의 세계'도 역시 세계 자체가 존재하지 않는다는 뜻이다. 그런데 '無의'라는 수식어 뒤에 세계라는 단어를 버젓이 붙여놓고 말았다. 문제는 이렇게 말고는 달리 표현할 방법이 없다. 세상에 없는 것을 어떻게 표현할 수가 있겠는가! 또한, 無라고 하면 공간까지도 배제되어야만 하는 것이다. 아무리 '비어있는 공간'이라고 할지라도 진공이든 암흑이든 실체가 있을 것이며, 세계라는 실체는 공간의 형태로 우리의 상상 속에나마 이미 존재하게 되는 것이다. 따라서 앞에서 살펴보았듯이 '우주의 시작점이 무의 상태'라는 말에서는 공간을 포함할 것인지에 대하여 더러 논란이 있기도 하다. 우선 여기서는 그 무엇도 없는 빈 허공의 존재를 인정하자. 만약 허공조차 인정할 수 없다면 우리의 의식 구조로는 우주 탄생 이전의 상황에 대하여 도무지 해답이 없음을 앞에서 고찰해보았다. 그리하여 우주는 아무것도 없는 허무(虛無)의 상태에서 불현듯 발생한 것이다. 우리는 전후, 좌우, 상하를 구분할 수 있는 3차원의 공간과 시간이라는 차원을 더한 4차원의 시공간에 존재한다. 공간은 시각적(視覺的)으로 느낄 수가 있고, 시간도 시각적(時刻的)으로 느낄 수 있다. 또한, 시간은 시각적(時刻的) 외에도 시각적(視覺的)으로도 느낄 수 있다. 방금 시각(視覺)과 시각(時刻)이라는 동음이의어를 이용하여 최근 유행의 '아재 개그'에 편승해 봤다. 위와 같은 동음이의어는 필자가 자주 써먹고 있는 말장난이다. 그러나 위의 설명은 말장난만이 아닌 실제 사건이다. 시간을 시각적(時刻的)으로 느낀다는 것은 더는 말할 나위가 없겠지만, 시간을 어떻게 시각적(視覺的)으로 느낄 수 있는지가 궁금할 것이다.

억이라는 숫자는 그 자체로도 큰 숫자다. 하물며 억에 광년을 더한 거리는 무지막지한 숫자다. 즉, 억 광년이란 억년이라는 시간적 단위에 빛의 속도 초속 3십만 km를 곱한 거리의 단위이다. 별을 관측한다는 행위는 과거를 직접 보고 체험한다는 뜻이다. 우리는 한 눈으로 현재와 과거를 동시에 보고 있다. 몇 억 광년의 별이나 은하 중심의 별은 우리가 생각하는 그 가시광선을 이용한 망원경으로 보는 것이 아니다. 아무리 우주가 맑다고 해도 중간중간에는 우주 먼지가 산재해 있고 특히 은하 내부에는 티끌이 너무 많아 시야를 가로막고 있으며 몇 억 광년이라는 거리 자체가 생각보다 너무 멀기 때문이다. 참고로 우주에서 티끌이라고 함은 관측상에 나타나는 시각적인 장애 요소 즉, 우리가 생각하는 그 티끌만이 아니고 집채만 하다거나 심지어는 지구만 한 천체도 포함이 된다. 따라서 너무 먼 곳이나 은하 내부의 가려진 별은 대부분 가시광선으로는 볼 수가 없고 파장이 더 긴 여타의 전자기파나 파장이 더 짧은 엑스선 등을 이용한다. 망원경의 원리는 거리를 단축하여 보는 것이 아니고 상의 크기를 확대하는 것이다. 배율을 두 배 확대한다고 하여 50억 년 전이 25억 년 전으로 단축되는 것이 아니라는 뜻이다. 물체가 보인다는 것은 그 물체의 이미지가 광자를 타고 날아와 우리의 망막에 맺힌다는 뜻이다. 즉 어느 배율에서 포착되지 않는 물체는 아무리 확대해도 보일 리가 없다는 뜻으로 광학망원경의 원리로는 100만 화소의 성능으로 조영한 화면은 확대해도 100만 화소라는 의미이다. 그러나 필자의 생각으로는 전파망원경은 사정이 조금 다를 것으로 보인다. 전파망원경을 가동한다는 것은 전파망원경에서 출발한 전자기파가 어떤 천체로부터 오고 있는 전자기파에게 마중을 나가는 셈이 되는 것이다. 그럴 경우 멀리 있는 별일지라도 그 이미지는 더욱 화소를 높일 수 있다는 뜻이 아니겠는가? 그렇다면 50억 광년거리의 별을 25억 년 전의 모습으로 볼 수 있다는 뜻일까? 아마 그건 아닐 것 같다. 우리가 그 이미지를 목도하기 위해서는 어차피 마중 나간 전자기파는 다시 전파망원경 본체로 되돌아와야 하기 때문이다. 이 문제는 기회가 되면 좀 더 고찰해보기로 하자. 우리가 알기로는 50억 광년의 별을 본다는 것은 50억 년 전의 과거를 보는 것이다. 태양계의 나이는 46억 년이다. 태양계의 나이가 46억 년이니 50억 년 전은 지구가 생기기도 전이다. 지구가 생기기도 전에 출발한 빛이 유구한 세월을 달려오는 사이 태양계가 구성되고 불지옥의 지구가 식고 나면 적당한 온도의 바다가 조성되고, 여기에서 생명이 잉태되고 미생물에서 진화를 거듭하여 인간으로 거듭난 내가 지금 저 별을 보고 있다. 신기하지 않은가? 빛이 50억 광년의 먼 길을 달려와서 이곳, 먼지만 한 알갱이 속에서 찰나에 지나지 않는 짧은 삶을 영위하고 있는 미생물이나 다름없는 우리의 시야에 순간순간 포착이 되고 있는 것이다. 그나마 우리가 지금 이 자리에 없다면 저 장면은 텅 빈 극장에서 돌아가고 있는 영화의 화면처럼 누가 보는 사람도 없이 스쳐 지나가버리고 말 것이다.

만일 저 별이 50억 년 전에 생겨나서는 1년간만 빛을 발하다가 이내 사라져버렸다고 치자. 그 1년간이라는 한정된 시간의 정보가 펼쳐진 두루마리 그림처럼 우주 공간을 하염없이 날아와서는 마침 그 적절한 시간에 우리는 그 1년 길이의 짧은 두루마리 그림을 보게 되는 것이다. 1년 길이의 짧은 두루마리 그림이 지나가고 나면 내년부터 여기서는 두루마리 그림을 볼 수가 없다. 그림이 담겨진 두루마리는 다리미로 다린 듯 완전히 펼쳐진 채 허공을 한없이 진행해 나갈 것이다. 공간적으로 움직임이 없는 어느 한 행성에서는 거리행진의 현수막이 내 집 앞을 지나가듯이 1년 동안 스쳐 지나가는 두루마리 그림을 볼 수가 있을 것이다. 여기서 주의할 점은 진행하는 빛은 광자의 진행 방향 즉, 광원의 방향에서만 관측된다는 것이다. 빛이 공간을 통과하고 있을 때 주변에 간섭 작용이나 반사체가 없다면 그 측면을 볼 수가 없고, 빛이 어느 방향으로 진행 중이라면 이미 지나간 빛은 뒤에서는 볼 수가 없다. 즉, 광원을 등지고서는 지나간 빛을 따라잡을 수도 없거니와 관측할 방법이 없다. 그러한 전제를 무시하고라도 내가 만약 빛의 속도로 나아갈 수가 있다면 어느 시점에서부터 저 두루마리 그림을 보면서 앞서가면 역시 거리행진의 참여자가 현수막을 따라서 가듯 1년이 아니라 계속해서 그 별을 볼 수가 있을 것이다. 그러나 아쉽게도 나는 빛과 함께라면 동시에 갈 수가 없다. 내가 빛을 앞서가면 나의 의지와는 관계없이 나는 빛으로부터 빛의 속도로 도망을 가버리고 말기 때문이다(특수상대성이론). 빛은 입자와 파동이라는 이중성을 가진다. 파동으로서의 빛을 전자기파라고 하고 입자로서의 명칭은 광자라고 한다. 가장 빠른 것은 빛이다. 그러나 빛의 속도로는 지구에서 가장 가까운 별, 프록시마 센타우리까지도 4.2년이나 걸린다. 가장 가까운 은하, 안드로메다까지는 230만 년이나 걸린다. 더 빨리 갈 수 있는 방법은 없을까? 조금 전 특수상대성이론에서 뒤따라오는 빛을 앞서가면 나는 빛으로부터 빛의 속도로 도망을 가버린다고 했는데, 그렇다면 뒤따르는 빛에 대하여 앞서가는 빛을 내가 앞서가고 있다면 나의 속도는 과연 어느 정도까지 가능할까? 빛보다 빠른 개념으로 텔레파시를 생각해볼 수 있다. 상대성이론에서는 질량을 에너지로, 에너지를 광속으로 변환이 가능하다. 여기에 착안하여 그 어떤 동력을 텔레파시로 변환하면 어떨까? 만약 나의 시각 기능을 텔레파시로 변환하는 기술을 개발한다면 직접 가보거나 망원경을 통하지 않고도, 아무리 먼 곳도 눈 깜짝할 사이에 도달하여 실물을 영상으로 볼 수가 있을 것이다. 말이 되는지 모르겠다. 그러나 공상이라는 접두어가 과학 앞에 붙을 수 있듯이 과학은 이런 헛소리로부터 발전해가는 것이다.

속도는 시간과 공간의 관계다. 시간과 공간의 관계는 시간=거리/속도, 거리=속도×시간으로서, 속도가 일정(등속)하다면 거리는 시간에 비례한다. 목적지를 주어진 시간 안에 도달하려면 거리가 멀수록 빨리 달려야 하고 천천히 달리면 소요 시간은 늘어난다. 속도가 크다는 것은 정해진 시간에 어느 기준보다 더 멀리까지 나아간다는 뜻이다. 그러므로 그것은 단위 시간에 위치 이동이 크다는 말이다. 단위 시간에 위치 이동이 크다는 말은 얼마만큼의 거리를 이동하는데 정해진 시간보다 얼마만큼의 시간을 단축할 수 있는가의 문제다. 즉, 정해진 시간이 현재에 종속되어 있다고 한다면 어느 방향을 향하여 정해진 시간보다 빨리 달리기만 하면 현재라는 위치를 초월할 수가 있다는 말이다. 결국, 빛의 속도는 현재를 초월하여 어느 방향으로 더 멀리 나아간다는 뜻이다. 현재를 초월하여 더 멀리 나아간 만큼 시간은 단축된다는 뜻이고 단축된 만큼 시간 지연 효과가 발생한다는 뜻이다. 여기서 어느 방향이란 직교좌표계에서 종축의 시간 방향과 횡축의 공간 방향을 수렴한 대각선 방향을 말한다. 필자의 소설에 따르면 우리는 언제나 빛의 속도로 전진하고 있다. 여기서 소설은 완곡어로서 필자의 상상 또는 몽상이라는 뜻이다. 참고로 어떤 논리를 자기 나름대로 창작하거나 밑도 끝도 없이 장황하게 펼쳐나갈 때 "소설을 쓰네!"라고 비아냥거린다. 누군가의 비아냥처럼 필자는 지금 한 편의 소설을 쓰고 있다. 종축방향

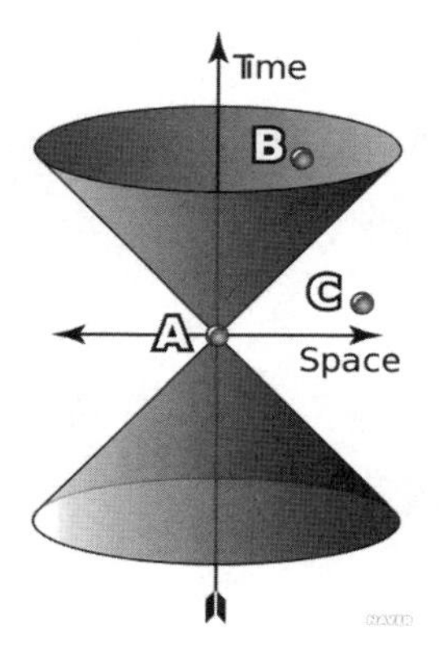

시간과 공간
사진출처: Newton과학

종축은 시간을 나타내고 아래쪽이 과거, 위쪽이 미래이다. 횡축은 공간을 나타낸다. 원뿔의 꼭지점을 원점 A로 잡았을 때 원뿔의 내부인 점 B는 시간꼴이고 외부인 점 C는 공간꼴이다. 질량이 있는 물체는 빛보다 빠르게 운동할 수 없으므로, A에 있는 물체는 원뿔 내부로만 움직일 수 있다. A에서 C로 이동하거나 영향을 주는 것은 불가능하다. 빛은 항상 광속이므로 A에서 출발한 빛은 원뿔 위의 한 직선을 따라 움직인다.

속도와 횡축방향속도의 합이 현재 내가 시공간으로 운동하는 속도이고 그것이 곧 광속이며, 그 값은 언제나 불변이다. 지금 내가 공간적으로 움직이지 않고 있다면 시간 방향으로 초속 30만 km의 속도로 전진하고 있다는 뜻이고, 내가 만약 공간적으로 초속 30만 km의 속도로 움직이고 있다면 나의 관점에서 시간 방향으로는 정지한 상태라는 뜻이다. 여기서 '나의 관점'은 매우 중요한 사안이다. 내가 빛의 속도로 움직인다면 나의 관점에서는 정지 상태를 기준으로 공간적이든 시간적이든, 또한 동쪽이든 서쪽이든, 어디로 가든 그곳은 미래일 뿐이다. 그런데 나는 미래를 향하고 있으나 그 시점 정지한 상태의 관찰자에게 나는 결과적으로는 과거를 향하고 있다. 조금 전에 짚어보았듯이 물리법칙에서 모든 속도는 광속으로 그 한계를 제한하고 있다. 광속의 한계 내에서는 그 속도가 아무리 빨라도 장차 도래되고 있는 시간 내에서 이루어진다. 이론상 불가능하겠지만 만약 나의 속도가 빛의 속도를 초월한다면 그것은 아직 열리지 않은 시공간을 미리 답습한다는 의미로서 동시에 우리에게는 아직 도래하지 않은 미래로의 시간여행이 된다. 앞에서 시간은 길이로서는 표현할 수 없는 물질 변화의 또 다른 표현이며, 물질 변화는 곧 원자의 위치 이동을 수반하는 순간의 연속일 뿐이라고 했다. 이 말은 단위 시간에 위치 이동이 클수록 시간은 느리게 흐른다는 말과도 일맥상통한다. 시간이 느리게 흐른다는 것은 우주 공간을 동쪽이나 서쪽, 남쪽이나 북쪽으로 거의 빛의 속도로 나아간다는 뜻이다. 그렇다면 여기서 또 하나의 질문이 떠오른다. 단위 시간에 공간의 위치 이동 즉, 속도가 클수록 시간이 느려진다면, 회전 각속도도 여기에 해당하지 않을 이유가 없다. 참고로 'PSRJ1748'이라는 중성자별의 경우 현재까지 자전 속도가 가장 빠른 별로 알려져 있는데 초당 716번 자전을 하고 있으며 적도 부근의 자전 속도는 광속의 24%에 이른다고 한다. 만약 이 중성자별의 회전 속도가 더 빨라져서 적도 부근의 자전 속도가 광속의 100%라고 한다면, 이 별의 적도 부근에서는 평생 시간이 흐르지 않을 것이다. 우리가 여기에서 살 수만 있다면 영원히 죽지 않는 존재이지 않겠는가? 필자의 생각으로 공간상의 속도는 아무리 빨라도 정해진 시간을 초월할 뿐 시공간을 벗어나지는 않을 것이라는 생각이 든다. 그러나 여기에서는 여러 가지 주관이 대립할 수 있다. 우주가 포도송이처럼 몽글몽글 연결되는 다중우주론이 있는가 하면 상대성이론만 하더라도 빛의 속도에서는 인간 상식의 물리법칙을 벗어나는 특이점이 발생하기 때문이다. 만약 빛의 속도를 벗어난다면 우리의 상식과는 완전히 다른 희한한 차원의 세계가 펼쳐질지도 모르고, 공간의 방향이 아니라 시간의 방향에도 동서남북과 같은 또 다른 개념이 생길지도 모른다. 다중우주의 경계가 나타날지도 모르고 또 다른 나를 만날 수 있을지도 모른다. 무엇보다도 우리가 그토록 찾아 헤매고 있는 또 다른 지적 생명체, 우리와 차원을 달리하고 있는 그 어떤 생명체를 만날 수 있을지도 모른다. 현재까지도 밝혀지지 않은 원리와 현상들이 온 우주를 지배하고 있다는 사실만으로도 우주는 그 모든 가능성을 열어두고 있다.

모든 존재자는 공간 속에 존재한다. 공간을 배제한다면 절대자라는 개념 자체도 운신할 수가 없다. 절대자, 존재자라는 단어가 등장하는 순간 이 책은 이미 과학이 아니다. 그렇다고 필자가 철학을 논할 수준도 아니니 이해를 해달라! 필자의 소설은 계속되고 있다. 우주는 하나의 공간 안에서 이미 과거, 현재, 미래가 공존해 있고, 시간은 공간의 움직임이며,

공간은 시간을 배제하고는 성립할 수 없다. 우리 눈에 보이는 모든 것은 빛이 있기에 형체를 발하고 빛도 시간을 수반하기에 존재한다. 우리가 생각하기로 시간은 공간을 배제하고 한 점의 위치에서도 운용이 가능한 것으로 알고 있다. 즉, 어느 한 점에서는 전후좌우 상하로 지목되는 공간적 방향의 움직임이 없이도 시간은 흐를 것이라고 상상하고 있다. 그러나 공간이 없다면 점의 존재조차도 어렵다. 앞서 고찰에 따르면 공간상의 속도가 광속을 초월한다면 시간이 정지된다고 했고 시간이 정지된다면 점도 사라질 것이라고 했다. 공간적인 움직임에서 정지 상태가 현재라면 정지 상태에서부터 전후좌우 상하 어디로 가든 그곳은 미래일 뿐이다. 정지 상태가 0이라고 한다면 음수(-)를 나타낼 방법은 없다. 정지 상태보다 더 느린 동작은 없기 때문이다. 시간이 과거로는 흐르지 않고 오직 미래로만 흐르고 있는 것도, 상대성원리에서 이론상 미래로는 갈 수가 있어도 과거로는 갈 수가 없다는 의미도 바로 이러한 원리 때문이다. 이처럼 과거로 갈 수 없다는 원칙은 물리학은 물론 수학적으로도 설명이 되지만 인문학이나 인생론에서도 과거를 밟지 말아야 한다는 원리는 대단히 중요하다. 인생에서 과거를 이야기할 때 거울, 타산지석, 반면교사 등으로 설명이 된다. 회귀하거나 되풀이되지 말아야 하는 것이 과거라는 뜻이다. 미래가 양수라면 과거는 음수다. 양수는 증가, 상승, 흑자, 전진이라는 의미이고 음수는 감소, 하락, 적자, 후퇴라는 의미이다. 우주 자체가 정녕 공간이 없고 부피가 없이 하나의 점으로만 이루어져 있다면 과거, 현재, 미래를 논할 방법이 없다. 시간은 공간으로부터 도출되는바 공간을 배제한다면 시간을 떠올릴 수가 없고 시간을 배제한다면 공간이 성립할 수가 없다.

전자기파는 파동인 동시에 입자라는 원칙을 고수한다면 공간 속에서 별빛은 과거의 방향에서 미래의 방향으로 하염없이 진행할 것이다. 한번 발한 빛은 자신을 잉태했던 광원의 존속과는 무관하게 영원히 갈 길을 간다. 앞에서도 언급이 있었지만, 광원을 떠난 한 무리의 빛이 그 독자적으로 한 방향으로만 진행 중이라면 다가오는 빛은 볼 수가 있으나 반사체가 없는 한 멀어져가는 빛은 볼 수가 없다. 이 원리는 빛 자체, 즉 광자의 방향성에 대한 고찰이므로 광원의 움직임을 관찰해야 하는 도플러 효과 즉, 다가오는 별은 청색편이, 멀어져가는 별은 적색편이가 발생한다는 원리와는 개념 자체가 다르다. 도플러 효과는 광원을 바라봄으로써 발생하는 효과이고 지금 이야기는 광원을 등지고 멀어져가는 빛을 바라볼 때의 이야기다. 태양과의 위치 관계를 생각하지 않은 상태에서 오직 달에는 밝은 면과 어두운 면만 있다고 가정하고 우주에 광원이라고는 달만 있다고 상상해보자. 내가 만약 그믐달을 보고 있다면 나에게 달빛은 보이지 않는다. 그러나 그 반대편에는 달빛이 내내 발하고 있고 그 빛은 고유의 속도로 우주 저편을 향하여 나아갈 것이다. 그 상태에서 갑자기 달이 사라져버린다면 빛의 방향성으로 역시 나는 영원히 달빛을 볼 수가 없겠지만 그 반대편의 달빛은 달이 사라져버린 그 순간에도 달 표면에서 시작한 빛이 멈추지 않고 영원히 진행하며 멀어져 갈 것이다. 그런데 여기서 달빛이 영원히 진행한다는 부분은 좀 더 깊은 고찰이 필요하다. 거리가 멀수록 별빛이 희미하게 보이는 까닭은 먼 거리일수록 그만큼 광도(**진행 중 어느 시점에서의 광도. 조도와는 구별할 필요가 있다.**)가 감소한다는 뜻일 것이다. 그러므로 달빛이 영원히 진행한다기보다는 우주 공간을 진행하면서 광자의 수는 점점 줄어들고 광도는 점점 상실해갈 것이라는 이야기다.

[그림] 별빛이 갑자기 1시간 동안 꺼졌다가 다시 발했을 때의 우주 현상 예시

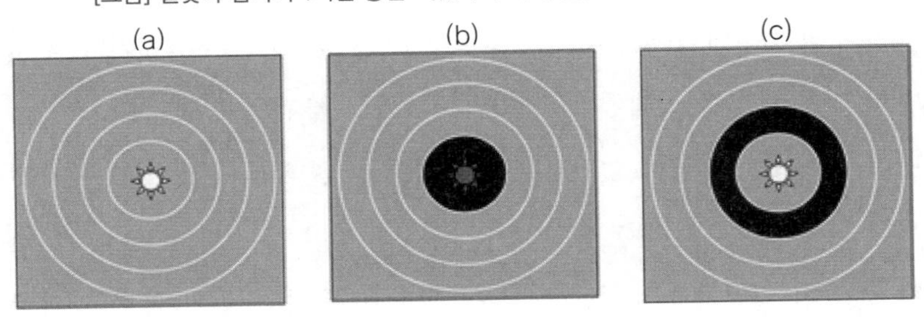

동심원과 동심원 사이의 너비는 시공간적으로 1광시라고 하자. 중심에 태양이 있고 회색 바탕은 태양광이 미치는 구역이며, 어두운 부분은 태양광이 미치지 않는 구역을 표현한 것이다. 빛이라고는 없는 깜깜한 우주에 광원이라고는 여기에 있는 태양 딱 한 개만 있다고 하자. (a)그림은 태양이 정상적으로 빛을 발하는 장면이고 (b)그림은 태양이 빛나다가 갑자기 1시간 동안 꺼져버린 상태이며 (c)그림은 꺼졌던 태양이 다시 켜지고 1시간 후의 상태이다. 시간은 계속 흐르고 있다. (c)의 그림에서 또 1시간이 지나면 어두운 띠는 다음 동심원 구역으로 넘어갈 것이다. 까마득히 먼 우주의 한편에서 이러한 일련의 과정을 지켜보면 과연 그림과 같이 보일까?

빛은 광자의 작용이다. 태양으로부터 생성된 광자는 시간의 작용에 따라 태양을 중심으로 우주 단면 2차원상으로는 동심원을, 3차원상으로는 구의 형태를 그리면서 확대되어 간다. 빛을 발하고 있던 태양이 당장 사라져 버린다면 8분 후에는 나의 눈에서 사라져 버리겠지만 그 빛은 계속 진행하여 4년 후에는 프록시마 센타우리에 도달할 것이고 230만 년 후에는 안드로메다에 도달할 것이다. 이때 우주 공간에는 마치 지구의 대기권처럼 수많은 기체 입자가 간섭이나 반사체로서 존재한다고 가정해보자. 태양 빛이 통과할 때는 서치라이트의 그것처럼 허공을 비출 것이며 빛이 미치는 부분까지는 우주 공간 자체가 밝을 것이다. 여기서 만약 태양 빛이 일순간 꺼져버린다면 태양계와 그 주변은 칠흑처럼 어두울 것이다. 이때 사라졌던 태양이 1시간 만에 다시 빛을 발한다고 상상해보자. 단면을 이루는 2차원상의 동심원에는 분명 1광시라는 넓이를 가진

빛의 결손 구역이 빛의 속도로 진행하게 될 것이다(**그림 참조**). 실험의 패턴을 바꿔, 만약 지금 시점에서 시간이 갑자기 멈추어버린다면 하늘은 그냥 까맣게 보일 것이다. 아니, 아예 보이지 않을 것이다. 보인다는 그 자체가 이미 시간을 소비하지 않고는 성립할 수가 없기 때문이다. 만약 지금 시점에서 시간이 멈췄다가 다시 시작된다면 정전 후에 가로등이 점등되듯이 나를 기준하여 하나둘 거리가 가까운 별부터 차례대로 빛을 발하기 시작할 것이다. 나를 기준한다는 뜻은, 별빛은 동시에 발하겠지만 내가 그 별빛을 거리별로 의식하기 때문이다. 그러나 방금 이 논리에는 문제가 있다. 시간이 멈췄다가 다시 시작한다는 것은 개시와 종료 사이에 어떠한 변화도 일어나지 않는다는 뜻이다. 지금 당장 시간이 멈췄다가 다시 시작된다고 해도 아무런 변화가 일어나지 않았으므로 시간이 멈추기 직전 그대로의 상황이라는 의미이다. 즉, 멈춤과 시작 사이에는 전혀 시간이 개입되지 않으며, 멈추던 시점에 보이던 별빛은 다시 시작해도 변함없이 빛나고 있다는 뜻이다. 2020년 1월 1일 0시를 기하여 1년 동안 시간이 멈춘다고 해도 다시 시작되는 시점은 2020년 1월 1일 0시가 된다. 그렇다면 이 얼마나 편리한 시간인가? 잘만하면 우리는 영원히 죽지 않을 수 있다. 당장 오늘 밤 잠자리에 들면서 지금부터 1억 년 동안 시간이 멈춘다고 선언하자. 그리고는 1억 년 후를 기약하면서 잠자리에 들어보자. 잠을 자는 어느 순간 시간이 멈추고 나도 모르는 사이에 1억 년이라는 긴 시간이 지나가게 될 것이다. 내일 아침, 잠에서 깨면 1억 년 후가 되는 것이다. 비록 1억 년이라는 긴 세월이 흘렀을지라도 시간이 멈추었으므로 멈춤과 시작 사이에서 날짜는 변함이 없다. 쓰던 달력을 그대로 사용해도 전혀 문제는 없을 것이다. 지구의 공전 횟수가 문제일 것이라고? 이상하다. 시간이 멈추는데 지구가 공전할 리가 만무하지 않겠는가?

지금까지 고찰해보았지만, 우리에게 공간은 그 어떤 형태로든 크기가 있고 크기가 있다면 크기를 가로지르는 거리가 있으며, 공간이 존재한다는 그 자체만으로도 시간은 흘러야 할 것이다. 더 나아가서는 그것이 형성된 시점, 곧 시작이 있다면 언젠가는 끝이 있다. 그럼에도 불구하고 이러한 모든 상황, 원인이 있으므로 결과가 발생한다는 절대 불변의 원리가 무시되고 있는 곳이 있다. 바로 블랙홀이다. 블랙홀은 중력, 밀도, 시간, 탈출 속도 등 거의 모든 물리적인 수치가 무한대라고 표현이 된다. 그 어떠한 것도 광속보다 빠를 수가 없다는 것이 사실이라면 속도가 광속이거나 그 이상일 때 속도의 한계를 넘었으므로 무한대로 표현되어야 함은 당연할 것이다. 우리에게 블랙홀이 특별하게 여겨지는 것은 우리의 지력으로는 그 원리를 설명할 수도 없거니와 우리의 상식으로는 지각할 수도 없다는 데 있다. 블랙홀의 입구가 사건의 지평선인데 여기에 빠져들면 빛까지도 탈출할 수가 없다. 이를테면 지구와 같은 천체를 삼키고도 흔적을 남기지도 않으며 그 체적이 늘어나지도 않는다는 것이다. 분명 원

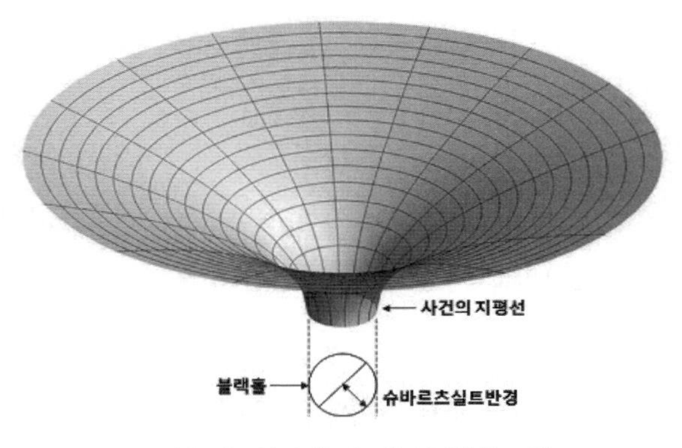

블랙홀 시공간의 휜 정도를 시각화한 그림
(출처: 위키피디아)

인은 있었으나 결과가 없는 것이라고 할 수가 있다. 물론 지구를 삼키고도 체적이 늘어나지 않는다는 것은 지구 또한 블랙홀의 밀도로 압축된다는 뜻이다. 참고로 지구가 블랙홀의 상태로 압축된다는 것은 현재 12,756km의 지구 지름이 대략 콩알만 하게 축소된다는 뜻이다. 중력은 질량의 곱에 비례하므로 질량이 클수록 중력도 크다. 슈바르츠실트 반지름[3]의 의미를 유추해보면 블랙홀은 전체 질량보다는 단위당 질량, 곧 밀도와 관련이 있는 듯하다. 반지름이 작아진다는 것은 바꿔 말하면 내부적으로는 밀도가 커진다는 뜻이다. 천체가 충분한 질량을 가진 채로 특정 밀도에 다다르면 그 자체의 중력이 한없이 커지게 된다. 이때 축퇴압이란 것이 중력에 대항하여 천체의 밀도가 무한히 증가하는 것을 막게 되는데, 천체의 질량이 한계점을 넘어 축퇴압이 견딜 수 없을 정도로 강한 중력을 갖게 되면 마침내 모든 것이 무너져 내려 밀도가 무한대로 치닫게 된다. 이때 천체의 크기가 슈바르츠실트 반지름보다 작아지면 그 천체는 블랙홀이 된다.

중력이 어느 한계 이상이 되면 공간을 굴절시키고 시간 지연이 발생한다. 지구보다는 상대적으로 질량이 큰 목성에서 시간이 느리게 가고, 목성보다는 태양에서 시간이 느리게 흐른다. 중력은 그 중심에 가까울수록 커지므로 높은 산보다는 지표면에서, 지표면보다는 중심부에서 시간이 더디게 흐른다. 우리의 생활에서는 초고층보다는 저층으로 내려갈수록 시간이 더디게 흐른다. 다만 저층과 고층의 높이차가 아무리 커도 지구 질량을 벗어날 수가 없으니 그 값이 너무나 미미할 뿐이다. 우리가 알기로는 블랙홀 내부에서는 시간이 흐르지 않는 것으로 알고 있다. 그러나 그곳은 단지 외부와는 사건이 단절된 영역으로서 외부에 대하여 시간 지연 현상이 일어날 뿐 사실이 아니다. 만약 시간이 흐르지 않는다면 그곳에 뭔가 존재할 리가 만무하고 설령 사건의 지평선이 그 경계라 할지라도 그 경계 너머에는 시간이 흐르지 않으므로 공간 또한 있을 리가 만무하다. 공간이 없는데 무엇을 어떻게 구획할 수 있겠으며 경계가 발생할 수 있겠는가? 뭔가 존재한다는 사실만으로도 그것은 시간이 흐르지 않을 수 없다. 시간이 흐르지 않는 바위가 있다고 하자. 바위를 바라보고 있는 관측자에게는 천년의 시간이 흘렀음에도 바위 내부는 형체도 변함이 없고 구성 성분도 처음 그대로를 유지하고 있으며, 전후좌우 요지부동으로 시간적인 방향성이 주어질 수 없으므로 바위 속에는 시간이 흐르지 않았다고 보아야 할까? 우주의 시작점도 블랙홀의 관점에서 설명이 가능해진다. 우주는 무한대의 밀도를 가진 하나의 점에서 불현듯 발생한 것이다. 태초에 우주가 하나의 블랙홀을 구성하고 있었는데 마침내 폭발한 사건이 빅뱅이라고 할 수가 있다. 그러나 우주의 시작점은 과학자마다 또는 종교계와 과학자 사이에서 아직도 의견이 분분하고 또한 우리가 그 어떤 형태로든 현장의 목격이나 현상을 답습할 수 없으므로 논외로 하더라도 블랙홀은 그 원리가 과학적으로 이미 정립이 되어 있고 M87은하의 사례와 같이 실제로 그 존재의 확인이 현실에서 가능하기 때문에 의의가 있다. 블랙홀에서 모든 것을 흡수한다는 과정 즉, 원인은 있으나 그것이 어디로 사라졌는지의 결과가 없다고 한다면 인과율을 정의할 수가 없다. 마찬가지로 우주는 시간과 공간, 물질과 에너지가 시작점에서부터 불현듯 발생하여 현존하게 되었으므로 원인도 없이 결과만 나타난 것이라고 할 수가 있다. 이 역시 인과율의 측면에서는 블랙홀의 경우와 같다.

1915년 알베르토 아인슈타인은 방금 설명한 바와 같이 어느 한계의 질량을 가진 천체는 자신의 중력에 의하여 수축되고, 그러한 천체 주변에서는 시공간이 휘어진다는 일반상대성이론을 발표하였다. 그것이 곧 블랙홀이었다. 그로부터 100여 년이 지난 최근 일련의 과학자들이 인류 최초로 블랙홀의 실물을 관측하는 데 성공을 했다. 2019년 4월 10일 사건의 지평선(EHT)이라는 그룹에 참여한 과학자 200여 명은 지구로부터 5,500만 광년 떨어진 곳에 위치한 M87 은하에 속한 블랙홀의 실물을 관측하고 그 모습을 영상으로 표현해내는 데 성공했다. 관측 결과 이 블랙홀의 질량은 태양 질량의 65억 배, 반지름은 80억 km에 달한다고 한다. 참고로 지구와 태양 간의 거리(1천문단위=1AU)가 1억 5천만 km이고 태양계 행성 중 가장 먼 행성이 해왕성인데 태양으로부터 약 45억 3천만 km에 위치하고 있다. 또한, 매우 심각한 타원 궤도의 행성으로서 행성 지위를 박탈당한 명왕성은 그 근일점이 해왕성보다 가까우나 원일점은 태양으로부터 73억 5천만 km이다. 따라서 발견된 블랙홀의 크기는 태양계에 속하는 가장 먼 행성의 궤도가 그 속에 들어가고도 한참 남는 넓이라는 뜻이다. 그런데 앞에서 지구 정도의 체적이라면 콩알만 하게 수축하여야 블랙홀이 된다고 했고, 설명의 뉘앙스로 보면 블랙홀의 크기는 특정할 수가 없다고 했는데 발견된 블랙홀은 그 반경이 너무나 크고 뚜렷하다. 여기에 대한 해답은 슈바르츠실트 반경에 있다. 슈바르츠실트 반경은 밀도보다는 전체 질량과 관련이 있기 때문이다. 즉, 슈바르츠실트 반경은 질량이 클수록 커진다. 반면

거대은하 M87 중심부 블랙홀

블랙홀의 밀도는 질량의 제곱에 반비례한다. 블랙홀이 되기 위해서는 질량이 작은 별일수록 밀도는 커야 하나 질량이 큰 별은 그토록 조밀하게 뭉치지 않아도 블랙홀이 될 수 있다는 이야기다. 참고로 먼 거리의 별이나 블랙홀 관측은 광학망원경을 사용하는 것이 아니고 전파망원경을 쓴다. 다만 전파망원경 한 대로는 수많은 잡음과 산란 때문에 블랙홀에서 발생하는 전파를 포착하기가 어렵다. 이를 해결하기 위한 방법으로 전 세계 6개 대륙에 있는 8개의 전파망원경을 서로 연결하여 하나로 묶어 같은 시간대에 촬영한다. 이는 지구 크기의 전파망원경이 구동됨을 의미한다. 이로써 서로 다른 8개의 전파망원경이 수집한 전파에 담긴 정보를 취합하여 컴퓨터로 정리하고 영상과 그래프를 얻어내는 방식으로 블랙홀 사진을 만들어낸다. 이를테면 블랙홀 실물과 발표되는 사진은 여기에 참여한 영상 전문가의 능력에 따라 살짝 다를 수 있다는 뜻이다.

시간여행에 대하여

이 책에서는 일부 우리의 상식이나 학문을 부정하는 듯한 논리를 펴고 있는데, 개의치 말기를 바란다. 그것은 우리가 배웠거나 알고 있는 사실에 대하여 필자가 무작정 회의적인 시각으로 바라보는 데서 나오는 질문이며 그 표현이 다소 완곡하기 때문이다. 타임머신이라는 '용어의 발명'은 과학계에서 아주 오래전의 일이다. 비록 가까운 장래까지는 그 실용성이 낮아 보이지만, 이론은 거의 확립되어있으니 우리는 곧잘 상상 속에서 타임머신에 몸을 싣고 시간여행을 경험하기도 한다. 시간여행이 보편화된 사회의 경우 어느 여행지에서의 대화는 어디에서 왔느냐보다도 어느 시대에서 왔느냐가 궁금할 것이다. 시간여행과 동시에 공간상의 위치 보정이 가능한지도 궁금하다. 이를테면 출발지와 도착지가 동일 위치라 할지라도 도착지의 환경이 달라졌을 수 있으니 상황에 따라 즉각 위치가 보정될 수 있는지의 문제를 고려하지 않을 수 없다. 지각은 화산, 지진, 해일뿐만이 아니더라도 세월이 지나면서 끊임없이 이동하고 변화한다. 성능이 매우 우수한 타임머신을 타고 내가 이 자리에서 시간여행으로 백만 년 후를 여행한다고 치자. 백만 년 후에는 그 동안의 지각 변동으로 인하여 내가 있는 이곳이 땅속에 묻혀있을지도 모르고 해저 깊숙이 내려앉아 있을지도 모른다. 물론 이곳의 위치가 내려앉은 것이 아니라 이때는 주변이 상승했다는 이야기일 수도 있다. 백만 년 후로의 시간여행 도착지가 숨을 쉴 수도 없는 지하 땅속이라면 당장 어떠한 조치가 필요할 것인가? 지구는 끊임없이 태양 주변을 돌고 있지만 동일 장소를 지나는 일이 없다. 태양은 우리은하 주변을 돌고, 은하는 우주 어딘가로 하염없이 날아가고 있으며, 우주는 중심도 경계도 없는데, 과연 내가 위치한 이 지점의 공간상 좌표를 어떻게 설정할 것인가? 더군다나 지금 내가 있는 위치가 백만 년 후에도 지구의 지표면 어느 곳일 리가 만무하지 않겠는가? 설령 지구의 중심이나 지구의 어느 지점이 기준점이라고 하더라도 지금 내가 있는 이곳이 백만 년 후에도 한결같지는 않을 것이다. 앞에서 미래로의 여행은 가능할지라도 과거로의 여행은 불가능하다고 했다. 과거로의 여행을 허락하게 되면 내가 과거로 가서 직계 조상의 운명에 영향을 미칠 수도 있고 그렇게 될 경우, 내가 지금 여기에서 존재한다는 사실 자체가 모순일 수도 있으므로 원인과 결과가 뒤

죽박죽되어버리기 때문이라는데, 과연 그럴까? 필자의 생각으로는 시간 여행이 양자 원격전송처럼, 순간이동이 아닌 시간 지연효과처럼 속도와 관계된다면 절대 그럴 리가 없다고 본다. 우리가 이미 앞에서 경험했듯이 과거로 회귀할 수 없다는 원리는 어떤 공간에서 정지상태가 현재라면 정지상태에서부터 전후, 좌우, 상하 어디로 가든 그곳은 미래일 수밖에 없기 때문이다. 또한, 정지상태에서 속도가 0이라면 어느 방향으로든 음수(-)는 발생할 수 없기 때문이다. 그렇다면 과거로의 여행은 포기하고 미래 여행을 계속한다고 치자. 목적대로의 여행을 마치고는 가족의 품으로 되돌아가야 하는데, 이론대로라면 과거로는 갈 수가 없다. 이 무슨 운명의 장난이란 말인가?

1971년, 두 사람의 과학자가 두 대의 비행기에 원자시계를 장착하고 지구의 회전 방향과의 관계를 고려하여 각각 반대로 날면서 시간을 측정하였더니 속도의 총합이 빠를수록 시간이 느리게 흐르고 있음을 확인하였다고 한다. 필자는 그들의 실험 정신에는 갈채를 보내는 바이나 그 결과에 대하여는 그렇게 신뢰하고 싶은 마음은 없다. 그 과학자들의 실험은 피실험체로서 비행기가 얼마나 빠르게 움직이는지 그 여부에 한정하고 있기 때문이다. 이 실험에서는 두 가지 변수가 있다. 아니, 더 있을지도 모른다. 하나는 그들의 실험과 같이 속력이 빠를수록 시간이 느리게 흐른다는 사실과 또 하나는 중력이 클수록 시간이 느려진다는 사실이다. 前者는 특수상대성이론에 대한 설명이고 後者는 일반상대성이론에 대한 설명이다. 필자는 여러 가지 매체를 통하여 같은 내용을 접할 수 있었는데 한결같이 그들의 결과는 비행기의 고도와는 무관하다. 방금과 같이 두 사람의 과학자가 속도의 총합을 고려하였듯이 지구의 자전과 공전, 태양계의 자전과 공전, 은하의 자전과 공전, 그리고 우주 전체의 운동을 고려하면 우리 자신의 속도 총합도 무시할 수는 없을 것이다. 우주는 지금도 팽창하고 있고 거리에 비례하여 더 빠르게 멀어지고 있다. 이 사실들은 현재까지 논리적으로 밝혀졌거나 우리가 생각할 수 있는 사실들이고 더 나아가보면 우주가 깊어질수록 시간이 느리게 흐른다거나 바꿔 말하면 우주 변방에 갈수록 시간이 빠르게 흐를지도 모른다. 우주의 팽창 속도는 시간상 과거에서 미래로 갈수록 점점 빨라지고 있다. 그 속도는 곧 현재로부터 우주 변방에 이르는 확장 속도인바 만일, 이 관계에서 우주 팽창이 공간의 확장 개념이 아니고 광자가 내닫는 속도 개념이라고 한다면 어느 한 지점에서 광자의 도착 시점은 시간상으로 현재가 되며 곧 시간의 시작점이 될 것이다. 만약 암흑의 어느 한 지점에 광자가 도달했다면 그 지점은 그때부터 비로소 시간이 흐르게 된다는 뜻이다. 방금 우주 변방이라고 했는데 우주의 원리에서 중심과 변방은 존재하지 않는다. 그러나 우주에 변방이 존재하지 않는다는 원리로는 방금 광자가 도달한 어느 한 지점이라는 말은 성립될 수 없다. 또한, 앞에서 필자가 장황하게 떠벌린 '아직 도래하지 않은 우주의 미래'도 성립되지 않는다. 빅뱅 우주론도, 우주 팽창설도, 465억 광년이라는 우주의 반경도 중심과 변방의 설정 없이는 성립될 수가 없다. 그러한 사실에 기반하여 우주에는 중심과 변방이 있다고 가정하자. 중심과 변방 사이에서 분명 시간적 변수가 발생하리라 생각이 든다. 빠르게 진행하는 물체는 시간이 느리게 흐른다고 했고, 모든 속도 관계는 상대적이라고 했다. 상대적이라는 말뜻은 물체가 어느 방향으로 진행할 때 물체와 물체 사이가 서로 멀어지는 속도나, 공간이 팽창할 때 중심과 가장자리 사이가 서로 멀어지는 속도나, 상대적인 관점에서는 그 의미가 같다. 즉, 물체와 물체 사이의 움직임에 따르는 변수에 대하여 시간이나 공간의 크기는 서로 대칭을 이룬다는 뜻이다. 그게 사실이라면 뭔가 이상하다. 속도가 상대적이라면 시공간에서는 관측자나 진행자나 멀어지는 거리는 서로 동등하게 등분(等分)이 되고 서로 같은 속도로 시간이 흘러야 하며, 우주를 향하여 발사된 로켓이 지구를 벗어나는 속도나, 지구가 로켓으로부터 멀어지는 속도는 같은 개념일 텐데 우리가 알기로는 그렇지가 않다. 과연 무엇이 문제일까? 바로 해답을 구하자면 그것은 가속도의 문제다. 쌍둥이 역설에서 광속 여행을 하는 사람은 형이었으니, 형이 동생에게서 멀어지는 속도에는 가속도가 관계되지만, 동생이 형에게서 멀어지는 속도에는 가속도가 관계되지 않기 때문이다. 즉 지구에 남아 있는 동생에게는 특수상대성원리는 불필요하지만, 형의 움직임에는 광속(c^2)이 매우 요긴하게 작용한다는 뜻이다.

이 시점에서 필자가 아인슈타인에게 묻는다. 특수상대성원리에서 운동하는 물체는 시간의 지연이 발생하고 광속에 가까울수록 시간 지연 효과는 커지며, 빛의 속도와 등속에서는 비록 그것이 가정일지라도 시간이 완전히 정지되는 것이라고 했다. 이 원리의 설명으로 등장하는 단골 메뉴가 방금 말한 쌍둥이 역설이다. 5,500만 광년 너머의 블랙홀을 본다는 것은 우리가 알기로는 5,500만 년 전의 과거를 보고 있다는 뜻이다. 그런데 쌍둥이 형의 예와 같이 광속으로 진행할 때 시간이 정지된다는 의미가 주체의 감관이 느끼는 작용에 불과한 것이 아니라면 그 작동 기제는 사람이나 무생물체는 물론이고 비록 파동이나 광자라고 할지라도 동일하게 작용할 것이라고 본다. 앞서 시공간에 대한 고찰에서 직교

좌표계의 종축방향 속도와 횡축방향 속도의 합이 현재 내가 시공간으로 운동하는 속도이고 그것이 곧 광속이며 그 값은 언제나 불변이라고 했는데, 그렇다면 별빛은 항상 광속이므로 그 거리가 5,500만 광년일지라도 고유의 속도로 진행하는 중에는 시간의 소비가 일절 일어나지 않는다는 뜻이다. 여행에서 속도가 정확하게 광속과 등속이라고 하고, 출발과 도착 시에 요구되는 가속이나 감속 과정을 무시한다면, 광속 여행에서 돌아온 쌍둥이 형의 모습은 여행을 떠날 때의 모습과 전혀 달라지지 않은 방금 전의 모습 그대로일 것이다. 그렇다면 블랙홀 주변에서 5,500만 광년을 달려온 빛도 출발할 때의 상황 그대로이지 않겠는가? 따라서 5,500만 광년의 블랙홀 모습이든 8광분의 태양빛이든 우리는 실시간 현재의 별빛을 그대로 보고 있다는 뜻일 것이다. 이러한 현상은 과연 어떻게 설명할 것인가? 아인슈타인이 답하기 전에 필자의 생각을 피력해본다면, 여기에는 천문학적인 숫자에 대한 지구적 숫자의 왜곡이라고 설명하는 것이 타당할 것 같다. 쌍둥이 형제이야기는 기껏 해봐야 광속 여행을 시간 단위이거나 날짜 단위로 가정하는 것이 보통이다. 형이 5,500만년 동안을 광속으로 여행을 한다는 이야기는 우리의 관심을 끌지도 못할 뿐만 아니라 그러한 숫자로는 지구에서 동시에 흐른 시간을 아예 계산할 수가 없을 만큼 크다. 무엇보다도 빛의 속도가 광속(c)으로 일정하니 여기서도 응당히 광속으로 5,500만 년을 여행한 것은 맞다. 그렇다면 이왕 내킨 질문이니 한 가지만 더 묻자면, 내가 이글거리는 태양에서 핵융합작용으로 발생한 광자라고 가정하고 동료 광자들과 함께 태양광이라는 이름의 단체를 구성하여 지구에 지금 막 도착했다면 나는 빛이요 광자이니 어김없이 8분간의 광속 여행을 한 결과가 된다. 내가 태양을 출발하여 여기에 오는 8분이라는 시간 동안 지구에서는 시간이 얼마나 흘렀겠는가? 다만 '상대성이론'에서 '상대'를 자유 의지대로 결정할 수 있는지는 모르겠으나 지구에 있는 필자를 그 상대라고 하자. 문헌을 참고하면 이론에서는 필시 계산상 광자의 정지 질량이 관계되는 것으로 생각되나 그것은 편견이 될 수 있으니 여기서는 광자가 질량이 있는지의 문제도 무시하자. 필자의 고등학교시절 기억에는 대학입학예비고사 과년도 시험 문제 중에 쌍둥이 역설에 대한 문제가 출제된 적이 있었다. 동생은 지구에 남고 형이 24시간 동안 광속으로 우주를 한 바퀴 돌고는 되돌아오는 것이었다. 동생에게 흐른 시간을 4지선다형으로 알아맞히는 문제였는데 정답은 동생의 몰골로 보나 대략 60여 년이었던 것으로 기억한다. 따라서 24시간:60년=1:21900이라는 계산이 나온다. 영화「인터스텔라」에서는 1시간이 7년이라고 했으니 1시간:7년=1:61320이라는 계산이 나온다. 그건 차이가 더 심하다. 특히 그것은 중력의 문제로 일반상대성이론의 적용이니 여기서는 무시하자. 속도문제는 특수상대성이론이 적용된다. 그럴 경우 나의 광자가 태양으로부터 빛의 속도로 진행하여 지구까지 오는데 걸린 8분이라는 시간 동안 지구에서는 시간 지연 효과가 발생할 만한 움직임이 없었으므로 대략 4개월 정도의 시간이 흐르는 것으로 계산이 된다. 즉, 지금 보이는 저 태양 빛은 1억 5,000만 km를 광속으로 8분간 날아와서 우리에게 목격되지만 우리는 그사이 4개월의 시간을 소비하고 있었다는 이야기가 된다. 5,500만 년 동안 날아온 M87은하의 광자도 마찬가지이다. M87은하의 광자가 광속으로 5,500만 년 동안 여행을 했으므로 M87은하에 남아 있는 그 어머니뻘인 헬륨 원자에게는 21,900×5,500만 년=약 1조 2천억 년이 흘렀다는 계산이 나온다.

도대체 M87은하의 광자는 어디서부터 출발을 했으며 우주의 나이는 과연 몇 살이란 말인가? 아마 이 질문에 대하여 아인슈타인과 그 추종자들은 곧바로 간단한 수학 공식을 들이대며 필자의 무지를 만천하에 폭로하고 말 것이다. 물론 학문적으로 무지한 필자에게는 더 이상의 대응력은 없다. 쌍둥이 역설이라고 우리는 그저 물리이론의 한 형태라고 보아 넘기지만 역설은 우리의 상식으로 가당치 않기에 역설이라는 단어가 주어지는 것이다. 버젓이 역설이라고 붙여놓고는 어찌하여 그것을 원리로 받들고 있는가? 필자네 강아지도 필자가 조금 길게 무슨 말을 하면 알아들을 수 없다는 듯이 고개를 갸우뚱거린다. 일찍이 소크라테스는 산파술(産婆術)이라고 하여 무지한 자는 도저히 알아들을 수 없는 논리로 상대방의 말문이 막힐 때까지 끈질기게 펼쳐 끝내는 그것을 하나의 명제로 유도하였듯이 아인슈타인은 한술 더 떠 수학 공식까지 둘러대면서 어리석은 우리를 아포리아(aporia)로 빠져들게 하고 있다.

우주의 팽창 속도는 허블상수를 도입하면 알 수가 있다. 허블상수의 단위는 'km/s/Mpc'이다. 여기서 Mpc(메가파섹)은 우주 공간의 거리를 나타내는 단위로 pc(파섹)의 백만 단위이다. 1pc(파섹)은 상수로서 3.26광년이므로 1Mpc은 3.26×100만=326만 광년에 해당한다. 허블상수는 상황에 따라 수정될 수가 있는데 유럽우주국 플랑크 위성 데이터에 따르면 허블상수는 약67.80㎞/s/Mpc이다. 즉, 우주의 팽창 속도는 메가파섹당 허블상수만큼 멀어진다는 뜻으로, 326만 광년 멀어질 때마다 초속 67.80km씩 더 빠른 속도로 멀어지고 있다는 뜻이다. 따라서 거리가 1억 광년에 있는 은하끼리라면, 1억÷326만×67.8=초속2,080km. 10억 광년인 은하끼리는 초속 20,798km, 100억 광년인 은하끼리는 초속

207,975km로 멀어져 가고 있음을 알 수가 있다. 우주는 팽창하고 있으므로 속도 또한 점점 빨라지고 있다. 그렇다면 전체 우주가 팽창하는 속도는 과연 얼마나 될까? 앞에서 우주의 반지름이 465억 광년이라고 했으니 우주 중심에서 가장자리까지의 멀어지는 속도는 465억÷326만 67.8=967,086km/s라는 계산이 나온다. 즉, 우주 전체의 팽창 속도는 빛의 속도보다 3배는 더 빠르게 팽창하고 있다는 계산이다. 빠르게 운동하는 물체일수록 시간이 느려진다고 했는데, 광속의 3배를 초과했다면 그곳은 과연 어떤 현상이 일어나고 있을까? 과학에서는 지금 필자의 이 질문을 용인하지 않을 것이라고 본다. 앞에서 동등한 개념일지도 모른다고 생각했던 그 공간의 팽창 속도와 물체의 운동 속도는 엄연히 다르다고 말할 것이기 때문이다. 즉, 공간이 팽창하여 멀어지는 속도에서는 시간 지연이 없고 물체의 상대적 운동 속도에서만 시간 지연이 발생한다는 것이다. 상대적 운동 속도에서는 가속도가 관계된다는 사실을 조금 전 쌍둥이 역설을 통하여 확인한 적이 있다. 그렇다면 다시 한 번 정리를 해보자. 팽창 속도는 공간의 확장 개념이고 운동 속도는 물체의 이동 개념

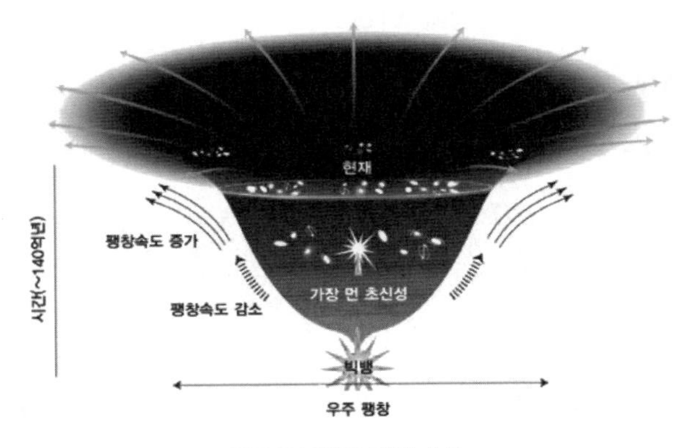

우주의 나이와 팽창 속도
(사진출처: 한국천문연구원)

이다. 공간의 팽창으로 인하여 별과 별이 서로 멀어지는 것은 별이 움직인다고 볼 수 없는가 하는 문제다. 공간이 팽창한다는 것은 말 그대로 공간 자체의 체적이 증가한다는 의미이고, 물체가 운동한다는 것은 둘 사이의 위치값이 변동된다는 뜻이다. 거대한 풍선이 있다고 하자. 아직 불지 않은 풍선의 내부표면에 인형을 달고는 바람을 급속도로 불어 넣어 1초 만에 풍선의 반지름이 10m가 되었다고 가정하자. 인형은 중심에서 1초 만에 10m 외부로 나아갔으니 속도는 초당 10m를 주파하였다는 뜻이 된다. 이번에는 미리 바람을 불어 넣어 반지름이 10m가 된 풍선 내부에 들어가서 시험을 한다고 하자. 물론 내부 기압은 무시한다. 풍선 중심에서 풍선표면을 향하여 인형을 쏘아 인형이 1초 만에 풍선표면에 도달하였다면 속도는 초당 10m이다. 전자는 공간의 팽창개념이고, 후자는 물체의 운동개념이다. 둘 다 중심에서부터 표면까지 위치가 이동되었으며, 도달한 시간도 각각 1초이다. 물체의 운동에 있어서 전자와 후자가 과연 무엇이 다르다는 말인가? 멀어지거나 가까워진다는 것은 서로 상대적이어야 한다. 공간이 팽창하면 공간 중심에서 가장자리까지의 거리가 멀어진다. 물체가 이동하면 출발 지점에서 도착지점 사이의 거리가 멀어진다. 그런데 물체의 움직임에는 출발과 도착 사이에서 전과 후라는 시간적 차가 발생하지만, 공간의 중심과 가장자리 사이에는 출발도 도착도 없으니 전과 후라는 시간적 개념을 부여할 수가 없다. 따라서 물체의 운동 속도에는 시간이 결부되지만, 공간의 팽창은 그 속도가 아무리 빨라도 시간 지연 효과는 발생하지 않는 것으로 설명이 가능해진다.

우리나라 속담에 "신선놀음에 도낏자루 썩는 줄 모른다."라는 속담이 있다. 보통 수십 년은 썩지 않는 것이 도낏자루다. 신선들의 노름(바둑이나 장기) 한 판에 우리의 시간으로 수십 년은 걸린다는 뜻이다. 속담의 유래는 이렇다. 옛날 한 나무꾼이 도끼를 들고 나무를 하러 산속 깊이 들어갔는데 우연히 동굴을 발견하고는 그 속으로 들어가 보니 두 백발노인이 바둑을 두고 있었던 것이었다. 나무꾼도 바둑을 좋아하는지라 바둑 한 판만 구경하고 나무를 하러 가야겠다는 생각에 들었던 도끼를 옆에 세워두고는 시간 가는 줄도 모르고 두 노인의 바둑경기를 관전하고 있었다. 바둑은 계속되고, 이윽고 돌아갈 시간이 되었다는 생각에 세워두었던 도끼를 집어 드니 아뿔싸! 웬일인지 도낏자루가 썩어 문드러져 버렸지 않았겠는가. 이상하게 여기면서 동굴을 빠져나와 마을로 내려가 보니 마을의 모습이 완전히 딴판으로 바뀌어 있는 것이다. 너무도 이상하여 지나가는 노인에게 자기 이름을 대면서 혹시 그런 사람을 아느냐고 물었더니 노인은 "그분은 저의 증조부이십니다."라고 대답을 하더라는 것이다. 우리가 이미 짐작을 하였듯이 동굴에서 바둑을 두던 백발의 노인들은 신선이었으며 신선의 수명은 영원불멸에 가깝다. 쌍둥이 역설이 특수상대성원리의 적용이었다면 속담은 일반상대성원리의 적용이다. 영원불멸이란 늙거나 노쇠하지 않는다는 것이며, 그러기 위해서 한편으로는 시간이 멈추거나 아주 느리게 흘러가야 한다. 그것은 곧 동굴 속에서 신선과 함께 있는 동안 그에게는 시간이 흐르지 않았거나 매우 더디게 흘렀다는 결과가 된다. 그렇다면 사람은 그대로인데 옆에 놔둔 도낏자루는 왜 썩어버렸는지 문제가 될 수 있다. 이를테면 사람과 도낏자루 사이에는 사건의 지평선이라는 경계가 존재했고 도낏자루는 사건의 지평선을 넘지 않은 상태였다고 볼 수가 있다. 만화책에서 자주 등장하는 신선의 이동수단은 구름으로 묘사되고 있다. 유추해보면 신선은 산에만 있는 것이 아니라 주로 하늘에서 임하고 있다. 약간의 과장을 수용한다면, 저 까마득한 우주 한가운데 시간이 한참 느리게 가는 그곳에서 구름을 타고 우리를 지켜보고 있다면 속담은 너무나 과학적이다. 한편, 시간과 공간은 상호의존적으로 서로 휘어져 존재하기 때문에 각각 독립해서는 존재할 수가 없다. 여기서 휘어져 존재한다는 뜻은 우리의 지각 한계에 따른 표현일 뿐, 우리로서는 그 형체를 바르게 표현할 수가 없다. 이를테면 우주는 중심도 없고 끝도 없는 가운데 우주 공간의 한 방향을 우리가 생각하는 직선으로 하염없이 달려가기만 해도 언젠가는 출발점으로 되돌아온다는 원리가 바로 그것이다. 공간의 구성이 그러하다면, 시간과 공간은 상호의존적이므로 시간적으로도 비슷한 추리가 가능하다. 타임머신을 타고 어느 도착 지점을 상정하지 않은 채로 미래나 과거를 향하여 한 방향으로 하염없이 날아가기만 하면 언젠가는 원점으로 되돌아올 수 있을 것이라는 뜻이다. 시간과 공간은 분명 시공간이라는 이름으로 일체화되어 있지만 우리는 그것을 공간이나 어떤 도형처럼 시각적으로 인식할 수는 없다. 물론 시공간이라는 단어 자체는 그 현상과 원리를 알기에 인간이 만들어 놓은 단어다. 우리가 시공간을 눈으로 볼 수 없다는 것은 시각 기능의 한계 문제이고, 우리가 그것을 형상화할 수 없다는 것은 의식 기능의 한계 문제이다. 인간의 상상은 끝이 없다고 하지만 우주의 변수 또한 끝이 없고, 모든 것이 가능성의 실체이며, 그 존재 하나하나가 언젠가는 뭔가를 이루기 위한 준비 과정이기 때문에 그 어떤 논리로도 반박될 수가 없다.

태양을 제외하고 지구와 가장 가까운 별은 '프록시마 센타우리'인데, 지구에서 약 4.2광년의 거리에 있다. 현존하는 가장 빠른 우주선으로도

7만 년 이상의 거리다. 지구에서 프록시마 센타우리를 본다는 것은 4.2년 전에 출발한 빛이 고유의 속도로 4.2년 동안 달려온 결과물을 보는 것으로, 빛이 달려오는 과정에서 이미 4.2년이라는 시간을 소비하게 된다. 즉, 빛이 프록시마 센타우리에서 지구까지 오는 데 시간상으로는 4.2년이 걸리고 시공간상으로는 4.2년×30만 km의 거리를 통과한다는 뜻이다. 지금까지의 설명에 의하면 광속으로 운동하는 물체는 시간 지연이 발생한다고 누차 확인한 바 있다. 시간 지연이란 빛이 프록시마 센타우리에서 지구까지 약 4.2광년의 거리를 달려오는 사이 특수상대성이론에 따라 시간 흐름이 지체된다는 뜻이다. 여기서 4.2광년이라는 거리는 이미 결정되어 있으므로 그 거리를 빛의 속도로 주파한다면 시간상으로는 4.2년보다도 단축되어 도달한다는 의미가 된다. 그렇다면 지난번과 마찬가지로 광속과 등속으로 운동하는 물체는 시간이 정지된다고 가정하자. 만약에 광속로켓이 범용화되었다고 치고, 내가 환갑 기념으로 정확하게 광속과 등속으로 우주 여행을 한다고 치자. 지금 지구에서 출발하여 4년 후에 프록시마 센타우리에 도착한다면 이때 내 나이가 환갑 그대로일까? 아니면 환갑+4년이 지난 후가 될까? 이 질문에 대한 해답은 두 가지가 가능하다. 하나는 광속과 등속으로 간다고 하였으니, 광속과 등속에서는 시간이 정지하였으므로 내 나이는 환갑 그대로일 것이고, 또 하나는 질문에서 이미 출발 후 4년 후에 도착한다고 전제하였으니 환갑+4년일 것이다. 앞에서도 언급이 있었지만 영화 「인터스텔라」에서는 "여기(우주)에서 1시간이 지구에서는 7년입니다."라는 대사가 나온다. 그리고 지구에서의 환경을 그대로 본떠 만든 우주 기지에 귀환하여 할머니가 되어 임종을 맞는 늙어버린 딸과 그 딸의 자식 정도로밖에 보이지 않을 정도로 젊은 아버지가 상봉하는 장면이 나온다. 특수상대성이론에서 빛보다 빠른 것은 있을 수 없다고 했으나 이미 우리는 앞서 우주의 팽창 속도가 광속의 3배라는 점을 허블상수에 따라 계산하여 확인을 했다. 다만 그것은 우주 중심이라는 단어가 성립할지 여부에도 불구하고 중심과 가장자리 사이에서 전과 후라는 시간적 개념을 부여할 수가 없으니 설명을 유보하기로 하자. 빛보다 빠른 또 다른 이동수단으로서 순간이동이 있다. 순간이동은 거리와 속도의 관계를 적용하지 않는 이동수단이다. 순간이동은 공상과학소설의 단골 메뉴다. 영화 「스타트랙」에서는 순간이동과 함께 초광속을 워프항법(warp navigation)이라는 단어로 등장시키고 있다. 소설에서 착안한 순간이동의 논리가 최근 들어 과학자들의 합리화 작업(!)에 따라 양자원격전송이라는 실제 실험 단계를 거치기에 이르고 있다. 제자리에서의 순간이동은 양자원격전송과 같이 화학적으로 원소를 분해하여 양자적(量子的)으로 전송하는 시나리오 말고는 논리적으로 말이 되지 않는 설정이다. 물론 원소의 분해 전송 운운도 현재 문명하에서는 말이 되지는 않는다. 영화 「플라이」에서는 순간이동의 원리를, 인체를 구성하는 원소를 원자 단위로 분해하고 이것을 재구성하는 것으로 묘사하고 있다. 과학자인 주인공이 직접 피험자가 되어 자신을 머신에 집어넣고 직접 스위치를 작동시켜 신체를 분해하고 그것을 재구현하는 과정에서 파리가 한 마리 날아 들어와 문제가 발생한다는 이야기이다. 또 다른 많은 영화에서 시간여행은 타임머신에 의한 순간이동으로 묘사되고 있다. 쌍둥이 역설도 시간여행에 대한 설명이다. 타임머신과 광속로켓의 다른 점은, 전자(前者)는 순간이동이 그 원리이고 후자는 시간 지연 효과가 그 원리이다. 즉, 쌍둥이 역설은 24시간 광속운동을 하게 되면 자신은 늙지 않고 60여 년간 미래 여행을 한 결과로 나타난다는 이야기다. 한편으로 그것은 자신이 우주선 안에서 하루를 보내는 동안 동생은 60년 동안 미래에서 살다가 돌아온 결과가 된다. 동생의 관점에서는 현재 시점에서 형이 60년 전 과거의 모습으로 갑자기 나타났다는 이야기가 된다. 이처럼 자신이 있는 바로 그 자리의 60년 후를 가보고 싶다면 24시간 동안 광속으로 어딘가를 날아갔다가 되돌아오면 된다. 이때 자신에게는 하루가 지났으나 지구에는 60년이 흐르게 되고 동생은 폭삭 늙어버린다는 이야기가 쌍둥이 역설이다. 이 원리는 광속 운동자와 관측자와의 관계이며, 시간 진행과 공간 진행의 관계이다. 이를테면 형은 빛의 속도로 24시간 동안 공간을 여행했으며, 형이 24시간 공간 여행을 하는 동안 동생은 지구에서 정지 상태의 속도로 60년 동안 시간 여행을 한 것이다. 공간의 세계에서는 우리가 알 수 있듯이 동서남북 어디로 가든 그 도착지는 미래일 뿐이고 시간의 세계에서도 정지 상태보다 느린 속도는 없을 것이므로 어디로 가든 미래일 뿐이다. 또한, 형의 속도가 광속이 아니고 풍속이었다면 24시간을 돌아다녀 봐야 고작 지구의 대기권 위에서 맴돌 뿐 시간을 초월할 수는 없을 것이다. 그러나 그 속도가 광속이었으므로 동생의 시간을 앞질러가게 되는 것이다. 바꿔 말하면 동일 공간상에서 무작정 속력으로만 앞질러 간 시간이 60년이라는 뜻이다. 광속 시간여행에서 좌표의 설정에는 두 가지 변수가 있다. 속도가 빠를수록 시간 지연 효과가 크다는 것(운동 속도)과 광속으로 운동하는 시간이 오랠수록 시간 지연 효과가 크다는 것(운동 시간)이다. 더 먼 미래를 여행하려면 속도를 더 내거나 여행 시간을 늘리는 방법 중에서 한 가지를 선택하거나 두 가지를 절충할 수 있다는 이야기다. 속도가 빠를수록 시간 지연이 커진다면 논리상 정지 상태를 기준으로 속도가 느릴수록 시간 단축이 커진다는 의미이다. 여기서 문제는 미래 여행을 마쳤다면 이제 과거로 다시 돌아가서 늙지 않은 동생도 만나야 하고 일상으로 복귀하여야 하는데 과거로 돌아갈 방법이 없다. 과거로 가기 위해서는 정지 상태보다 느린 속도로 운동해야 하는데 정지 상태보다 느린 속도는 있을 리가 만무하다.

지구 주변을 돌고 있는 ISS(국제우주정거장)에서 우주 유영을 할 경우, 우주복에 딸린 생명 유지 기능의 산소량은 최대 7시간을 사용할 수 있다고 한다. 그렇다면 시간이 느리게 간다고 생각되는 우주에서도 한 통의 산소로 7시간을 사용할 수 있을 것인가? 아니면 위에서의 계산대로 49년 동안 사용이 가능하다는 뜻인가? 멍청한 질문이다. 당연히 7시간일 것이다. 우주에서 우주 유영으로 7시간을 보내는 동안 지구에서는 49년이 걸린다는 뜻이다. 일반상대성이론에서는 블랙홀은 워낙 중력이 커서 주변의 천체나 여타의 물체는 물론 심지어는 빛까지도 흡수해버리고, 그 중심에 가까워질수록 시간이 느려진다고 했다. 또한, 특수상대성이론에서는 에너지는 질량과 광속의 제곱으로 표시되는데 광속에 가까울수록 시간이 느려진다고 했다. 우리가 앞서 시공간의 고찰에서도 속도가 크다는 것은 단위 시간에 위치 이동이 크다는 말이었고, 위치 이동이 크다는 것은 얼마만큼의 거리를 이동하는데 정해진 시간을 단축할 수 있는 것이라고 표현했음을 상기해볼 필요가 있다. 위의 사실들과 여러 가지 학설들을 종합해보면 블랙홀의 중심이라든가 우주의 더 깊은 곳에서는 시간이 멈추어버리는 곳이 존재할지도 모른다. 그렇다면 또 하나의 질문이 추가된다. 우주에서 시간이 느리게 간다면 자신의 행동에서 그것이 느껴질까? 만약 시간이 멈춘다면 영원히 죽지 않고 살 수가 있을까? 필자의 생각은 이렇다. 지구에서 책을 한 권 읽는 시간이 24시간이라면 우주에서 책 한 권 읽는 시간도 24시간이다. 우리가 느끼는 감각도 두 장소에서 별 다를 바가 없을 것이다. 지구에서 사람의 일생이 100년이라면 우주에서도 일생은 지구에서 느끼는 시간 감각으로 100년이다. 다만 동시에 두 사람이 지구와 우주에서 각각 독립된 상태에서 동일시 느껴지는 길이의 시간을 보내고 나서 서로 만나게 되는 순간 위와 같은 역설이 발생하는 것이라고 본다. 즉, 60년의 세월을 보낸 동생에게는 느낌상으로도 60년의 세월이 흘렀고, 24시간을 보낸 형에게는 느낌상으로도 24시간이 흘렀다는 이야기다. 그래도 의문은 남는다. 이번에는 성능이 매우 우수한 망원경으로 지구에서 그들을 지켜본다고 가정하자. 지구에서의 거리는 50광년이라고 하고, 시간 비는 위와 같이 1시간:7년이라고 하자. 우주 유영을 하는 그들을 1시간 동안 지켜본다면, 눈에 들어오는 정보는 비록 50년 전 과거의 결과겠지만 그들의 행동 1시간을 보기 위해서 지구에서는 7년 동안을 주시하고 있어야 할 것이다. 그렇다면 그들의 동작 하나하나는 아주 느린 슬로비디오처럼 보일까?

빛은 움직이는가

'빛은 움직이는가'라는 질문은 '시간은 흐르는가'라는 질문과 그 해답은 같다. 속도 측면에서 빛의 속도는 시간의 속도와 서로 대응되는 관계이다. 이를테면 빛의 속도를 한계로 속도가 빠를수록 시간은 느려진다. 빛은 파장인가라는 물음은 이미 오래전에부터 제시되었던 질문이다. 그리하여 빛은 파장일 수도 있고 입자일 수도 있다는 쪽으로 결론이 났다. 참고로 빛이 파장일 수도 입자일 수도 있다는 것은 2중 슬릿 실험[4]의 결과다. 파장이라면 에너지의 개념이고 입자라면 물질의 개념이다. 前者를 일컬어 전자기파, 후자를 광자라고 부른다는 뻔한 소리를 앞서 이미 촉새처럼 나불거렸던 기억이 있다. 한술 더 뜬다면, 전자기파는 그 파장의 길이 순서에 따라 전파-적외선-가시광선-자외선-엑스선-감마선으로 나뉜다. 가시광선(可視光線)은 말 그대로 '사람의 눈에 보이는' 전자기파의 영역이다. 가시광선의 파장은 360나노미터에서 820나노미터까지의 범위를 갖는다. 나노미터(nm)는 10^{-9}(10억분의 1)m의 크기이다. 개인별로 범위의 차이가 있지만 보통 인간의 눈은 대략 400나노미터에서 700나노미터까지의 범위를 감지하는 것으로 알려져 있다. 전자기파의 파장을 각각 적절한 단위로 나타내보면 감마선의 경우 펨토미터(50fm), 엑스선은 피코미터(50pm), 자외선과 가시광선은 나노미터(100nm~820nm), 적외선은 마이크로미터(10μm), 전파는 밀리미터(0.1mm)에서 킬로미터(100,000km)까지의 범위를 갖는다. 그렇다면 여기서 빛은 그 스스로 움직이는가?라고 다시 질문을 던져보자. 이미 파장이라는 속성을 얻고 1초에 30만 km에 해당하는 '광속'이라는 단위가 붙여져 있으므로 이 질문 자체가 의미는 없을 것이다. 그러나 광장에서도 "표현은 자유다!"라는 격문이 있고 이미 던져진 질문이니 계속해보자. 운동하는 것은 그 어떤 경우라도 속도가 있다. 빠르거나 느리거나 적당하거나 과도하거나의 경향이 있으며, 속도가 없다면 그것은 움직인다고 볼 수가 없다. 그러나 그것은 공간에서만 바라볼 때의 이야기이고 공간에서는 정지해 있는 물체라 할지라도 시간 측면에서는 빛의 속도만큼 움직이고 있다.

빛이라고는 없는 깜깜한 밤, 사방이 벽으로 막힌 작은 방안에서 방문을 닫고 백열전등을 켠다고 하자. 점등과 함께 방 전체가 동시에 밝아진다. 여기서 동시는 우리의 눈이 빛의 속도를 감지할 수 없기에 발생하는 착시현상이다. 빛을 따라잡을 수 있는 초고속의 동영상으로 촬영해서 되돌려보면 아마 빛이 백열전등으로부터 멀어지는 속도가 시각적으로 확인이 될 것이다. 빛이 광자라면 백열전구의 필라멘트에서는 광자가 끊임없이 생성되고 있고 생성된 광자는 초당 30만 km의 속도로 광원으로부터 달아날 것이다. 달아난 광자는 최소한 반사광이 성립되는 한 그 실체는 사라지지 않을 것이다. 여기서 반사광이란 어떤 물체에 의해 광자의 존재가 드러난다는 의미이다. 허공만 존재할 뿐 그 허공 속에 물체도 물질도 기체도 없다면 빛은 절대 발하지 않는다. 참고로 조도는 광원으로부터 어떤 물체에 비치는 빛의 밝기이고 광도는 광원의 밝기이다. 만약 백열전등에서 생성된 그 광자의 집합 단위가 광도만 받쳐준다면 수만 광년 저 너머에서는 별빛처럼 보일 것이다. 여기서 보낸 빛이 어느 정도의 시차를 두고 저 멀리에서 보인다는 것은 분명 빛이 움직이고 있다는 의미가 된다. 그런데 문제는 이곳이 사방이 격리된 좁은 방이라는 것이다. 광자가 연속적으로 생성되고 있고 초속 30만 km의 속도로 달아나고 있는 것이 사실이라면 필자의 실눈 뜬 머리로는 빛은 절대 입자일 수는 없다. 빛이 입자라면, 광자로서 존재하는 한 사방으로 막혀있는 벽체에 빛의 입자가 닿는 순간순간마다 눈이 쌓이듯이 광자가 쌓일 것이므로 시간이 갈수록 벽체에서의 조도는 높아져야 한다. 만약 광자가 질량이 있고 중력의 지배를 받는다면 벽체 상부보다는 하부가 더 밝을 것이다. 그런데 지금 보니 참 멍청한 짓을 하고 앉았다. 좁은 방에서 실험할 게 아니라 저 넓은 들판에서 태양광으로 실험을 해야 하는 것이다. 태양으로부터 날아오고 있는 가시광선은 수십억 년째 내리쬐고 있다. 광자의 질량과 체적은 무시하더라도 가시광선의 입자가 쌓이고 쌓였더라면 지구는 너무도 밝아 아예 밤이 존재하지 않았을 것이다. 그런데 낮 동안 그토록 밝게 빛나던 광자들은 어디로 숨고 이렇게 어두운 밤이 되어버렸단 말인가? 여기서 백열전등의 소등과 함께 광자의 존재는 한시적인가라는 또 다른 질문에 봉착하게 된다. 백열전등의 소등과 함께 벽이 어두워지는 현상은 빛이 한시적이라는 의미일 것이다. 그렇다면 수십억 년을 달려와서 우리의 시야에 들어오고 있는 저 별빛은 도대체 무엇이란 말인가? 또한, 광자로서 존재할 때는 입자이고 광자가 빛을 상실하면 어떻게 되는가? 에너지보존법칙에 따라 에너지라면 다른 에너지로 변환할 것이고, 입자라면 어떤 형체로든 물질로서 남을 것이다. 빛에너지가 열의 형태로 교환될 수 있다는 사실은 우리가 이미 상식으로 알고 있다. 그러나 입자인 광자는 어떻게 되었을까? 혹시 빛을 상실한 광자가 우리가 말하는 그 암흑물질은 아닐까? 글을 쓰다 보니 필자가 암흑물질에 너무 의존하고 있는 것 같다. 확인이 곤란한 어떤 현상을 역시 확인되지 않고 있는 어떤 현상이나 물질에다 덮어씌우는 것은 증명의 단계를 거치지 않을 수 있으므로 완전 범죄(?)를 위하여 더없이 편리하다.

지금까지는 사춘기 반항과도 같은 억지 질문에 우문우답이었다. 빛은 분명 파장에 따라 가시성이 구분되는 것이다. 광자는 엑스선이든 가시광선이든 성분의 구분이 없는데 그 파장의 넓이에 따라 가시광선, 자외선, 적외선으로 구분된다는 의미이다. 이를테면 백열전등에서 나온 광자가 진행하다가 어떤 벽체에 닿았다고 하자. 광자가 만일 엑스선의 파장을 가진 경우라면 파장이 워낙 짧다거나 벽체와 상호작용이 없다는 관계로 벽체를 통과하여 계속 직진할 수도 있겠지만 가시광선의 경우에는 파장의 특성과 벽체의 성질 관계, 즉 광자와 벽체의 구성이 상호작용하는지 여부에 따라서 벽체표면에서 파장의 진행이 억제되는 관계로 광자가 소멸해버릴 수도 있다는 의미일 것이다. 무엇보다도 물체가 눈에 보인다는 자체는 그 물체의 반사광을 이루는 광자가 우리 눈의 수정체를 통과하여 망막에 맺힌다는 뜻이다. 광자의 작용이 없다면 우리 눈에는 아무것도 뵈는 게 없다. 뵈는 게 없다? 바쁘다 보니 준말을 썼는데, 준말도 적당한 장소에서 써야지 자칫 애비도 몰라본다는 뜻이 될 수가 있으니 주의가 필요하다는 반성과 함께, 이 글에서는 광자가 왜 입자여야 하는지, 빛은 왜 움직여야 하는지에 대하여 다소 비판적인 시각으로 탐구해 볼 것이다. 그렇다면 다시 질문을 바꿔 우주의 평균 온도는 몇℃인가? 광자를 이야기하다가 생뚱맞게 웬 온도 이야기인가 하고 의아해할지도 모르겠다. 온도의 성질은 빛의 성질과는 떼려야 뗄 수 없는 관계이기 때문이다. 이미 앞에서 밝혀진 바대로 우주의 평균 온도는 3K(캘빈), 즉 대략 -270℃이다. 처음에는 절대 고온이던 우주가 식어 현재는 절대 저온인 -273.15℃에 가까워져 약 3K에 다다르고 있다. 바꾸어 말하면 어떤 열원이 식는 중인데 열이 완전히 식으려면 아직은 3도 정도가 남아 있다는 말이다. 또한, 활발하던 원자의 운동이 점차 잦아들고 있다는 의미이기도 하다. 우주의 평균 온도라는 말은 우주 공간의 온도와 우주 전체에 속해있는 수천억 단위의 은하들, 그 은하마다 속해있는 수천억 개 항성들의 온도까지 포함하여야 한다는 뜻일 것이다. 그러나 실제로 우주 온도의 계산은 흑체복사 이론에 따른다. 흑체는 흡수한 에너지와 방출하는 에너지가 열적 평형을 이루어 일정한 온도를 유지하는 가상의 완전 복사체이다. 곧 우주가 흑체 복사체라는 뜻이다. 여기에서 우리는 매우 자연스럽게 우주배경복사를 떠 올릴 수가 있는데 우주배경복사는 우주 공간의 배경을 이루며 모든 방향에서 같은 강도로 감지되는 전자기파로서 0.1㎜~20㎝ 파장의 마이크로파를 이르는 말이다. 우주배경복사로부터 흑체복사 온도를 산출해낼 수가 있는데 위성으로 관측한 현재 우주의 흑체복사 온도는 2.728±0.002K이다. 위 사실들로부터 유추하건대 흑체복사 온도는 원자의 운동 단위를 이르는 말이고 우주배경복사는 전자기파인 마이크로파의 산포를 이르는 말이다. 여기에 따르면 절대온도 0K 이상인 모든 물체는 온도에 따라 특정량의 복사선을 방출하는데 절대온도 0도 이상이라면 0을 초과하는 숫자만큼의 열을 발산하고 있다는 의미이다. 이 말은 원자가 한 개라도 존재하는 그 어떤 단위의 공간이라면 원자의 운동에너지로부터 특정 온도의 열이 발생한다는 의미이며 여기에서부터 산출된 우주의 평균 온도가 약 3K라는 뜻으로 이해가 된다. 그 어떤 단위의 공간이라는 것은 곧 현재의 우주라는 의미이고 흑체복사로부터 관측되는 온도가 우주의 평균 온도라는 뜻일 것이다.

광원이나 열원은 열의 발생원이고 열은 원자의 운동이며 전자기파는 열로부터 생성되는 파장이라는 개념으로 본다면 원자의 운동은 열원 그 자체이고 빛은 광원으로부터 발산하는 어떤 파장이거나 입자이다. 전자기파가 발생한다는 측면에서 복사열은 광원으로부터 분리되어 나왔거나 분산된 또 하나의 광원에 해당한다고 볼 수가 있다. 그것이 곧 원자의 외적 운동이며 여기에서 3K라는 열이 감지되고 있다는 뜻일 것이다.

예를 들어 태초에 우주가 태양이라고 한다면 태양의 체적이 팽창하고 또 팽창하여 오늘에 이르고 있다. 그 태양의 구성은 초기에는 밀도가 커 1.408g/㎤(현재 태양의 밀도)로서 매우 조밀했으나 워낙 넓은 공간에 퍼져 지금은 1㎥마다 대략 수소 원자 5개가 띄엄띄엄 존재하고 있는 곳으로 극적으로 느슨해져 버린 태양이 곧 지금의 우주라고 설명할 수가 있다. 그 수소 원자가 그 너른 천지에서 천천히 유리하고 있는 그 운동량으로서 발생하고 있는 열이 3K라는 온도이며 3K라는 온도에서 발산한 전자기파가 우주배경복사로 관찰되고 있는 것이라고 필자는 이해하고 있다. 물론 이 광활하기 짝이 없는 우주가 다시 한 점으로 모인다면 그 온도는 설명할 수 없는 온도, 즉 절대 고온이 될 것이다. 이것은 빅뱅의 설명과 같다. 우주는 팽창하고 있고 그 팽창 속도를 알고 있으며, 현재 시점에서 팽창한 결과를 확인할 수 있다면 현재에서 과거로 역산하여 나가면 언젠가는 하나의 점으로 귀착된다. 그 점이 바로 팽창의 시작이고 동시에 시간의 시작이며 천지가 개벽하는 순간이었던 것이다.

물질이 발산하는 온도가 원자 운동의 결과라고 한다면 운동하는 원자 수가 많을수록, 또 그 원자가 운동이 활발할수록 온도는 상승할 것이다. 그런데 필자의 지식 범주에서 아직도 규명되지 않고 있는 것은 원자의 개별적인 운동량이 각각 우주 전체의 온도에 영향을 미치고 있는지의 문제이다. 이를테면 동일 크기의 단위용적 속에 각각 같은 수의 원자가 들어 있다고 한다면 원자의 운동량에 따라 온도가 서로 다를 수가 있느냐 하는 것이다. 그것은 하나의 물체가 온도가 높아질 수도 있고 낮아질 수도 있다는 사실을 상기해보면 그 해답은 알 수가 있을지 모르겠다. 태양이 그토록 뜨거운 것은 끊임없는 핵융합의 결과이겠지만 태양은 그 체적에 비해 원자의 총량이 많아 밀도가 크고 원자의 운동이 폭발적으로 활발하기 때문이다. 반면에 우주 공간이 차가운 것은 우주 공간은 원자 수가 매우 희박하고 그나마 그 원자들이 한참 느리게 움직이기 때문이다. 방금 차갑다는 표현은 인간의 감각에 따른 결과일 뿐이지 물리 단위로 적용하기에는 지극히 낙후된 표현 방법이다. 우리는 우리 신체의 감각 온도보다 낮은 온도를 차갑다고 표현한다. 또 달리 표현하자면 물의 빙점을 기준으로 삼을 수도 있다. 그러나 절대온도 측면에서는 열이 존재하는지의 여부에 따를 수도 있다. 만약 열이 존재하지 않는 상태가 차가운 것이라면 사실 이 세상에 차가운 것은 없다. 지금까지 두루 고찰해보았지만 우주가 아무리 차갑다고 해도 우주배경복사로부터 최소한의 열은 보전되기 때문이다. 물질은 압축할수록 밀도는 높아진다. 밀도가 높다는 말은 단위 체적당 원자 수가 많다는 뜻이다. 각각의 원자가 개별적으로 운동량이 같다면 온도를 높이는 방법으로 그 물질을 압축한다는 것은 논리적이다. 우주의 평균 온도가 3K라는 말은 좀 전에 말한 우주 공간에 띄엄띄엄 산재하여 유리하고 있는 수소 원자의 운동량만을 지칭하는 것은 아닐 것이다. 다만 그것이 포함된다는 뜻일 뿐 우주에 속한 모든 열원에서 발생하는 온도를 우주 체적으로 나눈 값이라는 뜻으로 이해가 된다. 물론 '관측한 흑체복사 온도'라는 말로 유추해보면 여기에는 수많은 은하에 속한 모든 항성이나 여타의 천체로 구성되는 열원은 제외되는 것이라고 볼 수 있다. 그러나 이를 제외하면 이야기가 너무 복잡해지므로 여기서는 이를 포함하여 생각하기로 하자. 우주의 체적이 작아질수록 온도는 높아지고 체적이 클수록 온도는 낮아진다. 이 말이 사실이라면 우주가 팽창할수록 온도가 낮아질 것이라는 논리는 성립한다. 따라서 우주는 절대영도를 향하고 있고, 언젠가는 은하와 성운, 항성과 행성, 운동하는 모든 물질은 그 존재마저 희박해지고 우주는 차갑고 빈 공허만 남게 될지도 모른다. 이른바 빅 프리즈 종말론이다. 여기에 대해서는 차후 전개될 '우주의 수명'에서 다시 논해보기로 하자.

칠흑처럼 깜깜한 공간에서 내가 빛의 속도로 어느 방향을 향하여 나아간다고 하자. 그리고는 어느 시점에서 내가 들고 있던 회중전등을 켠다고 하자. 회중전등을 켜는 동작과 동시에 전등 빛은 어떻게 행동할까? 나의 속도가 빛과 같으므로 전등 빛이 필라멘트에서만 머물 뿐 전구로부터 아예 운신도 할 수 없을까? 그렇다면 회중전등을 켠 채로 1m만 후퇴시켜보자. 이제 전등 불빛이 전등 몸체로부터 대략 1미터쯤 나간 상태일까? 그렇다면 아마 빛의 단면은 회중전등의 커버 모양대로 원형이거나 사각형일 것이며, 빛의 선단부는 우리가 생활에서 경험했듯이 앞으로 갈수록 넓을 것이다. 내가 팔을 내밀어 빛의 앞쪽에다 손을 대면 빛이 아직까지 닿지 않았으니 깜깜해서 손이 보이지 않을 것이고 빛을 이루고 있는 단면 내부에 손을 넣으면 손은 형체가 보일 것이다. 그러나 거듭 확인하지만 이때 빛의 속도는 나의 동작에 상관없이 일정하다. 내가 아무리 빛의 속도로 달린다고 해도 회중전등의 빛은 나로부터 항상 광속으로 멀어져 간다. 내가 초속 30만 킬로미터의 속도로 달리면 앞서가는 빛은 나로부터 30만 킬로미터의 속도로 멀어져가는 것이다. 즉 제삼자가 봤을 때는 내가 초속 30만 킬로미터의 속도로 달리면 앞서가는 빛은 초속 60만 킬로미터로 도망가 버린다는 뜻이다. 그것은 시속 100km의 속도로 달리는 열차 안에서 전방을 향해 야구공을 시속 100km의 속도로 던졌다고 한다면 공은 시속 몇 km의 속도로 날아갈 것인가를 생각해보면 바로 답이 떠오를 것이다. 지금 필자는 당연한 소리를 무슨 대단한 발견이나 한 것처럼 떠벌리고 있다. 문제는 나 역시도 이미 빛의 속도로 나아가고 있고 나의 속도도 회중전등 빛의 동작에 상관없이 일정하다는 것이다. 과연 회중전등 빛과 나 사이에는 누가 더 선행이며 누가 더 일정하다는 말인가?

아무리 먼 곳이라도 볼 수 있는 존재가 있다고 하자. 그 정도 되면 아마 초월자 또는 절대자라는 명칭을 달고 다니는 존재일 것이다. 그분을 가리켜 A라고 부르기로 하자. 빛의 속도로 달리는 B라는 사람이 자기보다 앞서가는 빛을 따라가고 있다. 따라가고 있지만 특수상대성원리에 따라 B에게는 앞서가는 빛이 자기로부터 초속 30만 km로 멀어지고 있다는 뜻이다. B자신의 속도는 초속 30만 km로서 A가 보기에도 초속 30만 km이다. B를 앞질러서 가는 빛의 속도는 B가 보기에는 초속 30만 km이지만 A가 보기에는 초속 60만 km라는 뜻이다. 여기서 난데없이 C라는 존재가 등장한다. C는 B의 바로 뒤에서 반짝하고 등장하고는 B를 따라서 그 역시 빛의 속도로 달린다. 그렇게 되면 여기서부터는 C는 30만 km, B는 C속력+30만 km, 선두의 빛은 B속력+30만 km로 질주하게 될 것이다. 즉, A가 보기에 C는 30만 km, B는 60만 km, 선두의 빛은 90만 km로 달린다는 뜻이다. 이게 과연 말이나 되는 소리인가? 지금까지의 이야기는 말이 아니라고 하자. 광자는 파장이자 입자라고 했다. 빛은 광자로 구성되고 광자가 곧 입자라고 한다면 입자 하나하나가 개별적으로 운동하여 교집합을 이루는 것이 곧 빛의 속도라는 의미일 것이다. 그럼 이번에는 내가 광자 중에 하나라고 가정하자. 동료 광자를 따라서 가면 나와 동료 광자 사이의 속도 관계는 어떻게 될까? 이 문제는 우리가 이미 알고 있는 사실이다. 당연히 동료와 나의 운동 속도는 같다. 前者, 즉 광속과 광속의 관계에서 설명과 後者, 즉 광자와 광자의 관계에서 설명이 동일하게 개별과 개별 사이의 관계이지만 전자의 개별 관계와 후자의 개별 관계가 다르다. 특수상대성원리와 불확정성의 원리로 비교 설명이 되어야 하겠지만 필자의 지력에 한계가 있기도 하고 갈 길도 머니 이 이야기는 대충 여기까지만 하자.

그런데 필자가 지금까지 관련 서적을 통하여 특수상대성원리에 대한 설명들을 접하다보면 공통점이 있는데 그것은 빛의 속도에 대응하는 속도가 하나같이 '거의 빛의 속도'이거나 '빛의 속도 가까이'에서 설명을 하고 있다는 것이다. 인공으로는 그 어떤 방법으로도 빛의 속도를 낼 수가 없다는 이유 때문일 것이다. 그러나 인간의 능력으로 빛의 속도가 불가능하다면 '빛의 속도 가까이'도 불가능한 것은 마찬가지일 것이라고 본다. 우리의 상상은 인간의 한계를 고려하지 않는다. 따라서 다음과 같은 논제는 계산상 무리가 따를지라도 논리의 전개는 가능하다고 생각한다. 광속의 성질이 내가 초속 30만 킬로미터의 속도로 달리면 앞서가는 빛은 초속 60만 킬로미터로 도망가 버린다고 했는데 여기서 만약 내가 빛의 속도보다 빠르게 진행을 하면서 빛을 앞질러 간다면 과연 나를 뒤따르고 있는 빛의 속도는 얼마가 될까? 좀 전의 B는 C에 의해서, C의 지각으로, 빛보다 빠른 속도로 달렸지만 이제는 내가 자발적으로 빛보다 빠른 초속 31만 km로 빛을 앞질러 간다면 A가 보기에 나와 나를 뒤따르고 있는 빛의 속도는 어떤 관계일까? 나를 뒤따르고 있는 빛은 나로부터 초당 30만 km로 후퇴할까? 그렇다면 그 빛은 A가 보기에 초속 1만 km로 나의 뒤를 따르면서 전진할까? 또 빛의 속도보다 2배 빠르게 태양으로부터 멀어져 가면서 태양을 바라다본다면 태양은 어떻게 보일까? 태양에서 나오고 있는 빛은 나와 방향은 같을지라도 광자 하나하나가 나보다는 2배 느리게 운동을 하고 있다. 나보다 먼저 출발한 광자들을 내가 추월을 하면서 갈 텐데 빛의 성질상 빛이 진행하는 방향을 기준으로 광원의 반대 방향은 볼 수가 없다. 만약 쌍둥이 형이 빛의 속도를 초과하여 정확하게 빛의 2배속으로 우주여행을 한다면 형에게 시간은 얼마나 느리게 흐를 것이며 형에게 시간의 길이는 어떻게 느껴질 것인가? 상대성원리에서 미래는 갈 수 있어도 과거로 가는 시간여행은 불가능하다고 했었는데, 광속이 미래로 가는 시간여행이라면 2배속은 미래를 지나 다시 과거로 향하는 시간여행은 아닐까? 형이 2배속으로 광속여행을 하고 돌아온다면 지구의 동생에게는 시간이 얼마나 흘렀으며 동생은 어떻게 변했겠는가?

빛이 움직인다는 것은 광자가 광원으로부터 이탈하여 멀어져간다는 뜻이다. 빅뱅의 원리대로 광원으로서의 우주가 하나의 입자로 출발해서 지금에 이르렀다면, 공간의 확장과 더불어 광원이 중심에서 변방으로 분산하면서 옮어져 간다는 뜻이다. 그렇다면 우주배경복사는 중심에서 변방으로의 방향성을 가진다는 뜻이 아닐까? 별빛이 수십억 년의 유구한 세월을 달려와 우리의 시야에 들어오는 것을 보면 빛은 그 자체로 영원불멸일 것이다. 앞서 태양을 예로 들어 살펴보았듯이 광원으로서 우주는 팽창한 만큼 밀도는 희박해지고 밀도가 희박해진 만큼 온도는 낮아지고 있으며, 온도가 낮아진 만큼 전체의 광도 또한 낮아질 뿐이다. 막스 플랑크의 법칙에 따르면 앞서 언급한 흑체복사 온도와 함께 실제로 우주 공간에는 1㎤당 약 400개의 광자가 평균적으로 우주 공간을 메우고 있다는 것이다. 그러나 이것으로써 빛이 이동하는지 그 여부는 가려지지 않는다. 그렇다면 또 한 번 시험을 해보자. 우리는 앞에서 이미 이와 비슷한 원리를 탐구한 적이 있다. 칠흑같이 어두운 캄캄한 밤에 허공을 향해 레이저빔을 켠다. 레이저빔을 켬과 동시에 레이저빔은 계속 생산이 되고, 레이저발진기로부터 탈출한 빔은 맨 처음 생산된 빛을 선두로 초당 30만 km의 속도로 광원인 레이저발진기로부터 멀어진다. 정확하게 레이저발진기를 작동한지 3초 만에 레이저빔을 끈다. 좀 전에 레이저발진기로부터 탈출한 빛은 광속으로 허공을 향해 날아가 버렸으니 주변은 다시 칠흑같이 어두워진다. 빛이 한시적이 아니라면 조금 전 3초 동안의 빛은 90만 km 길이의 빔을 형성하여 초당 30만 km의 속도로 허공 속을 하염없이 진행하고 있을 것이다. 따라서 그 빛은 영원히 사라지지 않는다. 동시에 그 빛은 광속이므로 그 자체에는 시간이 흐르지 않을 것이며, 속도가 아무리 빠르더라도 우주경계에는 도달하지 못할 것이다. 우주가 빅뱅의 폭발압력과 빅뱅 당시의 폭발열을 광원으로 하여 우주팽창의 서막을 열게 되었다면 암흑에너지가 중력을 거스르지 않는 한 만에 하나 빅뱅 이후에 형성된 항성 등 제삼의 광원에서 송출된 빛은 그 어떤 경우에도 우주경계에는 도달할 수가 없다. 빅뱅으로부터 시작된 우주경계의 후퇴속도를 후발주자인 빛이 도저히 따라잡을 수 없기 때문이다.

입자라는 단어가 붙는다면 그것은 형체가 있다. 그것이 얼마나 작은지는 문제가 될 수 없다. 형체가 있는 것이 움직인다면 아무런 추동 없이는 움직이지 않을 것이다. 그 크기에 따라서나 또는 속도나 운동 거리에 따라서 분명 에너지를 소비할 것이고 그것이 움직이는 데는 어떤 동기가 있었을 것이다. 분자나 원자의 운동 결과가 열로 환원된다는 원리가 그것이 입자이기 때문이라면 입자인 광자의 움직임도 같은 맥락으로 볼 필요가 있다. 광자의 정지질량은 0이지만 움직인다면 그것은 질량이 있다는 뜻이다. 광자가 입자라면 물질이라는 의미이고 물질이 움직여야 한다면 질량이 필요하다. 다만 빛이 그 자체로 운동의 속성을 지닌다면 그것은 보유하고 있던 운동에너지를 열에너지로 교환한다는 뜻으로 보아도 무방할 것이다. 지금 이 이야기를 정리하면 다음과 같다. 모든 입자는 형태나 크기가 같다면 움직인 거리와 에너지는 선형적 관계가 성립될 것이므로 원자나 분자의 총 궤적을 구하면 발생한 에너지의 총량을 산출해 낼 수가 있을 것이다. 빛과 소리는 형체가 없고 공간상에서 그 전달 메커니즘이 서로 유사하나 소리는 매질을 통하여 전달되고 빛은 매질을 요구하지 않는다. 이와 비슷한 전달 메커니즘으로서 텔레파시가 있다. 텔레파시는 언어적 기호, 소리와 파동, 공간상의 물리적인 그 어떤 메커니즘도 배제한 채로 단지 의식에서 의식으로, 또는 어떤 객체로부터 불현듯이 전달되는 주체의 의식 작용이다. 텔레파시는 소리와는 달리 매질을 요구하지 않으며, 공간상 또는 위치상 속도와도 관계되지 않는다. 빛은 광원과 관측자 사이에서 빛의 속도라는 시간적 차가 존재하지만, 텔레파시는 발신자와 수신자 사이에서 어떤 기호가 암시라는 형태로 전달될 뿐이다. 암시는 어떤 객체에 내재해 있는 요소로서 수신자의 의식상에 불현듯 발생하는 의식의 변화 요소이다. 전달 속도로 비교하면 텔레파시>빛>소리의 순서다. 다만 텔레파시와 암시는 의식과 관계가 되므로 객체나 주체의 신체 조직에서 신경전달물질의 속도 문제가 있을 수 있다. 여기서 의식이라고 했는데 사실 의식과 관계되지 않는 것은 없다. 의식하는 주체가 없이는 그 무엇의 존재도 무의미하고, 의식을 배제하고는 그 어떤 것도 존재할 수 없다. 방금 '그 무엇'과 '그 어떤'이라는 지시어를 사용했지만, 지칭할 만한 것이라고는 아무것도 없다면 어떻게 될까? 우주가 진정 무의 상태라면? 공기도 분자도 없고, 그 뭔가도 없는 허공이라면 과연 빛이 발할 수 있을까?

빛은 동적이다. 동적인 것은 공간에 시간을 더해야만 성립할 수 있다. 이를테면 바위는 정적인 것으로, 공간만으로도 그것이 존재한다고 볼 수가 있다. 그러나 존재라는 낱말이 개입됨과 동시에 시간을 수반하지 않을 수 없다. 더구나 빛 자체는 공간만으로는 발하지 않는다. 빛은 공간 속에서 시간이라는 동적인 연속성이 없이는 발할 수가 없다. 모든 동사(動詞)가 시간을 수반함으로써 성립하듯이, 이를테면 '공간' 그 자체에는 시간이 필요하지 않겠으나 '발하다', '보다' 등은 시간을 수반하지 않는다면 성립할 수가 없다. 동시에 시간을 수반한다면 그것은 한시적이라는 뜻이다. 가시광선이라 할지라도 공기 속의 분자나 원자, 또는 여타의 물질이나 물체 등 반사체가 없다면 빛은 발하지 않으며 더욱이 직선운동으로 우리 눈에 와 닿지 않는다면 빛 자체는 볼 수가 없다. 그러나 이 논리에도 오류가 있다. 입자라는 낱말로만 비추어보면 빛은 곧 어떤 물질이라는 뜻이다. 빛이 진정 입자로 이루어져 있다면 스스로 발한다고 보아야 한다. 반사체의 여부는 불필요하다는 뜻이다. 하늘에 별이 보인다는 것은 우리가 생각하기에 별빛이 어떤 직선(直線)의 형태로 우리 눈에 와 닿는 동작처럼 이해된다. 그러나 그것은 광속이라는 선입관이 우리의 상상을 지배함으로써 왜곡되는 현상일지도 모른다. 태양이 지구도 밝히고 있고 명왕성도 밝히고 있듯이 별빛은 우리의 눈에만 와 닿는 것이 아니고 우주 공간 전체에 대하여 전 방위로 확산하면서 비추어지고 있다. 별이 아무리 희미하게 보일지라도 우리 눈에 보인다는 자체만으로도 최소한 이곳 지구까지의 거리를 반경으로 삼차원상으로 구를 그리면서 공간을 낱낱이 날아와 밝히고 있다. 앞에서의 언급과 같이 우주 공간에는 1㎤당 약 400개의 광자가 평균적으로 우주 공간을 메우고 있다고 했다. 빛이 입자라면 최소한 관측 가능한 우주 전체에는 각각의 방향성을 가진 빛의 입자가 어디론가 진행하면서 우주 공간을 가득 메우고 있다는 뜻이다. 우주 공간이 우리 눈에는 비록 암흑일지라도 별이 보이는 한, 그리고 그 별이 사라지고 없더라도 어떤 형태로든 빛으로 가득 차 있다. 그렇다면 별도 사라지고 없고 빛이라고는 아무것도 보이지 않는 캄캄한 우주에 형체가 있는 어떤 반사체를 불현듯이 가져다 놓는다면 우주에 가득 찬 광자의 반사작용으로 그 형체가 나타날까? 지금까지의 설명대로라면 그 밝기가 우리의 시각에 미치지 못할 뿐 분명 형체는 발할 것이다. 피에르 시몽 드 라플라스와 알베르트 아인슈타인의 이론을 종합하여 필자가 유추해보건대 실시간 우리의 모습, 우리의 행동 이미지는 우주에서 절대 사라지지 않는다. 다만 그것은 별빛과는 비교가 되지 않을 정도로 어두울 뿐이다. 그 이미지는 어두운 달빛처럼 미약한 전자기파를 이루어 우리를 떠나 빛의 속도로 진행하고 있다. 우리는 광원 그 자체이므로 우리를 떠나 간 이미지를 볼 수가 없다. 그러나 내가 지금 눈부신 태양의 8분 전을 쳐다보고 있다면 8분 후에는 태양이 자신의 반사체인 나를 동영상 보듯이 들여다 볼 것이다. 4.2광년에 있는 센타우르스자리 프록시마 센타우리 별에서는 지금쯤 4년 전의 나를 보고 있을 것이고 4년 후에는 지금 송출되고 있는 나의 이미지를 볼 수 있을 것이다. 육십 광년의 행성에서는 육십 년 전 어린 나를 보고 있을 것이고 육십 년 후에는 지금의 나를 볼 수 있을 것이다. 우리의 모습을 떠난 광자는 끝없는 우주로 뻗어 나갈 뿐 사라지지 않는다.

지금까지의 사고실험으로 도출된 말 같지도 않은 필자의 의심을 정리하면 다음과 같다. 시간을 수반하지 않는 빛을 상상해 볼 수 있을까? 속도를 수반하지 않는다면 빛이 성립할 수 있을까? 우주에 물질이라고는 없는데 과연 빛이 발할 수 있을까? 빛을 발하는 것은 물질이며 광원이 없이는 빛이 생겨날 수도 없다. 형체가 없다는 측면에서 빛은 영혼의 작용이나 정신과도 같은 것이다. 빛은 시각으로 인지되고 소리는 청각으로 인지되며 객체로서의 정신(영혼의 작용)은 3차원 존재인 우리에게는 암시라는 형태로 전달될 뿐이다. 빛은 시간과 무관한 것은 아닐까? 우리는 시공간에서 시간의 지배를 받고 있으나 빛은 고유의 속도로 움직인다고 하더라도 그 자체에는 시간이 흐르지 않는다. 시간이 흐르지 않는 것에는 동적인 개념을 부여할 수가 없다. 움직여야 한다면 분명 시간이 필요하기 때문이다. 관측자인 우리에게는 광원과의 거리가 시간과 관계가 되지만 빛 그 자체의 진행은 시간과 무관할지도 모른다. 빛은 공간을 비추지는 않고 오직 2차원의 면에서만 작용한다. 지구에서 하늘이 파랗거나 공간이 밝은 것은 대기에 작용하는 빛의 산란과 반사작용 때문이다. 전자빔이나 여타 전자기파의 시각적 메커니즘까지는 필자가 따져보지 않았으나 허공 속의 가시광선도 자세히 보면 공기 중에 부유하는 기체 입자를 통한 반사나 간섭으로만 작용한다. 기존의 광속 측정 방법에서 어느 정도 확률에 의존했거나 만에 하나 논리의 정합성을 확보하지 못한 상태라고 가정하면 빛은 화살처럼 움직이는 것이 아닐 수도 있다. 빛은 광원을 중심으로 전 방위에서 작용한다. 빛의 속도는 빛의 돌파력을 일컫는 것이 아니라 단지 어떤 형상이 우리 시각(視覺)에 도달하기까지의 시간차를 지칭하는 것일 수도 있다. 우리가 형체를 가진 광원이라면 빛은 형체도 없이 육체로부터 떠나 어딘가에서 작용하고 있는 정신과도 같은 것이다. 빛과 정신은 형체가 없으니 움직인다고 볼 수가 없다. 필자가 보기에 빛은 움직인다기보다는 작용하는 것이다.

우주의 수명

우주에 생명이 탄생하는 과정은 필자와 같은 문외한이 그 원리를 따져볼 수도 없겠거니와 생각만 해봐도 대단히 복잡하다. 어떤 원소로부터 생명의 불씨가 잉태되고 수억 년의 장구한 세월을 거쳐 오면서 단세포생물에서 다세포생물로, 미생물에서 동물로 진화하여 마침내 인간이 탄생한다. 남자의 몸속에서는 정자가 만들어지고 여자의 몸속에서는 난자가 만들어진다. 남녀가 만나서 사랑을 하고 정자가 난자에 투입됨으로써 수정이 된다. 수정된 난자는 모체 내에서 탯줄이라는 기관을 통하여 10개월의 기간 동안 모체로부터 영양을 공급받으면서 신체의 각 기관이 거의 완성이 되고는 자궁에서부터 빠져 나와 하나의 개체로서 독립되는 것이다. 견해 차이는 있지만, 독립되는 이 순간을 각 개체의 탄생일로 보는 것이 일반적이다. 이 경우 자궁을 제공한 숙주를 일러 어머니라고 부른다. 다만, 시대적인 변천과 함께 어머니라는 역할에 대해서도 최근에는 법적, 생물학적, 사회적이라는 수식어로 구분되고 의견이 분분하다. 생명의 탄생이 그러하다면 우주와 천체의 탄생 과정은 어떨까? 태양과 행성이 어머니의 자궁을 빠져나오듯이 어느 날 갑자기 뚜렷한 형체로 만들어져 우주 공간에 떡하니 배치되지는 않았을 것이다. 우주에 에너지로서 존재하는 어떤 동력을 기반으로 우주먼지가 모여 이것이 장구한 세월이 흐르는 동안 일정한 속도로 돌고 돌아 질량을 가지는 하나의 형체가 만들어지고 중력의 법칙에 따라 주위의 모든 것을 끌어들이면 질량과 에너지는 상호 교환이 되면서 마침내 태양이 생성되는 것이리라. 천체물리학에서는 이러한 과정을 강착(降着, Accretion)이라는 단어로 쓰고 있다. 흐르는 개천이나 호수에서 발생하는 유체의 소용돌이, 저기압을 규합하여 세력을 확장시켜가는 태풍이 좋은 실례가 될 수도 있을 것이다. 우주가 하나의 호수라고 하자. 어떤 동기에 의해 호수가 빠른 속도로 회전을 하면서 끝없이 넓어진다고 하자. 회전하는 물속에서는 회전의 속도, 물의 점도, 압력의 분포 등 여러 가지 반응 성분에 따라 여기저기 돌발적으로 와류가 형성될 것이다. 이때 물이 갖는 점도는 과학자들에게 암흑물질과 암흑에너지라는 힌트를 제공한다. 일단 그렇게 형성된 와류의 소용돌이가 빠른 속도로 회전을 하면서 서서히 이동하면 주변에서 부유하던 나뭇잎과 나무껍질, 모래, 흙탕물, 곤충의 사체, 온갖 부유물들이 원심력과 중력과 만유인력의 원리에 따라 소용돌이와 규합하거나 그 어떤 형태로 영향을 받을 것이다. 가끔 홍수가 지나간 후 아직도 흐름의 동력이 남아있는 저수지에서 부유물질들이 군집을 이루고 있는 것을 볼 수가 있다. 그 군집을 이룬다는 자체가 와류들의 영향을 받은 것이다. 어떤 가능성이 있다는 것은 그것이 0이 아니라면 모든 것은 언젠가는 실현될 수가 있다. 널려져 있는 군집이 모이고 모여 흙이 되고 땅을 이루기까지는 시간문제라는 뜻이다.

우주의 수명은 대략 2성분 4요소의 구성으로 설명이 된다. 시간과 공간, 물질과 에너지가 그것이다. 그러나 아인슈타인의 특수상대성이론을 거치게 되면 전체는 다시 두 가지로 압축된다. 시간은 공간 속의 움직임으로 압축되고 물질과 에너지가 같은 개념이기 때문이다. 즉, 前者는 시공간이라는 단어로 압축되고 後者는 질량-에너지 등가원리로 압축된다. 여기서 또 $E=mc^2$이라는 공식을 거쳐 오게 되면 모든 것이 하나로 압축된다. 물질은 질량이고 질량은 에너지이며, 질량과 광속도는 치환되므로 에너지는 곧 속도이고 속도는 시간이며 시간은 공간의 움직임이기 때문이다. 인간의 수명은 대개 육체가 의식을 가졌느냐 또는 숨을 쉬느냐의 여부로 평가한다. 육체가 살아있느냐의 여부는 그리 명쾌하지 않을 수 있다. '살아있다'라는 표현은 다소 막연한 표현이다. 생명의 범위는 세포까지이며 세포로부터 생명이 작동하기 때문이기도 하다. 어쩌면 세포 그 이하일 수도 있다. 의식이 살아있는지도 논란의 여지가 있다. 의식은 영혼이고 유체이탈이라는 낱말이 존재하기 때문이다. 어떤 낱말이 존재하는 한 우리는 그것을 부정할 수 없다. 과학은 인간의 주관에 따라 논증되고 수학으로 증명되며 과학과 수학은 항상 진보의 과정을 거칠 수 있기 때문이다.

태양계의 나이는 46억 년으로, 수명으로 본다면 이제 중년에 접어든 나이라고 한다. 태양도 사람처럼 100(억)세 시대를 지향하는 모양이다. 참고로 미국의 핵 과학자협회에서 관리하는 지구의 종말 시계는 오후 11시 58분을 가리키고 있다. 지구 멸망 2분 전이라는 뜻이다. 이 시계는 지구에 닥쳐있는 군사적 또는 환경적 재앙이 시간상으로 얼마나 남았는지 보여주는 가상의 시계다. 따라서 이 시계는 지구 자체의 종말을 가리키는 것이 아니라 지구 생명체의 종말을 가리키고 있다는 뜻이다. 더 정확히는 인간 자신들의 예상 멸종 시각을 기준으로 설정한 시간이다. 군사적 또는 환경적 재앙이 닥쳐 인간과 영장류와 동물이 종말을 맞는다고 해도 미생물이나 여타의 생명 종은 살아남을 수도 있기 때문이다. 그것은 곧 인간 자신들이 파 놓은 무덤에 스스로 기어서 들어갈 시간이 되었다는 뜻이다. 지구에서 살아가고 있는 개체 중에서 인간만큼 이기적인 존재는 없다. 지구의 주인은 고작 77억의 개체 수를 갖는 인간들이 아니라 그 수를 헤아릴 수 없을 만큼 많은 미생물과 1경 하고도 수천조 마리의 개미와 여타의 곤충과 식물과 동물들이다. 인간은 지구에서 한시적으로 빌붙어 살아가는 나그네일 뿐이다. 그런데도 온 우주가 자기들 것인 양 행세하며 파괴와 도륙을 일삼고 무소불위의 권한을 휘두르고 있다. 누가 인간을 사회적 동물이라고 했던가? 당치도 않는 말씀이다. 사회적이라는 낱말 자체가 서로 구성을 이루며 동시에 적응할 수 있다는 뜻으로 쓰는 말일 것이다. 곧잘 순리를 저버리고 구성을 파괴한다는 측면에서 인간은 철저하게도 비사회적인 동물이다. 자연과는 철저하게도 계산적이며 이기적인 인간은 지구의 구성원으로서는 절대 사회적 동물일 수가 없다. 만약 인간이 사회적 동물이었다면 최소한 언어라든가 그 어떤 연장이나 무기도 없이 자연 속에서 어우러져 있던 최초의 호모사피엔스 이전까지가 그 한계였으며 그 자격은 상실한 지 최소 10만 년은 지났다는 뜻이다. 인간은 인간이라는 종들끼리 외에는 절대 구성원이라는 이름을 부여받을 수가 없다. 인간이라는 그 나쁜 종을 성토할 기회는 앞으로도 얼마든지 있으니 이쯤 해두고, 종말을 맞는다는 이야기는 우주도 예외는 아니다. 우주는 탄생으로부터 138억 년이 흘렀고 우주의 수명은 인간의 욕심에 따라 조 단위의 긴 시간을 배정해 놓고 있다. 비록 지구의 종말 시계는 임박했을지언정 우주의 여타 행성에라도 희망을 걸고 싶다는 의미일 것이다. 우리는 모든 것의 수명을 시간 단위로 설정한다. 시간이 흘러 수명에 도달하기 때문이다. 그러나 우주가 소멸해 가는 데는 시간만 좌우되는 것이 아니다. 우주의 나이를 시간과는 상관없이 온도로 추정해보면 종점에 매우 가파르게 근접해 있다.

우주는 처음 절대 고온이라는 온도에서 출발한다. 시간과는 숫자 개념이 반대로 되겠지만 우리의 나이가 0세에서 100세를 향하여 시간이 흐르듯이 우주가 탄생 시점부터 종료 시점까지 절대 고온에서부터 절대 저온을 향하여 진행하고 있다. 절대 고온과 절대 저온 사이의 폭은 너무나 크다. 그러나 현재의 온도는 절대 저온까지 3도도 채 남겨두지 않고 있는 상태다. 앞서 지구 멸망 2분 전이라는 개념과는 일맥상통한다고도 볼 수가 있다. 참고로 과학을 통하여 알 수 있는 절대 고온은 1.42×10^{32}℃이고 절대 저온은 -273.15℃이며, 현재의 우주 평균온도는 -270℃다. 여기서 절대 고온은 플랑크 온도를 말한다. 플랑크 온도는 양자역학에서의 이론적인 온도의 최댓값이며 현대 과학은 이보다 더 뜨거운 것에 대한 추측은 무의미하다고 간주한다. 그 이상의 온도에서는 모든 물질이 원자보다 작은 단위로 분해되어 에너지가 된다. 이것은 현재의 우주론에서 다루는 빅뱅 이후의 플랑크 시간까지의 온도이다. 즉, 빅뱅으로부터 5.39×10^{-44}초가 경과하기까지 우주 온도는 1.42×10^{32}℃였으며, 그로부터 우주는 팽창하기 시작하여 빅뱅으로부터 10^{-36}초에서 10^{-34}초 사이의 짧은 시간에 인플레이션(급팽창) 과정을 겪게 된다. 인플레이션을 통하여 우주의 체적은 적어도 10^{78}배 팽창하게 되고, 그 체적에 비례하여 온도는 급강하한다.

빅뱅 후 1초가 경과했을 때 1백억℃, 3분이 경과하면 10억℃, 1백만 년이 됐을 때는 3천℃로 온도는 낮아지고 있다. 우리의 일상생활에서 온도가 낮아졌다는 말은 전도, 대류, 복사, 전달, 관류를 통하여 높은 온도의 물체에서 낮은 온도의 물체로 열에너지가 위치를 이동했다는 뜻이다. 그러나 여기서는 우주의 팽창으로 인하여 원자의 밀도가 낮아졌다는 의미이다. 이동의 원리와 팽창의 원리가 다른 것이다. 따라서 그 광대한 우주가 하나의 점으로 축소된다면 온도 역시도 하나의 점으로 치닫는다는 뜻이다. 절대영도가 있다면 백분율로서는 절대 100도가 있다. 절대 저온이라는 낱말이 현존하는 한 절대 고온이라는 낱말은 자연스럽게 도출된다.

우리의 상식으로 존재하는 모든 것은 시작이 있고 또 끝이 있다. 시작은 있는데 끝이 없다거나 끝은 있는데 시작이 없을 수는 없다. 우주는 물론 우리가 속해있거나 지각하는 모든 현상은 시작과 끝이 있고 모든 것은 극과 극의 사이에서 존재한다. 우주에서 시작과 끝이라는 것은 크거나 작거나 많거나 적거나의 선택 사항이 아니고 오직 극에서 시작하여 극으로 종료된다. 그래프로 표현하면 좌측의 극점에서 시작하여 우측으로 진행을 하고는 우측의 극점에서 종료한다. 여기서 지면(紙面)을 등 간격으로 안배하고 좌표의 x축에는 시간을, y축에는 온도를 표시하되 온도의 하강 속도를 대각선으로 표현하고 현재 온도 위치에 타점 해 보면 현재의 위치가 시간상 그래프의 끝자락에 위치하고 있음을 알 수 있다. 이 방법은

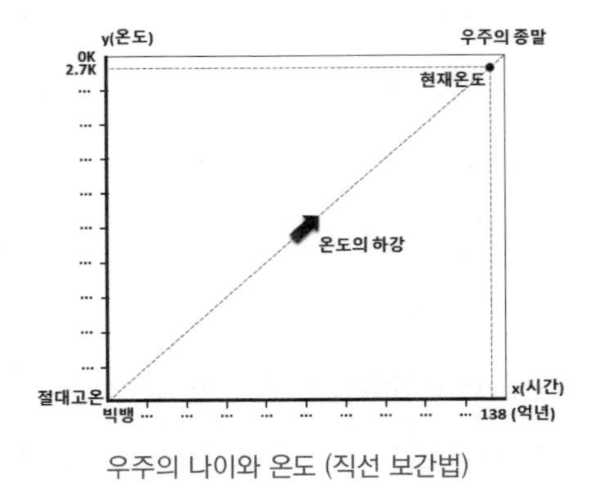

우주의 나이와 온도 (직선 보간법)

직선보간법이다. 참고로 직선보간법은 시작과 끝의 값이 주어졌을 때 그 사이에 위치한 값을 직선의 거리에 따라 선형적으로 계산하는 방법이다. 물론 우주의 모든 현상을 선형적으로만 나타낼 수는 없다. 초기에 상대적으로 크고 짧으며 꼬리가 길게 표현되는 멱함수에 의한 롱테일의 그래프도 존재하는 것이다. 위에서 필자가 설명한 그래프의 작도 방법에도 문제가 있다. 위와는 반대로 온도보다 시간을 먼저 안배해보면 그림은 크게 달라진다. 우주의 생성 초기에 인플레이션이 존재하고 우주가 식는 속도도 초기에 갈수록 급속하게 식었기 때문에 이때는 아마 길고도 긴 롱~테일의 그래프가 연출될 것이다. 그렇다면 아직은 안심해도 좋다. 그래프의 꼬리는 영원히 수평선으로 이어질 수도 있으며 무엇보다도 우주의 수명이 평균 온도에 지배를 받을 수도 없겠거니와 절대 고온에서 절대 저온으로 진행하는 속도는 이미 직선보간법에는 따르지 않고 있다. 방금 필자는 우주의 온도가 하강했다는 뜻으로 식었다는 표현을 썼다. 이 말은 틀린 말이다. 이 표현은 우주의 단위 체적당 온도를 의미한다. 예를 들어 내부용적이 100㎤이고 외부와는 열적 교환이 전혀 일어나지 않는 어떤 용기의 내부 온도가 100℃라고 하자. 이때는 용기를 100등분하여 무작위로 어느 1㎤를 재더라도 각각 100℃일 것이다. 여기서 더 이상 급열이나 가열을 하지 않은 상태로 용기의 체적을 1000㎤로 늘린다고 하자. 열은 전체에 배분되어 온도는 급강하할 것이다. 그러나 외부로의 유출이 없는 한 전체에 잠재된 열량을 유지할 것이다. 고립계로서 우주 전체의 에너지는 어떤 형태로든 잠재되어 있고 그것은 불변이다.

지금까지 이야기가 있었지만, 우주는 138억 년 전에 빅뱅으로부터 시작되었고 처음 시작되었을 당시의 우주는 절대 고온이라는, 현실에서는 존재할 수도 발생할 수도 없는 온도였을 것이다. 앞서 절대 고온이란 1.42 $\times 10^{32}$℃에 해당하는 온도라고 했다. '존재할 수도 발생할 수도 없는'이라는 전제를 달고서도 버젓이 절대 고온이 존재했을 것이라고 보는 이유는 빅뱅 자체가 우리의 상식으로는 이 세상에 존재할 수 없는 현상이었기 때문이다. 우주는 그로부터 넓어져 현재는 절대영도에 근접해가고 있다. 우주의 원리에 반드시 시작과 끝이 존재한다면 모든 것은 극에서 극으로의 연결이며 현실은 극에서 극으로 가는 과정일 것이다. 곧 우주는 절대 고온으로부터 절대영도로, 절대영도에서 절대 고온으로 순환하는 것이다. 앞서 '빛은 움직이는가?'에서 이미 언급이 있었지만, 기체로 이루어진 태양의 평균 밀도는 1.408g/cm^3이고 중심온도는 대략 1500만℃에 이르는데, 만약 태양의 체적이 무한정 넓어진다면 당연히 밀도가 그만큼 낮아질 것이고 밀도변화에 비례하여 온도 또한 낮아질 것이다. 그러한 상태로 넓어져 465억 광년을 반지름으로 하는 체적에 m^3당 수소 원자 5개의 운동결과로서 3K(켈빈)라는 낮고도 낮은 온도에 이르고 있는 것이 곧 지금의 우주라는 말이다. 여기서 다시 우주를 한 점으로 축소 시켜보자. 3K라는 아무리 낮은 온도일지라도 반지름 465억 광년의 넓은 공간 속을 채우고 있었다면 점으로 축소된 그 온도는 절대 고온이 아닐 수가 없다. 그런데 우주가 절대영도를 향하고 있다는 논리는 우주의 종말을 전제함으로써 가능한 논리다. 우주 온도가 당분간은 더는 내려갈 수 없다는 것이 과학자들의 공통적인 견해이기 때문이다. 필자의 상상력이 감히 과학자들의 권위를 거스를 수는 없다.

우주의 나이가 138억 년이라고 하고 빅뱅 이후에 공간은 정확하게 빛의 속도로 넓어졌다고 가정한다면 현재 우주의 반경은 138억 광년이다.

그렇다면 대략 130억 광년의 별을 볼 수 있다고 가정해보자. 그것은 곧 130억 년 전의 과거를 보는 것이다. 그 시기는 빅뱅으로부터 8억 광년이 흐른 직후였으니 공간이 빛의 속도로 넓어졌다면 우주의 넓이가 반경 8억 광년에 해당할 때이다. 반경 138억 광년 속에 8억 광년은 매우 작은 범위를 차지하는 일부분에 속한다. 그렇다면 130억 광년의 별을 본다는 것은 그 당시 원시우주의 내부를 들여다보는 것이 아니겠는가? 만약 우주의 끝이 장막으로 둘러싸여 있다면, 내가 있는 이곳이 우주의 중심이거나 우주에 심각한 편심이 작용하지 않는 한 130억 광년의 거리에서 8억 광년을 둘러본다면 분명 그 당시 우주의 끝에 해당하는 장막을 볼 수 있을 것이다. 공간이 빛의 속도로 넓어졌다는 전제가 유효하다고 할 때, 우주의 나이가 138억 년이고 우리 눈에 들어오는 어느 별의 거리가 138억 광년이라고 한다면 그 별을 본다는 것은 빅뱅의 장면에 해당하는 광경을 우리 눈으로 보고 있다는 뜻일 것이다. 생성 초기의 우주는 하나의 점에서부터 시작되었으며 빅뱅이 우주의 시작점이라면 공간적으로나 시간적으로 그곳이 곧 우리가 떠나온 과거가 아니겠는가? 앞에서 이미 우리는 '존엄하신 국무위원장님'의 핵폭탄 껍데기에 붙어 빛보다 빠른 속도로 날아가면서 이 문제를 짚어본 적이 있다. 그러나 거울을 통하지 않고서는 내가 나의 모습을 볼 수가 없듯이 우리는 우리의 과거를 볼 수가 없다. 그 점, 그 장면을 보기 위해서는 지금 우리가 있는 이 장소를 포함하여 우주가 축소를 거듭하여 바로 그곳에서 하나의 점으로 만나야만 한다. 그럼에도 불구하고 최근 실제로 'GN-z11'이라는 이름의 134억 광년에 있는 먼 은하를 관측한 사실이 있다고 한다. 계산상 이 은하는 빅뱅 후 불과 4억 년 후에 생성된 것으로 추정된다. 빅뱅 후 4억 년 후에 생성된 은하의 별빛이 134억 년을 날아와서 우리의 시야에 포착되는 것이다. 그렇다면 편리상 그 은하에 속한 어느 별이라고 하자. 만약 어느 별의 거리가 지구에서 134억 광년이라고 하고 그 별을 지금 내가 관측한다고 하자. 나의 관점에서 저 별은 별빛이 134억 년을 달려오는 사이 초신성폭발을 일으킨 후 블랙홀이 되었을지도 모르고 사라져 존재하지 않을 수도 있다. 그렇다면 실제로 저 별이 나의 관점에서 지금으로부터 100억 년 전에 초신성 폭발을 일으킨 후 사라져버렸다고 하자. 저 별과 나 사이 시공간의 관계, 즉 서로 다른 공간에서의 134억 년 전과 100억 년 전과 현재는 어떤 관계일까? 저 별의 관측 시점은 나의 관점에서 현재이고 134억 년 전은 별의 관점에서 현재다. 초신성 폭발은 나의 관점에서 100억 년 전이고 별의 관점에서는 34억 년 후며 별빛의 관점에서 현재다. 별의 관점에서 현재는 나를 134억 년 후로 의식하게 될 것이다. 초신성 폭발 당시의 별빛은 현재도 진행 중이며 나에게는 100억 년 후에나 도달할 것이다. 이 설명은 우리가 알고 있는 3차원상의 시간과 공간의 원리다. 그러나 여기서 간과한 것이 있다. 허블상수다. 허블상수에 따르면 거리가 충분히 먼 거리의 별이라면 그 별빛은 영원히 우리에게는 도달할 수가 없다. 앞서 탐구해보았지만, 별과 나 사이의 거리가 326만 광년 멀어질 때마다 공간의 팽창 속도는 67.8km씩 더 빨라지기 때문이다. 이를테면 빛이 초속 30만 km의 속도로 진행하는 사이 공간의 팽창은 걷잡을 수 없을 정도로 빨라져 언젠가는 빛의 속도를 앞지를 수도 있기 때문이다. 참고로 허블상수에 따라 공간의 팽창 속도가 빛의 속도를 따라잡을 정도의 거리는 대략 144억 광년이다. 우주가 팽창하고 있는 한 별과 나 사이의 거리에서는 세월이 갈수록 팽창속도는 커지고 둘 사이의 거리는 멀어진다. 지금까지 전개한 선형적인 우주 팽창 논리는 가정일 뿐이다. 우주는 빛보다도 빠른 속도로 끝없이 팽창하고 있는 가운데 빅뱅 직후 이상팽창을 하는 과정이 있었기 때문에 현재 우주는 시간적으로 연륜이 138억 년임에도 불구하고 그 반경은 465억 광년에 달하고 있다. 우주의 반지름이 465억 광년이라고 한다면 관측 장비의 성능만 받쳐준다면 관측 가능한 우주가 465억 광년이라는 뜻이다. 그렇다면 또 한 번 묻지 않을 수가 없다. 방금 전제와 같이 관측 장비의 성능이 뒷받침된다고 가정하고, 예를 들어 지금 이 시점에서 200억 광년의 별을 관측하였다면 빛이 200억 년을 달려와서 우리의 눈에 보이는 것이 아니겠는가? 그러나 우주의 나이가 138억 년이라는 사실을 우리는 부정할 수가 없고 우주 크기는 이상 팽창으로 설명되고 있다. 이상 팽창이라는 과정이 현재까지의 세월 동안 전체값에 대하여 비선형적으로 빅뱅 초기에 밀집해있었으니 공간적으로도 여기에 해당하는 구간이 존재할 것이다. 만약 관측된 별의 거리가 200억 광년이라면 시간상으로도 이상 팽창의 과정에 도달한다는 뜻일 것이다. 그렇다면 현재도 이상 팽창한 그 구역을 통과하는 빛은 당시의 팽창 속도를 그대로 답습한다는 뜻일까?

우주가 팽창한다는 사실은 필자가 생각하고 있는 그 팽창과는 사뭇 다른 듯싶다. 필자의 생각으로는 광자도 일종의 물질이라 간주하고 광자가 퍼져나가는 속도 즉, 빛이 나아가는 속도 또는 우주 마이크로파 배경복사의 전달 속도가 곧 우주의 팽창 속도로 이해하고 있는 반면에 과학자들은 천체(은하)가 암흑에너지의 힘으로 밀려나고 있는 속도라고 설명하고 있다. 우주이론의 발전사를 볼 때 실제 우주의 팽창 속도보다는 측정 기법의 진보에 따라 넓어지는 속도가 훨씬 빠를지도 모른다. 과학자들은 오늘도 우주의 생성 과정을 연구하기 위해 전파망원경으로 우주 배경복사를 잡아내고 있다. 앞서 필자는 우주 온도가 절대 고온으로부터 시작했을 것이라고 했다. 여기서 절대 고온의 상정은 우주는 시간이 가면서 그 체적의 증가에 따라 온도가 낮아지고 있고, 만물의 생성과 소멸은 극과 극으로 이루어지는 것이라고 짐작되며, 우주의 팽창은 시간적으로는 시작에서부터 종말에 이르기까지, 공간적으로는 무한소에서부터 무한대까지, 물질 측면에서는 有에서 無로, 에너지 측면에서는 절대 고온으로부터 절대 저온으로 진행해가는 과정이라고 생각되기 때문이다. 다만 이것은 필자만의 예단일지도 모른다. 이론에 따르면 빅뱅 후 빛은 내내 갇힌 상태로 존재하다가 38만 년이 지나면서 비로소 빛을 발하기 시작했는데 이때 온도가 대략 3,000K였다고 한다. 우주 마이크로파 배경복사의 존재는 빅뱅직후에 3,000K로 이글이글 타던 온도의 우주가 팽창하면서 식어 절대온도에 근접해 있다는 것을 의미한다. 절대온도에 근접해 있다는 말은 아직 에너지가 남아있다는 말과 다르지 않다. 그런데 방금 빛이 갇힌 상태라고 했는데 그것은 도대체 어떤 상태를 두고 하는 말일까? 38만 년이 지났다면 인플레이션과정도 이미 거쳐 갔을 것이고 우주의 넓이는 그야말로 천문학적 규모를 이루고 있을 터인데 빛을 발하기 시작할 때의 온도가 3,000K였다면 그 직전에는 그보다도 더 뜨겁지 않았겠는가? 그 뜨거운 상태가 무엇으로 가두어져 있었기에 빛도 발하지 않았다는 뜻일까? 우리의 상식으로 빛이 갇힌 상태라면 어떤 용기로 가두어져 있다는 뜻으로 이해가 되는데 과연 갇혀진 그 내부는 우주가 아니고 어디였단 말인가? 우리우주가 부분을 이루고 우주 바깥에 또 다른 대우주가 전체를 이루어 이를 포용한다는 뜻일까? 여기에 대해서는 기회가 오면 좀 더 고찰해보기로 하자.

우주의 시작은 여러 가지 논리의 전개가 가능하겠으나 대표적인 것이 정상상태 우주론과 빅뱅 우주론 두 개의 이론이다. 정상상태 우주론은 우주가 원래부터 시작도 없고 끝도 없이 영원하다는 이론이고 빅뱅 이론은 우주가 어느 날 돌발적으로 발생하여 팽창을 계속하고 있다는 이론이다. 명칭의 뉘앙스로 비추어 보면 전자가 정상적인 이론이라고 생각할 수가 있겠으나 여러 가지 이론 중에서 현재로서는 빅뱅 이론이 정설로 확립되어 있다. 종말 이론도 시작의 경우에 맞추어 set로 조합이 가능하게 구성되는 것이 자연스럽지 않을까 생각한다. 종말론을 설명하기 전에 프리드만 우주론을 거론하지 않을 수 없다. 이 우주론에 의하면 우주는 열린 우주, 닫힌 우주, 평평한 우주의 세 가지 모델이 있다. 여기서 열린 우주는 평균 밀도가 임계 밀도보다 작은 경우로 영원히 팽창하는 우주이다. 평평한 우주는 팽창하다가 언젠가는 팽창을 멈추는 우주로 이때의 밀도는 곧 임계 밀도가 된다. 닫힌 우주는 평균 밀도가 임계 밀도보다 큰 경우로 팽창하다가 어느 한계에 도달하면 수축하게 되는 경우이다. 내용을 살펴보면 우주의 운명에는 임계 밀도가 그 방향을 좌우하고 있다. 밀도가 크다는 것은 곧 질량이 크다는 뜻이요 질량이 크다는 것은 중력이 세다는 뜻이다. 중력이 세면 잡아당길 것이고 중력이 약하면 잡았던 물건을 놓아줄 것이다. 현재 가속되고 있는 우주 팽창도 우주상수, 곧 밀도의 계산에 의한 것이다. 팽창이 가속된다는 말은 우주를 구속하고 있는 힘인 우주의 평균 밀도보다 큰 에너지, 바꿔 말하면 보다 큰 원심력이 어디선가 작용하고 있다는 말이다. 현재의 팽창 속도가 되기 위해서는 계산상 우주 전체의 중력 작용보다 큰 뭔가를 넣어 보정해야 하는데 여기에 사용된 에너지가 암흑에너지이다. 우주에는 보이거나 느낄 수 있는 것은 전체 질량의 5%에 불과하고 보이지 않거나 느낄 수 없는 것이 95%에 달한다고 한다. 여기서 암흑물질이 27%이고 암흑에너지가 68%이다. 암흑물질은 또 다른 계산으로 급조한 물질이다. 우리 은하에는 태양과 같은 별들이 2,000억 개 정도 포함되어 있다. 우주에는 우리 은하와 같은 은하가 적어도 수천억 개나 존재한다. 은하들은 여기저기 아무렇게나 흩어져 있는 것이 아니라 중력으로 상호작용하는 집단을 이루고 있다. 은하들로 이루어진 집단을 은하단이라고 한다. 은하단에는 몇 개의 은하로 이루어진 작은 은하단에서부터 수천 개의 은하로 이루어진 큰 은하단에 이르기까지 다양한 크기의 은하단이 있다. 은하단에 속한 은하들은 공통의 질량 중심 주위를 회전하고 있다. 그런데 은하단을 이루고 있는 은하들의 운동 속도는 관측되는 질량으로는 설명할 수 없을 정도로 빠르다. 은하 내에서 관측되는 질량에 의한 중력으로는 이렇게 빠른 운동을 설명할 수가 없다. 우리의 태양을 위시하여 은하를 이루고 있는 별들도 은하 중심을 돌고 있다. 중력 법칙에 의하면 별들의 속도는 중심에서부터 멀어질수록 느려져야 한다. 그러나 은하 내의 별들은 은하 중심에서 가까운 곳에 있는 별들과 먼 곳에 있는 별들이 거의 같은 속도로 회전하고 있다. 이것은 우리가 알고 있는 중력 법칙이 옳다면 은하에는 우리가 관측할 수 있는 질량 외에도 훨씬 더 많은 질량이 있어야 한다는 것을 뜻한다. 그래서 도입한 것이 암흑물질이다.

좀 더 이해를 돕기 위하여 덧붙인다면, 어떤 물체가 중력으로 상대를 끌어당긴다는 것은 점도를 가진 액체의 성질과도 유사하다. 은하 내부에 있는 별끼리는 물론이거니와 은하단과 은하단, 태양계를 형성하고 있는 행성들조차도 전체를 보면 유체처럼 거동한다. 세숫대야에 물을 채우고 여러 개의 나뭇잎을 띄워 세숫대야 중심 부분에 회전력을 가하여 물을 회전시켜보자. 중심에 가까운 나뭇잎일수록 진행 속도가 빠르고 중심과 멀수록 속도가 느려진다. 이때 중심과 가장자리 회전 속도의 관계는 거의 선형적인 관계를 유지하는 것으로 보인다. 여기까지가 중력의 법칙에 따라 운행되고 있는 은하의 상호작용 원리이다. 그렇다면 만약 물이 아니고 좀 더 점도가 높은 액체라면 나뭇잎의 거동은 어떤 변화를 보일까? 아마 액체의 점도가 클수록 중심과 가장자리의 속도 차는 줄어들 것이다. 물질특성의 정도 측면에서 점도는 곧 밀도다. 액체의 점도를 증가시켜나가면 점점 고체에 가까워지고 구성 성분의 밀도를 증가시켜나가도 마침내 하나의 고체가 된다. 자, 그렇다면 방금 시험한 대로 회전을 하는 바탕이 액체가 아니고 고체라고 가정해보자. 선풍기 날개가 바로 그 원리이다. 선풍기 날개의 회전 속도는 중심부일수록 느리고, 가장자리일수록 빠르다. 은하 내부의 별과 별 사이가 선풍기처럼 강체 회전에 가까우려면 그만큼 별 사이가 촘촘하다거나 점도를 상승시켜 줄 물질이 필요하다는 뜻이다.

필자는 우주의 수명을 대략 2성분 4요소의 구성으로 설명이 된다고 했다. 시간과 공간이 하나의 성분이며 물질과 에너지가 또 하나의 성분이라고 했다. 우주가 시간적으로 수명을 다할 수도 있고, 에너지를 소진하여 수명을 다할 수도 있다는 뜻이다. 이 말은 단어설정만 다를 뿐 결국 같은 말이다. 그렇다면 이번에는 이 두 가지 성분을 완전히 배제하거나 또는 완전한 대칭을 떠올려보자. 공간이 존재하되 그 공간에서 어떤 작용이나 어떤 현상도 일어나지 않는다면 그 공간은 살아있다고 할 수가 없을 것이다. 즉, 이 말은 물질의 상호작용이나 에너지의 작용이 전무하다면 우주로서의 의미가 없어진다는 이야기다. 물질은 있으나 여기에 대응되는 뭔가가 작용을 억제한다면, 또는 물질과 반물질이 완전히 대칭을 이룬다면 그 어떤 작용도, 현상도 일어나지 않을 것이다. 필자는 이 논리가 그냥 던져본 것일 뿐 말이 된다고까지는 생각지 않는다. 열역학 제2법칙은 말 그대로 에너지와 관련한 법칙이고 우주는 엔트로피(무질서도)가 불가역적으로 증가일로에 있다는 법칙이다. 무질서라고 하는 것은 각각의 존재자들이 질서 없이 흩어져 존재한다는 의미이다. 잉크와 물이 있다고 하자. 잉크는 잉크대로 물은 물대로 각각 용기에 담겨져 있는 상태이니 질서가 정연하다. 이제 물에다 잉크를 쏟아붓는다고 하자. 물과 잉크는 약간의 점도를 가졌으니 처음에는 물 분자는 물 분자대로 잉크 분자는 잉크 분자대로 어느 정도의 질서를 유지하다가 시간이 갈수록 점점 그 배열이 무질서하게 희석이 되어갈 것이다. 그리고는 더욱 시간이 흐르면 물 분자와 잉크 분자는 분간할 수 없을 정도로 완전히 희석이 될 것이다. 완전히 희석된다는 것은 단위용적 전체에 등방으로 물과 잉크가 고르게 배열을 갖추게 된다는 뜻일 수도 있다. 그렇다면 엔트로피는 줄어들었다는 뜻일까?

모든 천체, 우주의 모든 물질은 원자들로 구성되어 있다. 별과 행성은 물론 우리의 육체가 아직까지는 뚜렷한 형체를 이루고 있다. 나는 나라는 형체를 이루어 존재하고 항성은 별이라는 형체를 이루어 존재하며 또한 이들은 서로 어떤 집합을 이루거나 상호작용하며 존재한다. 형체를 이룬다는 자체가 어떤 질서를 이루고 있다는 뜻이다. 그러나 법칙에서도 강조되고 있지만 우주는 계속 흩어져 무질서한 방향으로만 흐르고 있다. 뚜렷하게 형체를 가지고 있는 우리는 지구상에서 대략 77억 명이라는 세계 인구의 단위로, 또는 지구인이라는 집합으로 질서를 유지하고 있다. 우리가 개별적으로 죽거나 태어나는 현상, 우리가 여기저기로 움직이는 행위는 인구가 늘어날수록 무질서해진다. 우리가 죽으면 7×10^{27}개의 원자, 즉 탄소, 산소, 수소, 질소, 기타 소량의 원소로 분해된다. 각각의 원자가 어디로 움직였는지 도무지 알 수도 없는 무질서의 상태가 또다시 연출되는 것이다. 우주는 언젠가는 모든 것이 분해되고 뒤엉키고 희석되어 무질서도가 극한에 이르는 날이 오게 될지도 모른다. 그러나 다시 한번 질문을 던져보지만 모든 것이 완전히 분해되고 희석이 된다면 그 배열을 어찌 무질서하다고 할 수가 있겠는가? 우리의 생활권도 마찬가지다. 세상은 평준화의 과정에 있다. 직업에 귀천이 없어지고 소득 수준이 평준화되고 있다. 의사나 변호사의 소득 수준이 목수나 용접공의 소득 수준과 점차 그 간격이 좁아져 가고 있고, 석 박사급의 엘리트가 환경미화원으로 진출했다는 신문 보도는 오래전의 일이다. 노동조합의 눈부신(?) 활약으로 공장근로자의 정규직 소득 수준은 평균을 넘어 이미 최상위 그룹의 위치를 점령하였다. 현재 시점에서 한국은 임금이 높고 중국이나 베트남은 비교적 임금이 낮은 편이다. 임금이 높은 한국의 기업들이 임금이 낮은 중국이나 베트남으로 공장을 이전하고, 임금이 낮은 중국이나 베트남의 노동자들이 임금이 높은 선진국으로 옮겨 다니고 있다. 머지않아 중국과 대한민국의 임금 격차는 점점 줄어들고 공장 이전의 효용성은 더욱 낮아질 것이다. 한국과 중국 사이의 임금 격차가 좁혀지면 그 기업은 또다시 임금이 더 낮은 국가로의 이전을 고려해봐야 한다. 그러나 기업의 도피 행각이 영원히 지속될 수는 없다. 언젠가는 국가

별 격차는 종식되고 세상의 임금이 평준화되는 날이 도래할지도 모른다. 이처럼 사람과 사람 사이에 차별이 없어지고 온 세상에 평등이 구현되는 그날을 어찌 무질서하다고 할 수 있겠는가?

우주의 종말에 대하여 정리하자면, 이 우주가 열린 우주일 경우 빅립으로 종말을 맞는다. 우주는 무한히 팽창하고 있으며 그 속도는 점점 빨라지고 있다. 결국에는 우주의 팽창 속도는 어느 임계점을 초월하고, 팽창하는 힘을 버티지 못하고는 우주가 풍선처럼 터져버린다는 이론이다. 닫힌 우주는 빅 크런치로 종말을 맞게 된다는 이론이다. 빅뱅과 반대로 우주가 블랙홀의 특이점과 같이 한 점으로 함몰되면서 종말을 맞는다는 가설이다. 빅 크런치는 우주 전체의 질량이 우주가 팽창하는 에너지보다 클 경우, 즉 우주에 존재하는 전체 물질의 밀도가 임계 밀도보다 큰 경우에 발생한다. 평평한 우주라면 빅 프리즈로 종말을 맞는다. 은하와 블랙홀, 항성과 행성, 운동하는 모든 물질이 소진되고 우주는 차갑고 빈 공허만 남게 된다는 이론이다. 그런데 중요한 것은 평평한 우주의 빅 프리즈를 빼고는 종말 그 뒤에는 과연 무엇이 남을 것인가에 대한 규명은 없다. 흔적도 없이 사라지는가? 그렇다면 그 뒤의 상황은 또 어떻게 전개될 것인가? 점으로 남을 것인가? 공간으로 남을 것인가? 빅 프리즈의 사후 세계도 궁금한 것은 마찬가지다. 공간으로 남는다면 공간 그 자체가 이미 우주인 것이다. 그렇다면 이때 물질은 암흑물질로, 질량은 암흑에너지로 바뀌는 것일까? 여기서 우리가 우주는 끝이 없다고 표현하는 것은 공간에 대한 개념을 이야기하는 것이지 그 내용물에 대한 개념을 이야기하는 것은 아니다. 질량 불변의 원리는 사라졌다고 하더라도 공간으로 남는 한 우주가 사라졌다고 볼 수는 없을 것이다. 그리고 최후 진술로서, 우주의 수명을 규정지을 수 있는 것으로는 다소 추상적이나마 우주의 원리가 완전히 밝혀졌느냐의 여부를 포함할 수 있다. 우리가 만약 절대자라면 인간이 쓰다가 남겨둔 암흑물질, 암흑에너지, 특이점, 불확정성 등등 미확정의 너저분한 수사를 그대로 둔 채로 우주를 어떻게 깔끔하게 끝낼 수가 있겠는가? 우리를 포용하고 있는 우주, 이 방대하기 짝이 없는 우주에서 한낱 먼지로 부유하는 지구, 그 작은 행성에서 빌붙어 사는 우리가 이 광막한 우주의 수명을 이야기한다는 자체가 참으로 무지몽매한 행동이라 아니할 수가 없다.

시평면(時平面)

도시나 지역마다 면적이 다르고 횡단하는 시간도 각각 다르다. 우리나라 각 도시의 면적을 넓이 순서로 따진다면 안동시의 면적이 1,520km²로 광역시를 포함하여 시 단위 중에서 가장 크고 구리시의 면적은 33km²로 시 단위 중에서 가장 작다. 서울특별시의 면적은 605km²이고 필자가 있는 강원도 원주시의 면적은 867km²로서 원주시의 면적이 서울특별시보다 넓다. 그런데 도시의 끝에서 끝자락까지 자동차로 횡단을 한다면 원주보다는 서울이 더 많은 시간이 필요하다. 도심을 이루는 면적, 즉 밀집 지역이 더 넓고 통과 차량이 많아 지정체구간이 더 많기 때문이다. 물론 도심이라도 도시계획의 정도에 따라 교통소통이 원활한 구간도 있고 그렇지 않은 구간도 있다. 연료의 단위당 사용량으로 갈 수 있는 거리의 비 또는 일정 거리를 가기 위해 소모되는 연료의 비, 즉 소모되는 연료의 양을 이동거리로 나눈 값 또는 그 역의 비율을 연비(fuel efficiency)라고 한다. 국내에서는 연비가 좋다거나 연비가 높다는 것을 그 차량의 성능으로서 표현하고 있으나, 인접국인 일본에서는 연비가 낮을수록 긍정적인 의미가 되며 곧 차량의 성능 표현이 된다. 한국의 연비는 燃比, 곧 연료 비율(比率)인 반면에 일본의 연비는 燃費, 곧 연료 비용(費用)이기 때문이다(연비: 인터넷에서 추출). 둘은 장단점이 있다. 연비(燃比)의 경우 신차는 변화가 없겠으나 차량의 노화 정도에 따라 변수가 있을 수 있고, 연비(燃費)의 경우 변동되지 않는 어떤 기준을 정해 놓지 않는다면 유가(油價)의 변동에 따른 변수가 클 것이다. 이 글에서는 일본방식의 연비(燃費)에 주목할 필요가 있다. 같은 거리라도 서울 도심을 빠져나가는 데 소요 시간과 원주 도심을 빠져나가는 데 소요 시간이 다르다. 각각 소요 시간이 다르므로 서울 도심을 빠져나가는 데 소모되는 연료의 양과 원주 도심을 빠져나가는 데 소모되는 연료의 양이 다르다. 도심지를 빠져나가는 데 소요 시간을 거리로 나누면 단위 거리당 평균 소요 시간이 산출된다.

이러한 사실은 아인슈타인의 '특수상대성이론'으로 설명이 가능하다. 수차 이야기하고 있지만, 특수상대성이론에서 $E=mc^2$이라는 공식은, 질량은 에너지에 비례하고 광속제곱에 반비례한다는 공식이다. 여기서 광속은 시공간, 즉 시간과 공간으로 대치할 수 있다. 시간이란 두 사건 사이의 간격이고 공간이란 두 지점 사이의 거리다. 광속은 일정한 거리를 빛이 도달하는 데 걸리는 소요 시간을 말한다. 광년이라는 단위는 1년 동안 빛이 이동한 거리이다. 빛의 속도는 관측자의 동작에 상관없이 일정하다. 참고로 이 책에서는 지금처럼 우리가 뻔히 알고 있다거나 앞에서 이미 써먹었던 광속이라든가 원자에 대한 설명을 자주 반복하는 것을 볼 수가 있을 텐데, 그것은 필자의 기억력이 한계에 닿았기 때문이기도 하거니와 당초에 필자가 대중매체라든가 블로그에 연재했던 단편적인 칼럼을 연결하여 책의 내용을 구성해 놓았기 때문에 생기는 오류이다. 칼럼은 한 편당 A4용지로 대략 2~3쪽 분량을 쓰게 되는데 그 한편의 칼럼에서 기승전결이 이루어진다. 따라서 앞서 발표한 칼럼에서 전개했던 설명이 뒷날 또 다른 칼럼과 전후 맥락이 연결된다고는 볼 수가 없으며, 앞뒤 칼럼을 늘 같은 사람이 연결하여 읽는다는 보장도 없으므로 한 편 한 편을 단편으로 완성하게 된다. 그러한 사실에도 불구하고 지금과 같이 서로 비교되는 또 다른 논리를 전개할 때에는 앞에서 설명했던 뻔한 설명일지라도 이해를 돕기 위하여 반복될 수가 있음을 양해 바란다.
어떤 물체의 속도가 빨라질수록 시간은 천천히 흐르고 공간상의 거리는 단축된다. 시공간은 질량과 속도에 따라 늘어날 수도 있고 줄어들 수도 있다. 즉, 삼차원인 공간에 시간의 차원을 더한 것이 시공간이다. 여기에 착안하여 이차원인 평면에 시간의 차원을 더하여 '시평면(時平面)'이라고 부르기로 하자. 즉, '에너지는 질량에 비례하고 질량은 광속제곱에 반비례한다'를 '연비(燃費)는 차종에 비례하고 차종은 주파거리에 반비례한다'로 바꿀 수가 있다. 여기서 차종은 차의 질량, 곧 대형차인지 소형차인지의 여부를 뜻한다. 동일 속도라면 대형차일수록 연료 소비는 많아진다. 소비되는 양이 같다면 대형차일수록 도달할 수 있는 거리는 줄어든다. $E=mc^2$에서 에너지는 연비(燃費, 연료비용), 질량은 차종, 광속은 차량의 속도로 대치할 수 있고 광년, 즉 차가 나아간 거리와 소요 시간은 비례한다. 거리가 멀수록 소요 시간은 길어지고 소요 시간이 길어질수록 연료 소비는 많아진다. 차량 자체의 질량이 클수록 연료 소비는 많아지고 동일 연료 소비로는 질량이 클수록 거리나 속도는 줄어든다. 쓸데없는 비유 같겠지만 과학이론을 널리 범용할 수 있다는 측면에서 이해해주기를 바란다.

출퇴근 시간대에서 서울의 10km와 원주의 10km는 대단한 시간적 차가 존재한다. 출퇴근 소요 시간을 묻는다고 어느 동에서 어느 동까지 '몇 km인가?'라고 묻는 것은 원주에서는 가능하지만, 서울에서는 비현실적이다. 서울에서는 거리가 얼마나 되는지 묻는 것보다는 시간이 얼마나 걸리느냐고 묻는 것이 효과적이다. 서울의 어느 지역에서 어느 지역까지 거리가 30km라고 하고 소요 시간을 60분이라고 한다면 km당 평균 2분이 걸리며 분당 0.5km 속도가 된다. 원주의 어느 지역에서 어느 지역까지 거리가 역시 30km라고 하고 소요 시간을 30분이라고 한다면 km당 평균 1분이 걸리며 분당 1km 속도가 된다. 지금 이 설명은 예를 들었을 뿐이지 실제로는 그 차가 훨씬 크다. 출퇴근 시간대에 서울의 끝에서 끝까지 가는데 소요 시간은 KTX가 서울에서 부산까지 가는데 소요 시간과 비슷하다. 대한민국(남한)의 지형상 북단과 남단으로 대표되는 도시는 서울과 부산이다. KTX는 서울에서 부산까지 2시간 남짓이면 주파한다. 남단과 북단에 위치하는 최대 도심끼리 연결하는데 걸리는 시간이 2시간 남짓인 것이다. 이것을 2시간 생활권이라고 한다. 서울과 대한민국은 면적은 다르고 서로 종속관계에 있으며, 남단에서 북단까지 또는 동쪽에서 서쪽까지 거리는 다르나 시간상으로는 서울의 하루와 대한민국의 하루는 비슷하다. 그만큼 도심은 바쁘고 역동적이라는 뜻이다. 일정한 거리라면 속도가 빠를수록 주파하는데 걸리는 시간은 단축된다. 일정한 시간이라면 속도가 빠를수록 더 멀리까지 나아갈 수가 있다. 시공간이 그러하듯이 시평면은 늘어날 수도 있고 줄어들 수도 있다. 일반상대성이론에서 질량이 큰 천체일수록 시공간은 휘어져 시간이 느리게 흐르듯이 역동적인 도시일수록 사건은 많아지고 시평면은 휘어지는 효과가 있다. 시골에서만 살던 사람이 서울에 가더니 말씨도 젊어져 보이고 얼굴도 젊어져서 오지 않던가? 역동적으로 사는 것이야말로 젊어지는 비결인 것이다.

서울에서 어떤 연회가 있다고 하자. 연회 장소는 고급 호텔의 상설연회장이고 연회가 진행되는 시간은 낮 열두 시부터 다섯 시간 동안으로 예정되어 있다. 다만 경우에 따라서는 각자 임의로 시간의 조정은 가능하다. 회원은 서울을 포함하여 전국에 걸쳐 분포해 있고 회원들은 이 모임에 참석하기 위해 각자의 교통수단을 이용하여 참석하게 될 것이다. 나는 부산에서부터 참석한다고 하고 부산에서 서울까지 자가용으로 가는데 군데군데 휴식시간을 포함하여 다섯 시간, 왕복 열 시간이 걸린다고 한다면 나는 다섯 시간의 연회를 즐기기 위해 오고 가는 시간으로 열 시간을 소비하는 셈이 된다. 매우 비효율적이다. 그렇다면 위와 같은 비효율을 효율적으로 바꾸거나 완화할 수 있는 방법은? 우선 비효율을 효율로 바꿀 수 있는 방법으로는 두 가지를 떠올릴 수가 있다. 하나는 연회시간을 다섯 시간에서 열 시간 이상으로 늘리는 방법이 있을 것이고, 또 하나는 오고 가는 시간을 열 시간에서 다섯 시간 이하로 단축하는 방법이다. 그리고 비효율을 효율로 완화할 수 있는 방법도 역시 위 두 가지다. 단어 하나씩만 살짝 바꾸면 된다. 하나는 연회 시간을 다섯 시간에서 열 시간 '가까이' 늘리는 방법이고, 또 하나는 오고 가는 시간을 열 시간에서 다섯 시간 '가까이' 단축하는 방법이다. 여기서 정리해보면 비효율을 효율로 바꾸거나 완화하는 방법으로 연회 시간을 늘리는 방법과 오고 가는 시간을 단축하는 방법 두 가지 방안이 제시되었다.

세부적으로 들어가 보면 우선 오고 가는 시간을 어떻게 단축할 것인가 하는 문제에 직면하게 된다. 첫째는 가능할지는 몰라도 자가용의 속력을 늘리는 방법이다. 속력을 늘리는 방법에도 여러 가지가 있다. 속력이 더 높은 차로 빌려 타는 방법과 베테랑의 운전자를 임시 채용하는 방법, 자신이 휴식시간도 없이 무리하게 운전하는 방법 등이 있다. 공히 매우 위험한 방법이므로 이 방법들은 가능한 자제할 것을 권유한다. 둘째는 이미 눈치를 챘겠지만, KTX를 이용하는 방법이다. 서울에서 부산까지 시간 조절만 잘하면 왕복 다섯 시간이면 주파가 가능할 것이다. 셋째는 항공편을 이용하는 방법도 있다. 연회 시간도 시간이지만 질을 높이는 방법으로서 절대적 시간인 뉴턴 시간은 가능한 배제하고 질적 시간의 고려, 즉 칸트나 베르그송이 정의하는 시간의 도입을 고려해볼 수도 있다. 다섯 시간으로도 열 시간 못지않은 즐거움을 누렸다면 오고 가는 시간이 아깝지 않을 것이다. 또한, 질은 생각하지 않고 연회 시간만 늘려 내내 지루하다면 보낸 시간만 아까울 것이다. 그렇게 되면 절대 효율적이라 할 수가 없다. 그리고 계산상 그 누구도 이의를 달 수 없는 결정적인 방법이 하나 있다. 매우 비사회적인 방법으로 참석을 보이콧하는 것이다. 그렇게 되면 인생의 가치를 따질 수가 없다. 은둔자의 인생은 인생이라고 할 수가 없는 것이다. 우리는 한순간 행복해지기 위해 공부를 하고 일을 하고 분주하게도 출퇴근을 한다. 오직 다섯 시간의 연회를 즐기기 위해 열 시간을 바치면서 살아가고 있다.

1_ **골디락스 존(Goldilocks Zone)**

생명체 거주 가능 영역(生命體居住可能領域, habitable zone, HZ)은 지구상의 생명체들이 살아가기에 적합한 환경을 지니는 우주 공간의 범위를 뜻한다. 골디락스 존(Goldilocks Zone)이란 너무 차갑지도 않고 뜨겁지도 않은, 적당한 온도의 지대라는 의미이다. 우주에서 생명체 거주 가능 영역은 크게 두 가지 개념으로 나눌 수 있다. 항성 주위 생명체 거주 가능 영역(CHZ)과 은하 생명체 거주 가능 영역(GHZ)이다. 어떤 행성에 생명체가 발생할 조건이 되기 위해서는 모항성에서 적당한 거리만큼 떨어져 있어야 한다. CHZ가 성립될 수 있는 영역은 항성의 크기와 밝기에 좌우된다. 예를 들면, 태양 밝기의 4분의 1 정도인 K형 항성의 경우 이 별의 생물권 거리(생물권 영역 중 가장 지구와 흡사한 환경이 형성될 수 있는 중간 지대 거리)는 약 0.5 천문 단위이다. 태양 밝기의 2배 정도로 밝은 별의 경우 이 별의 생물권 거리는 약 1.4 천문 단위가 된다. (위키백과)

2_ **고립계(isolated system, 孤立系)**

물리학에서 고립계는 두 가지 뜻을 갖는다. 첫 번째 의미는
어떤 물리적 계(system)가 다른 계들로부터 충분히 멀리 떨어져 있어 상호작용하지 않는 경우이고, 두 번째 의미는 열역학에서 어떤 물리적 계가 외부로부터 단절되어 있어 외부와 에너지와 물질 모두를 주고받지 않는 경우이다. 고립계의 중요한 특징 중 하나는 계 안에서 보존법칙이 성립한다는 것이며, 에너지, 질량의 총합도 보존된다. 고립계는 물질과 에너지가 계 내에서만 순환이 되므로, 완전히 물리적으로 고립되어 있는 계는 우주 전체를 제외하면 존재하지 않는다. 열역학적 계에는 고립계 외에도 열린계와 닫힌계가 있다. 닫힌계는 외부와 단절되어 있지만 외부와의 경계에서 열이나 일 형태로 에너지를 주고받을 수 있는 계를 의미하고, 열린계는 에너지뿐만 아니라 물질도 외부와 주고받을 수 있는 계를 의미한다. (네이버 물리학 백과)

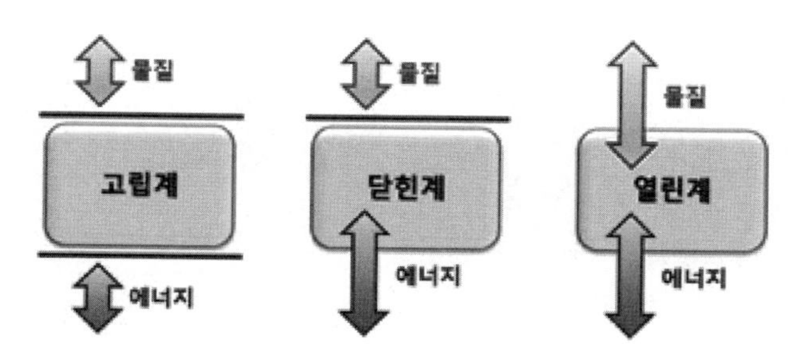

고립계, 닫힌계, 열린계 사이의 차이점
(출처: 한국물리학회)

3_ 슈바르츠실트 반지름(Schwarzschild Radius)

물체가 충분한 질량을 가지게 되어 특정 밀도에 가까워지면 물체의 중력이 매우 커지게 된다. 이때 축퇴압이 물체의 밀도가 무한히 증가하고 그 부피가 줄어드는 것을 막게 되는데, 물체의 질량이 한계점을 넘어 축퇴압이 견딜 수 없을 정도로 강한 중력을 갖게 되어 그 물체의 크기가 슈바르츠실트 반지름보다 작아지면 블랙홀이 된다. 슈바르츠실트 반지름에 도달했을 때의 표면은 회전하지 않는 물체의 사건 지평선과 같이 작용한다. 어떠한 빛이나 입자도 이 표면에 해당하는 영역에서 벗어날 수 없으므로 블랙홀이라 부른다. 여기서 축퇴란 에너지준위가 낮은 곳에서부터 차례로 페르미 입자가 빈틈없이 채워져 있는 상태를 말하며, 그때의 압력을 축퇴압(degeneracy pressure)이라고 한다. 참고로 태양의 슈바르츠실트 반지름은 3km에 해당한다.

4_이중 슬릿 실험

이중 슬릿 실험은 양자역학에서 실험 대상의 파동성과 입자성을 구분하는 실험이다. 실험 대상을 이중 슬릿 실험 장치에 통과시키면 그것이 파동이냐 입자이냐에 따라 결과 값이 달라진다. 파동은 회절과 간섭의 성질을 가지고 있다. 따라서 파동이 양쪽 슬릿을 빠져나오게 되면 회절과 간섭이 작용하고 뒤쪽 스크린에 간섭무늬가 나타난다. 반면 입자는 이러한 특성이 없으므로 간섭무늬가 나타나지 않는다. 이 두 가지 상의 차이를 통해 실험 물질이 입자인지 파동인지를 구분한다.

제2부

우주적 관점

… 존재와 무존재의 경계
… 존재의 원리에 대하여
… 우주의 구성에 관하여
… 생명과 유동에 관하여
… 비움과 채움의 딜레마
… 인식(認識)의 한계
… 진화론 단상

존재와 무존재의 경계

"초기 우주는 지금보다 매우 작은 크기였다." 우주에 관한 어느 글의 서두다. 이 글은 여기서 시작했으나 더는 당시의 우주 크기나 우주의 나이에 관한 언급은 없다. 그냥 우주가 작았다고 표현을 한 것 같다. 이 문제는 논리적 오류의 문제이다. 우리가 알기로 빅뱅은 하나의 점에서부터 시작이 된다. 빅뱅 후 10^{-34}초라는 짧은 시간에 인플레이션을 겪게 되고 인플레이션을 통하여 우주는 급속도로 팽창하게 된다. 필자가 생각하기로 사실 인플레이션 과정에서는 급속도 또는 급팽창이라는 낱말은 쓸 수가 없다. 그 팽창 속도나 전달 메커니즘이 우리의 물리법칙에는 위배되기 때문이다. 이를테면 0.000000000…1초 만에 원자만 한 크기에서 태양의 크기나 은하의 크기로 팽창한다는 것은 그 어떤 폭발압력으로도 있을 수 없는 일이기 때문이다. 속도나 팽창이라는 것은 점진적인 속성을 가지는 어떤 과정을 거친다는 뜻인데 여기서는 그러한 과정이나 전후의 연결이 도저히 우리의 상상으로는 용인될 수가 없다. 그것은 우리의 상식으로는 해결될 문제가 아니라고 본다. 그렇다면 여기서 크기가 작다는 것은 얼마나 작은 것을 두고 한 말이었을까? 살펴보면 초기라는 단어 자체가 근거가 없는 것도 아니고 작다는 말도 지금보다 작은 것이 사실일 것이므로 결과적으로 그것이 허구나 날조는 아닐 것이다. 다만 그 편차가 우주만큼 큰 것이 문제일 뿐이다. 현재가 우주 나이로 138억 년이니 '초기 우주'라는 단어 자체도 빅뱅을 기준으로 1초일 수도 있고 10억 년일 수도 있다. 우주가 무에서 시작했으니 매우 작다는 표현은 원자의 크기일 수도 있고 은하보다도 더 큰 크기일 수도 있다. 따라서 빅뱅 후 얼마의 시간이 흐른 뒤였다든가, 우주가 밤톨만 했다거나 지구만 한 크기였다는 등의 구체적 명시가 따라야 할 것으로 보인다. 서두부터 따져 드는 듯 필자의 이 행동이 본심에서 나오는 것이 아님을 널리 이해해주기를 바란다. 이 책 자체가 질문이 그 본질이기 때문이다.

가장 작은 것을 논할 때는 플랑크 단위를 언급한다. 플랑크 시간은 플랑크 길이의 공간을 빛의 속도로 통과하는 데 걸리는 시간을 말한다. 플랑크 시간은 5.39×10^{-44}초이고 플랑크 길이는 1.62×10^{-35}m이며 빛의 속도는 초당 299,792,458m이다. 즉, 1.62×10^{-35}m의 미세 공간을 초당 299,792,458m의 속도로 통과하는 시간이 5.39×10^{-44}초라는 뜻이다. 어떤가? 여러분은 이해가 가는가? 숫자들 뒤에 달린 위첨자만으로도 참 골치가 아프다고 생각되지는 않는가? 필자가 생각하기로는 두서없이 펼쳐지고 있는 이 책의 내용을 이해하기 위해서라도 이 정도 깊이의 생각쯤이야 능히 감수해야 한다고 본다. 이 책이 학문적 깊이가 그토록 있다는 뜻은 결코 아니다. 반어법은 반어법대로 읽어야 하고 풍자는 풍자로 이해할 수 있어야 한다는 뜻이다. 생각이 깊어진다는 것이 그리 어려운 일은 아니다. 그저 골똘히 생각하는 것이다. 떠오르는 뭔가에 왜라는 질문을 던지는 것이다. 여기서 왜는 실눈을 뜨고 바라보는 의심이 아니다.

떠오르는 뭔가를 가능한 긍정하면서 그것을 다른 방향으로 유도해 보는 것이다. 우리는 여기서 함수를 떠올린다거나 숫자를 계산할 필요까지는 없다. 그냥 너무나 작다거나 너무나 짧다는 생각만으로도 우리가 목적하는 생각의 깊이에 도달할 수가 있다. 도대체 이 짧은 시간 단위가 어디에 필요한 것일까? 질문을 던지고는 스스로 질문에 답을 해보는 것이다. 플랑크 시간 단위를 이해하기 위해서는 우리는 너무나 거대하다. 우리의 신체는 수많은 세포로 구성되고 세포는 또 수많은 원자로 구성되고 있다. 우리 눈으로 원자는 아예 존재하지 않는다고 표현할 수 있을 만큼 작다. 원자에 비한다면 우리는 무서울 정도로 거대하다. 거대한 우리가 1초라는 시간을 느낄 수 있다면 그 작은 원자는 우리가 사용하는 1초라는 시간이 너무나 길다. 그러한 까닭은 시간과 공간이 동일체이기 때문이다. 방금 필자가 유도해낸 필자 나름의 해답이다. 이러한 생각은 우리의 인생에 별 도움을 주지는 않을지도 모른다. 그러나 인생을 좀 더 진지하게 살아가려면 생각이 좀 더 깊어질 필요가 있고, 생각이 깊어지려면 자주 우주를 탐구하라고 권하고 싶다.

필자의 부끄러운 전작에는 다음과 같은 내용이 있다. "엄격히 구분하자면 현재란, 이 세상에 단 하나 나 외에는 없다. 내가 당신을 보고 있는 한 당신은 나에게 있어서는 과거이며, 당신이 나를 보고 있다면 나는 당신에게 있어서 언제나 과거다. 우리의 지각으로는 감지할 수 없을 뿐, 각자 눈에 보이는 서로의 모습은 빛의 속도만큼 과거인 것이다. 당신의 속삭임은 과거다. 당신의 발성이 공기 입자를 딛고 나의 청력에 전해지고 있는 한 당신의 음성은 내 눈에 비치는 당신보다는 광속과 음속의 차이만큼 과거다. 내가 당신을 만진다. 당신을 만져 느끼는 이 감촉은 과거다.

당신의 피부가 나의 촉각에 닿고 신경전달물질이 전해져 당신을 느끼는 일련의 과정이 플랑크 단위보다 짧지 않은 한 당신은 과거일 뿐이며, 빛의 속도보다 빠르지 않다면 내가 느끼는 당신의 감촉은 내 눈에 보이는 당신의 모습보다도 과거인 것이다. 우리에게 전해지는 모든 감각은 이미 지나간 과거일 뿐이다. 나는 현재의 당신을 볼 수가 없고 당신은 현재의 나를 볼 수가 없다. 원자의 시각, 빛의 속도로 지각하면 당신과 나 사이는 너무나 멀고, 우리는 각자의 시공간에서 각자 별을 보듯 살아가고 있다." 참고로 본 내용은 이 책의 줄거리를 요약했다고 볼 수가 있다. 필자는 본 내용을 쓰면서 졸작이나마 지금 쓰고 있는 후속작을 구상했던 점을 매우 다행스럽게 생각하고 있다.

우리가 크기를 논할 수 있는 것 중에 작은 것을 이야기하자면 단연코 원자일 것이다. 우리는 가끔 "원자의 크기는 얼마나 작을까?"하고 궁금해한다. 우리가 무심코 쓰는 이 문장을 유심히 뜯어보면 문맥상 틀린 말이다. '크기'는 얼마나 큰지를 가늠하는 척도이지 얼마나 작은지를 가늠하는 척도가 아니다. 원자는 너무나 작다. 그래서 얼마나 큰지보다는 얼마나 작은지를 알고 싶은 것이다. 그렇다면 방금 위의 인용문은 "원자의 작기는 얼마나 작을까?"로 고쳐야 맞다. 지금 이야기는 국어에 관한 이야기다. 필자는 잘나가다가도 가끔 이런 헛소리를 할 때가 있다. 이 책을 끝까지 읽자면 필자의 멍청한 행동에 가끔 끓어오르는 분노도 참아야 한다. 원자는 양성자와 중성자로 조직된 원자핵과 외곽의 전자구름으로 구성되어 있다. 원자의 크기는 대략 최외각 전자의 반경으로 정의하며 약 0.05 나노미터(헬륨)에서 0.2 나노미터(세슘) 정도이다. 참고로 나노미터(nm)는 10^{-9}m(10억 분의 1미터)이며, 머리카락 단면 지름의 1/50,000

에 해당하는 크기이다. 원자의 크기는 원자 번호가 그 변수다. 원자 번호는 곧 양성자의 수를 지칭한다. 양성자라는 개체의 크기는 일정하다. 그러므로 그 수가 많을수록 원자핵의 크기는 커진다. 또한, 양성자 수는 곧 전자의 수다. 전자는 그 수가 많아질수록 궤도의 층을 구성하므로 원자의 크기가 더욱 커진다. 원자핵의 반지름은 너무 작아 미터 단위보다는 페르미 단위를 쓴다. 1 페르미(fm)는 10^{-15}m에 해당한다. 따라서 원자의 반지름은 원자핵 반지름보다 약 10^4(10000)배가 더 크다. 원자핵이 얼마나 작은지를 구체적으로 표현하자면, 만약 원자가 지름 200m 축구장이라면 원자핵은 축구장 중앙에 놓인 직경 5mm 구슬과 같고, 전자는 구슬에서 200m 떨어져 돌고 있는 한 알갱이의 먼지에 불과하다. 원자가 지구 크기라면 원자핵은 축구장보다도 작다는 말이다. 따라서 원자는 그 속이 텅 비어있다고 생각해도 무방하다. 그 텅 빈 원자가 모여 우리의 신체를 이루고, 나무와 금속을 이루고, 나아가서는 천체를 이루고 있다. 그렇다면 모든 것은 텅 빈 것의 조합이라고 표현할 수가 있다. 텅 비어 아무것도 없는 것을 있는 것인 양, 우리는 세상을 그렇게 바라보면서 살아가고 있다.

우리 눈에 보이는 모든 물질은 전기적 결합이라는 형태로 구성되고 있다. 양성자와 중성자와 전자는 어떤 매개 입자를 통하여 원자라는 상위 입자로 조직되어있다. 양성자와 중성자는 쿼크라는 입자로 구성되고 쿼크는 글루온이란 매개 입자로 조직된다. 이들의 조직력이 음과 양의 결합, 곧 전기적 결합이다. 한편, 우리 눈에 보이는 모든 것은 빛이 있으므로 우리의 의식에 포착되고 있다. 우리 의식에 포착되기 위해서 또는 우리의 시각에 포착되기 위해서는 크기와 밀도가 어느 정도는 되어야 한다는 전제가 따른다. 원자나 분자는 너무 작기에 볼 수가 없다. 이 세상의 허공을 메우고 있는 공기는 그 분자의 분포에 있어서 밀도가 작으므로 우리 눈에는 보이지 않는 것이다. 공기는 질소, 산소, 아르곤, 이산화탄소, 네온, 헬륨, 기타 미량의 원소로 구성되어 있다. 만약 공기 중에 분포하는 원소들의 밀도가 어느 한계까지 높아진다면 공기는 형체를 가질 것이고 비로소 우리의 눈에도 포착될 것이다. 그 형체는 뿌옇거나 푸르거나 검거나 불투명하여 우리의 시야를 방해하게 될 것이다. 안개나 미세먼지가 좋은 실례가 될 수 있다. 원소 각각의 입자가 확대된다면 그 형체는 더욱 뚜렷할 것이다. 그때는 그것이 아마 구슬이나 탁구공처럼 보일 것이다. 앞에서 말했듯이 원자가 텅 빈 이유는 원자핵과 전자의 거리가 넓기 때문이다. 원자끼리는 아무리 촘촘해도 원자핵과 원자핵 사이는 전자 궤도의 범위만큼 거리가 있다. 물체의 특성을 이야기할 때 그러한 경향을 우리는 밀도라고 표현한다. 밀도는 물질의 질량을 부피로 나눈 값으로 물질마다 고유한 값을 지닌다. 즉, 단위 체적 속에 들어있는 원자의 수로 계산이 가능하고 그것은 곧 구성 계면 간의 밀착 정도를 나타낸다. 따라서 밀도를 높인다는 말은 물질을 구성하고 있는 원자와 원자끼리의 거리를 좁히는 방법일 것이다. 그러나 그것은 우리가 알고 있는 물질 고유의 밀도개념이다. 궁극에 가서는 원자핵과 원자핵끼리의 거리를 좁히는 방법이 있을 수 있다. 실제로 전자를 배제하고 원자핵끼리의 거리를 거의 완전히 좁힌 것이 중성자별이다. 별 중심부 원자들이 내부 척력을 이기지 못하고 전자와 양성자가 결합하여 중성자가 되면 전자기력이 사라져서 별 전체가 중성자로 구성된 별이다. 중성자별의 질량은 각설탕 한 개의 분량만큼이 대략 수억 톤에 달한다.

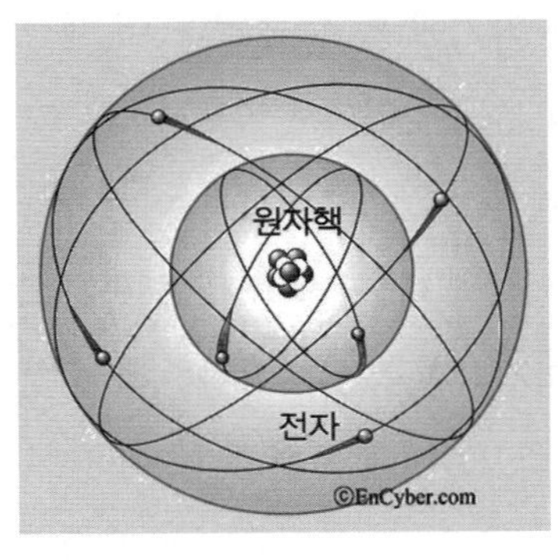

원자모형 / 사진출처: 네이버

원소주기율표에서 첫 번째 것이 원자 번호가 1인 H(수소)다. 강조하지만 원자 번호는 곧 양성자 수다. 원자핵을 발견한 어니스트 러더퍼드에 의하면 양성자 하나로 이루어진 수소 원자의 원자와 원자핵의 크기 비율은 약 1조분의 1이라고 한다. 좀 전에 반지름 비율이 1만 배라고 했으니 이것은 아마 체적 비율일 것이다. 지름 200m 축구장이 3차원의 구라면 그 속에 5mm 구슬이 1조 개가 들어갈 것이라는 의미이다. 최외곽 전자 궤도가 곧 원자의 크기이고 핵의 질량이 곧 원자의 질량에 해당한다. 전자의 질량은 무시할 수 있을 정도라는 이야기다. 그리고 앞에서 예를 든 축구장의 크기는 경우에 따라 더욱 커질 수 있다는 이야기가 된다. 여기서 우리가 이해할 수 없는 것은 전자는 하나의 알갱이일지라도 그것이 구름으로 묘사되고 있다는 것이다. 그것은 하나의 전자가 어떤 면이나 형체를 구성할 만큼 빠르게 행동한다는 뜻일 수도 있고, 그 궤도 자체가 어떤 작용에 있어서 이미 구의 형체를 유지하고 있다는 뜻일 수도 있다. 우리가 자주 궤도라는 표현을 쓰지만 실제로 전자는 원자핵 주변을 회전한다거나 궤도 운동을 하지는 않는다. 단지 엄청 빠르게 돌아다니면서 어딘가에서 존재하는 확률 분포로서 그것이 구름과도 같은 추상적인 형태로 표현될 뿐이며, 어디에 있는지, 어떻게 분포하는지조차 정확하게는 알 수가 없다. 알 수 없다는 그 현상이 곧 불확정성의 원리이다. 어쨌거나 그것은 하나의 강력한 벽처럼 작용하고 있는 것은 사실이다. 우리의 신체가 체적을 유지하는 것도, 책상, 건물, 자동차, 휴대폰 등 눈에 보이는 모든 것이 제 나름의 형체가 있는 것도 원자핵으로부터 직경 약 1만 배의 거리에서 전자가 격벽을 유지하여 형체를 부풀려놓았기 때문에 발생하는 현상인 것이다. 만약 전자가 격벽을 이루고 있지 않다면 우리의 신체는 현재의 모습에서 체적이 약 1조분의 1 크기로 줄어들 것이다. 그렇게 될 경우 우리는 정말 먼지 입자보다도 작고 밀도가 무한대인 보이지 않는 미생물이 되어 꼼지락거리고 있을지도 모른다. 조금 전 필자가 모든 물질은 전기적인 결합이라고 했고 원자핵을 이루는 쿼크는 글루온이라는 매개입자로 조직된다고 썼다. 분명 둘은 같은 말은 아니다. 전자(前者)는 필자의 생각이었고 후자는 책에서 수집한 정보다. 글루온이 입자라고는 하지만 필자는 글루온이 어떻게 생겼는지, 강력으로 쿼크를 매개한다고는 하지만 어떤 메커니즘으로 쿼크를 매개하는지 모른다. 다만 원자는 양성자와 중성자로 핵을 이루고 있고 그 주변을 양성자와 같은 수의 전자가 돌고 있다면 원자는 전기적으로 중성이다. 여기서 글루온의 역할은 원자핵 사이의 전기적 척력에 저항하는 것이라고 알려져 있다. 필자의 생각으로 정리해보자면 전자(-)가 외곽을 돌면 핵을 구성하고 있는 양성자(+)는 각각 자신과 거리가 최소인 전자에 가까워지려 할 것이다. 동시에 양성자를 구성하는 쿼크끼리는 전기적 성질이 같으므로, 또는 전자가 외곽에서 유혹하므로 서로 분리되려고 할 것이다. 여기에 척력이라는 단어가 필요하리라고 본다. 척력에 저항한다는 것은 서로 당겨야 한다는 뜻이다. 전기적 힘을 무력화하는 것으로 어떤 접착력이나 자력(磁力)이 필요할 텐데 글루온이라는 입자가 왜 필요할까?

원자는 현미경으로도 보이지 않을 정도로 너무나 작다. 방금 러더퍼

드를 인용했듯이 그보다 1조 배가 작은 것이 원자핵이다. 원자핵을 양성자와 중성자가 이루고 있고 양성자와 중성자를 쿼크가 구성하고 있다면 쿼크는 그야말로 계산상의 질량만 있고 부피는 없는 궁극의 점이라고 생각이 된다. 궁극의 점을 글루온이라는 또 다른 입자가 매개한다면 그 입자는 또 얼마나 작은가? 눈에 보이지도 않는 우리의 땀구멍을 현미경으로 보면 하수종말처리장의 배관보다도 넓다. 우리의 육안으로는 완전한 밀도라고 생각되는 금속도 전자현미경으로 관찰해보면 그 결정들이 성긴 울타리처럼 구멍이 숭숭 뚫려 있다. 그 허술하게 엮어진 물질들의 확대 조직 속에서도 원자는 너무 작아 볼 수가 없다. 그 작은 원자의 전자구름을 뚫고 텅 빈 허공 속을 지나 1조분의 1이라는 궁극의 점을 만나면 그것이 원자핵이다. 이 무시할 수 있는 궁극의 점을 양성자와 중성자라는 더 작은 점이 모여 그 구성을 이루고 있다. 양성자와 중성자는 또 쿼크라는 더 작은 점으로 구성되고, 쿼크와 쿼크는 글루온이라는 입자가 이를 구속하고 있다. 필자가 지금 너무나 작다는 표현으로 궁극의 점이라고 했는데, 궁극의 점이라는 말 자체가 실제로는 그 존재를 무시할 수 있을 정도로 작다거나 없다는 뜻이며, 여기서 점은 곧 입자다. 입자란 어떤 형태로든 형체가 있다는 말이다. 그렇다면 어디까지가 입자이며, 어디까지가 그것을 이 세상에 존재한다고 보아야 할 것인가?

중성미자라는 것이 있다. 양자역학에서 등장하는 것으로서 존재와 무존재의 경계 영역에서 존재하지 않는 듯 겨우 존재하는 소립자의 명칭으로 원어로는 뉴트리노다. 미자는 작은 입자라는 뜻이고 중성이라는 접두어는 전기적 성질이 중성이라는 뜻이다. 필자가 중성미자를 논할 수 있을 정도의 물리학적 지식을 가졌다고 볼 수는 없다. 다만 필자가 중성미자라는 것을 혼자서 매우 독자적(讀者的!)으로 책 속에서 발견하였는데, 그것은 형체도 없고 질량도 거의 없거니와 어느 물리학자가 계산상 필요에 의하여 도입하였다가 나중에 실제로 존재하고 있음을 밝혀낸 것 정도로 접근했을 뿐이다. 빛의 속도보다 빠른 것이 없다는 뜻은 빛의 돌파력이 그만큼 세다는 뜻일 것이다. 중성미자가 빛의 속도와 같다면 진공을 기준으로 초당 약 30만 km의 속도를 가질 것이며, 그 성질이 빛과 유사하다면 입자일 수도 있고 파장일 수도 있다. 빛은 매질이 없이도 진공을 통과할 수 있지만, 통과 과정에 방해물질이 있다면 그것이 불투명체일수록 통과가 어려워진다. 진공이 아니라면 통과하는 광자의 수가 줄어드는 것이다. 여기서 빛은 가시광선이다. 우리가 빛이라고 하는 것은 뭔가를 비추면 그 물체가 형상을 드러내 놓는다거나 그 자체로 밝은 것을 일컫는 말이다. 그러나 빛은 형체가 있다고는 할 수가 없다. 빛은 전자기파의 일종이고 같은 전자기파라 할지라도 우리에게 빛과 전파는 구분이 된다. 전자기파 중에서는 특성에 따라 물질과 상호작용이 다를 수가 있다. 불투명체를 통과하는 것도 있고 그렇지 않은 것도 있다. 그러나 중성미자가 빛과 확실하게 구별되는 것은, 중성미자에게 있어서는 불투명체건 비진공이건 그 어떤 방해물질도 오직 無로 존재할 뿐이다. 지구의 반대편에서 지구 중심을 통하여 그 반대편까지 허공을 통과하듯이 거리낌이 없다는 것이다. 지금도 중성미자는 우리의 살갗을 파고들거나 심지어 우리의 이마를 뚫고 들어가서 뒤통수를 관통하고는 아무 일도 없는 듯 유유히, 그러나 빛의 속도로 빠르게 지나가고 있다. 분명 어떤 현상은 있었지만 작용이 없는 것이다. 중성미자는 태양의 핵융합 과정에서 생성되는데, 태양 쪽을 향해있는 지구 표면에 1㎠당 1초에 650억 개나 되는 중성미자가 지구 전역을 매 순간 관통하고 있다고 한다. 즉, 우리는 낮이면 하늘에서, 밤이면 땅속에서, 쉴 새 없이 중성미자의 공격을 받고 있다. 만약 중성미자와 상호작용하는 사람이 있다면 그 사람은 우선 아프기도 하겠지만 구멍이 뚫리고 만신창이가 되어 살아남을 리가 없다. 방금 이 표현은 조금 과장된 표현이다. 좀 전에도 확인하였듯이 우리 신체를 원자 단위로 들여다보면 세포와 세포 사이가 구멍이 숭숭 뚫린 공간으로 이루어져 있다. 여기서 더 들어가 원자와 원자, 원자와 전자의 관계를 보면 우리의 신체는 그야말로 공허하다. 게다가 원자의 크기에 비하면 중성미자는 있으나마나한 존재다. 참고로 전자볼트(eV)는 에너지의 단위로, 전자 하나가 1볼트의 전위를 거슬러 올라갈 때 드는 일로 정의한다. 질량-에너지 등가원리에 의해 전자볼트는 질량의 단위로 쓰이기도 하며, 입자물리학에서는 질량과 에너지가 교환되어 쓰이기도 한다. ($E=mc^2 \rightarrow eV/c^2$) 이때는 보통 광속(c)을 1로 간주하여 단순히 전자볼트(eV)가 질량의 단위가 된다. 양성자의 질량은 9,390만 eV이고 전자의 질량은 51만 eV로서 전자의 질량은 원자 단위에서도 거의 무시될 정도로 작은 값이다. 하물며 중성미자의 질량은 고작 1.1 eV이다. 우리 눈에 중성미자가 존재하지 않듯이 중성미자에게는 우주의 모든 것이 빈 허공일 뿐이다. 그렇다면 과연 그러한 중성미자를 이 세상에 존재한다고 보아야 하는 것일까? 존재하는 것은 무엇이고 존재하지 않는 것은 무엇이란 말인가?

모든 것이 원자로 이루어져 있다면 세상에서 그 숫자가 많은 것도 단연코 원자일 것이다. 영국의 기계공학자인 마크 미오도닉 교수가 계산한 바에 의하면 지구 전체를 구성하는 원자 수는 10^{51}개라고 한다. 또 우주 전체에 존재하는 원자의 총 개수는 12×10^{78}개라고 한다. 그렇다면 그 값은 어떻게 도출하였을까? 무척 고차원의 계산 방법이 사용되었을 것이라고 짐작하게 되지만 알고 보면 방법은 허무할 정도로 간단하다. 물론 더 확실한 산출 방법은 우리가 감당할 수 없는 어려운 수학 공식에 따르겠지만 여기서는 산술적인 공식의 개략적 산출 방법이다. 평균 밀도를 알면 곧바로 해답이 나온다. 이미 언급이 있었지만, 밀도란 단위 체적당 원자의 수를 이르는 것이다. 평균 밀도라면 허공과 은하, 태양, 지구 등 모든 천체를 망라할 것이다. 우주 허공의 평균 밀도는 1㎥당 수소 원자 다섯 개라고 했고 우주의 지름이 465억 광년이라고 하였으니 이 부분은 곧바로 해답이 나온다. 우주의 넓이는 광년 단위이므로 세제곱 광년 단위를 세제곱미터 단위로 환산하여 우주의 체적을 구하고 단위 체적당 원자 수를 곱하면 된다. 우주에는 수천억 개의 은하가 존재하고 은하에는 수천억 개의 항성이 존재하며 항성에는 수많은 행성이 항성계의 구성을 이룬다. 여기에서 '수천억' 또는 '수많은'이라는 양적 요소에다 각각의 평균율을 구하거나 설정하여 산술적인 수치를 부여하면 우주의 총원자 수는 바로 계산이 된다. 물론 우주가 팽창하고 있다면 갈수록 평균 밀도는 줄어들겠지만, 우주 전체의 원자 수는 변함이 없을 것이다. 지구의 원자 수도 마찬가지다. 지구의 평균 밀도에서 지구의 부피를 곱하면 바로 원자의 수가 산출된다.

서두에서 필자는 인생을 좀 더 진지하게 살아가려면 생각이 좀 더 깊어질 필요가 있고, 생각이 깊어지려면 우주에 관하여 자주 탐구할 것을 권유한다고 했다. 순서를 바꾸어 생각을 해보면 우주에 다가갈수록 생각이 깊어지고 생각이 깊어질수록 인생이 확실히 진지해진다. 우리가 만약 여타의 동물이나 곤충처럼 생각하면서 평생을 살아간다면 우리의 인생은 얼마나 지루하겠는가? 그러나 아마 인생이 이토록 허무하지는 않을 것이다. 그렇게 되면 이미 허무를 인식할 기능 자체가 없을 테니까. 따라서 무술년 정초에, 특히 반려라는 수식으로 사람으로부터 사랑받고 있는 애완견 제위에게는 욕설처럼 들릴지 모르겠지만 인생에서 허무를 느끼지 않으려면 '개같이' 살다가 가면 되는 것이다. 그러나 베르그송의 생각과 뉴턴의 생각이 다르듯이 인생은 깊게 생각을 함으로써 느끼는 것이다. 생각에 따라 인생의 길이는 달라지고, 또한 생각의 깊이에 따라 인생의 가치가 달라지는 것이다. 참고로 이 글은 2018년 1월 1일 개띠 해 새벽을 맞으면서 쓴 글이다. 이 책을 읽을 시점에는 이미 과거가 되어있겠지만 독자 여러분이 이 글을 마주하는 그날부터라도 여러분께 만복이 함께하기를 빈다.

존재의 원리에 대하여

질량이 있는 모든 물체는 중력(重力)을 가진다. 중력이 있는 물체와 물체 사이에는 서로 끌어당기는 힘으로서 만유인력(萬有引力)이 작용한다. 천체가 물체를 잡아당길 때의 힘을 중력이라고 한다. 더 정확히는 만유인력에 천체의 자전으로부터 발생하는 원심력을 더한 힘이 중력이다. 만유인력을 중력이라고도 하는데 그 개념은 한자의 뜻풀이만으로도 둘 사이에서 엄연히 다르다. 우리는 먼지처럼 공중에서 부유하거나 우리의 의지와는 다르게 둥둥 떠다니지 않고 지상에서 어느

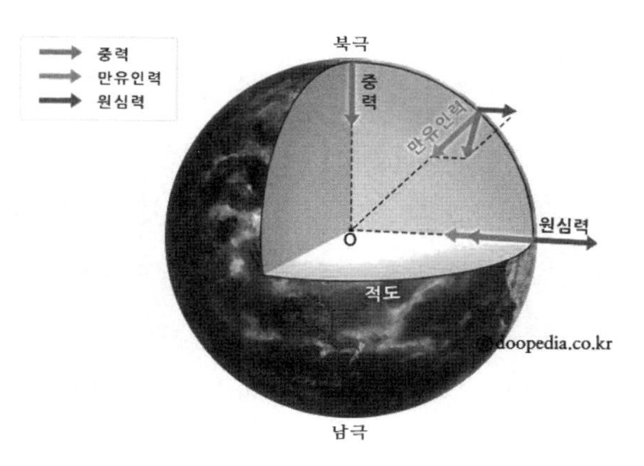

중력과 만유인력 (사진출처: 두산백과)

정도의 무게를 가지고 직립할 수가 있다. 우리가 지상에서 걸어 다닐 수 있는 것도 중력이 있기에 가능하다. 이처럼 어떤 물체가 무게를 가진다는 것은 중력의 관점이다. 반면에 지구는 나를 잡아당기고 나는 지구를 잡아당긴다. 즉, 서로 잡아당긴다는 것은 만유인력의 관점이다. 중력과 만유인력은 관점에 따라 구분되는 개념이다. 우주 만물에 작용하는 힘은 중력, 전자기력, 강한 핵력, 약한 핵력 등 4가지 성분으로 구성된다. 힘들은 끌어당기거나 밀어내거나 퉁겨지거나 휘어지게 하는 등의 작용을 하며 인력, 장력, 압축력, 척력, 회전력 등의 형태로 표현된다. 우리가 알기로는 우리 자신을 포함하여 우주의 모든 원리는 중력의 지배를 가장 많이 받는 것으로 생각하고 있다. 그러나 그것은 우리의 감각으로 느끼지 못할 뿐 힘의 세기는 중력<약력<전자기력<강력의 순서로 강력이 가장 세고 중력이 가장 약하다. 중력이 당긴다고 했지만 당기는 것은 중력뿐만이 아니다. 먼지나 티끌이 우리 옷에 달라붙는 것은 전자기력 때문이다. 고작 달라붙는 힘을 중력에다 비길 수는 없을 것이다. 그러나 그것은

단어에 대한 선입견의 문제일 뿐이다. 달라붙는다는 표현에 우리는 편향성을 부여하지만 알고 보면 그것은 상대적인 동작이다. 즉 먼지나 티끌이 우리 옷에 달라붙는다는 뜻이나, 우리 옷이 먼지나 티끌에 달라붙는다는 뜻이 같다는 말이다. 나의 옷자락과 먼지가 서로 달라붙었다고 치자. 지구와 나의 상호 중력의 작용으로 나의 신체가 지상에 고정일 때 먼지가 날아와서 달라붙는 것이라면 어떻게 같을 수가 있느냐고 반문할지도 모른다. 그러나 그것은 중력이나 전자기력에 의한 물리적 상호 관계라기보다는 논리적 함수 관계이다.

현재 알려진 바로는 중력만이 끌어당기기만 하는 힘이며 나머지 전자기력, 강력, 약력은 모두 밀기도 하고, 당기기도 하는 힘이다. 중력과 전자기력은 우리가 느낄 수 있지만, 강력과 약력은 우리가 느낄 수 없는 힘이다. 그러나 느낄 수는 있다. 우리의 육체, 나무, 책상, 종이, 볼펜을 위시하여 우리 눈에 보이는 우주의 모든 물체가 형체를 이루고 있다는 것은 강력과 약력의 작용이다. 강력과 약력은 원자를 구성하는 힘이며 원자는 물질을 구성하고 물질이 어떤 형체를 이루면 물체라고 표현이 되는 것이다. 물체가 우주 공간에 있거나 우주적 규모를 이룰 때 그것을 천체라고 한다. 전자기력과 중력은 이들 원자, 물질, 물체, 천체 각각의 상호작용으로서 우주를 구성하며 운행하는 힘이다. 지구가 태양을 도는 것도, 태양이 우리 은하에 하나의 구성이 되는 것도 중력이 제도(提導)하는 힘 때문이다. 강력과 약력은 중력이나 전자기력과는 달리 원자핵의 직경 또는 그 이하의 거리에서만 작용한다. 앞서 살펴본 글루온이 매개하는 힘이 곧 강력이다. 강력은 원자핵을 뭉치게 하는 힘이고 약력은 원자핵의 베타붕괴를 일으키는 힘이다. 베타붕괴란 원자핵 안에서 양성자가 중성자로 변환되거나 그 역으로 변환되는 핵붕괴 과정이다. 여기서 우리는 약력이 원자핵을 붕괴시킬 정도라면 엄청난 세기일 텐데 어떻게 그것이야말로 강력이 아니고 약력이라고 표현되고 있는지가 궁금해진다. 그러나 뭔가가 그 붕괴를 억제하고 있다면 붕괴하려는 힘보다는 그 억제력이 더욱 강한 것이다. 그것이 강력이다. 원자가 이 세상 모든 것을 이루고 있다면 강력은 곧 모든 것의 억제력이다.

닐스 보어와 베르너 하이젠베르크의 저술로 대표되는 코펜하겐 해석[1]에 따르면 모든 물리량은 관측됐을 때 그 의미가 있고 양자가 갖는 물리량은 위치와 운동량을 동시에 측정하는 것이 불가능하다고 한다. 예를 들어 전자(電子)의 위치와 운동량은 광자나 다른 입자를 전자와 충돌시켜서 알아내야만 하는데 광자나 다른 입자를 전자에 충돌시키는 순간, 위치와 운동량은 변화하게 되므로 정확하게는 알 수가 없고 다만 추측만 가능할 뿐이라는 것이다. 이른바 불확정성의 원리인데, 물론 이러한 원리는 복잡한 수학적 계산의 결과일 것이지만 필자의 짧은 식견이 감히 여기에 근접할 수는 없으므로 '불확정성'이라는 이름씨만을 놓고 빈정대볼 뿐이다. 그렇다면 다만 단순한 상상력으로 고찰해 보건대, 우선 양자와 천체는 공간과 시간의 배열 속에서 물리적으로 실재한다는 점에서 동일하며, 당연한 소리겠지만 양자역학은 미시세계에서의 작동 원리이고 상대성 원리는 거시세계에서의 작동 원리라고 정의해두자. 양자역학에서의 측정 단위가 플랑크 단위라면 상대성 원리의 측정 단위는 광속 단위이다. 둘 다 사람이 직접 감지할 수 있는 단위가 아니다. 인간이 육안으로 최대한 정확하게 측정할 수 있는 거리 단위는 크게는 미터 단위, 작게는 밀리미터 단위 정도이다. 미터는 줄자로 확인 가능하고 밀리미터는 눈금자나 버니어 켈리퍼스로 확인이 가능하다. 광속은 초속 30만 킬로미터로서 얼핏 보면 인간이 감지할 수 있는 단위에 속해 있다고 생각되지만, 30만 킬로미터를 적용할 수 있는 곳이라고는 별과 별, 행성과 행성 정도의 거리 말고는 없고, 그것을 우리가 감지할 수 있는 단위로 축소하게 되면 이 또한 양자적인 단위가 된다. 킬로미터를 1,000으로 나누면 미터가 되고, 미터를 1,000으로 나누면 밀리미터가 되고, 밀리미터를 1,000으로 나누면 마이크로미터가 되고, 마이크로미터를 1,000으로 나누면 나노미터가 된다. 천체의 크기를 궁극적으로 축소해나가면 양자의 크기로 변환할 수가 있다는 뜻이다. 즉, 지름 139만 2천 km의 태양 크기를 피코미터(10^{-12}:1조분의 1미터)단위의 원자로 변환할 수 있다는 뜻이다. 형상의 크기를 축소하였다면 그다음에는 속력이나 힘의 세기를 그대로 축소하여보자. 이를테면 정확한 계산은 미루더라도 태양을 원자핵으로 가정하고 지구를 전자로 축소하여 그 크기에 비례하는 속도로 지구를 공전시켜보면 여기에서도 어떤 불확정성의 원리가 성립할지도 모른다. 그것은 곧 입자가 위치하는 공간은 천체가 위치하는 시공간의 축소판에 지나지 않을 것이라는 뜻이며, 양자적 운동량을 확대하여 천체의 운동량과 대비해 본다면 양자의 위치와 운동량은 우주에서 어떤 천체의 위치와 과거, 현재, 미래의 관계 즉, 시공간의 관계로 서로 호환이 가능할지도 모른다는 뜻이다. 다만 입자에 대비한다면 상대적으로 거시적인 인간이 이해할 수 없는 부분이 있을 수 있다. 앞서 설명한 전자(電子)의 위치와 운동량의 관계라든가 하나의 입자인 전자가 구름을 구성한다는 원리가 바로 그것인데, 어쩌면 그것을 이해하기 위해서는 우리 스스로가 신체든 정신이든 양자적으로 축소되어야 할지도 모른다.

빛의 속도는 지구상의 아주 짧은 거리에서 왕복 속도를 원자시계로 측정하여 계산한 결과로서 그 값은 299,796,458m/sec이다. 지구로부터 태양의 거리가 8광분이라는 것은 빛의 속도 30만 km/sec로 계산한 결과이다. 태양이 지금 내 눈에 보인다는 것은 8분 전의 결과일 뿐 지금도 저기에 존재한다고 확신할 수가 없다. 그것은 다만 우리의 추측일 뿐이다. 지금 필자의 의심은 철학적인 관점이다. 과학적인 관점으로는 그 존재를 확신할 수 있다. 과학은 확률을 포함하기 때문이다. 따라서 확률을 배제한다면 어느 한 시점에서 천체와 천체 사이의 관계를 동시에 측정할 방법이 없다는 것이 필자의 견해이다. 물론 천체와 천체 사이의 상대적 관계와 우리가 양자의 행방을 관측하는 것은 개념이 같을 수는 없다. 일반적 과학 논리로는 50억 광년의 거리에 있는 별을 본다는 것은 50억 년 전의 과거를 지금 내 눈으로 보고 있다는 뜻이다. 「전설의 고향」에서나 설명될 수 있는 그러한 일이 어떻게 현실에서 발생할 수가 있는가? 더군다나 그것은 단지 초당 30만 킬로미터라는 빛의 계산상 속도에 따른 결과일 뿐이며, 설령 그 계산이 진리라고 하더라도 50억 광년 별빛의 정확한 출발 시간을 측정하는 것이 불가능하고, 정확하게 저 별이 50억 광년의 거리에 있는지도 알 수 없으며, 50억 광년의 거리 사이에서 각각의 시간대를 동시에 측정한다는 것은 상투적인 계산 방법 말고는 그 어떤 방법으로도 실측이 불가능 하다는 사실이다. 만약 웜홀(**Wormhole: 다중우주론에서 차원과 차원을 연결하는 통로**)이 사실상 존재한다면 50억 광년의 별과 지구 사이를 동일시간대에서 측정할 수 있을지도 모른다. 그러나 이때에도 분명 문제는 발생할 수 있다. 차원과 차원 사이의 거리를 어떻게 보정하느냐의 문제가 있을 수 있고 양쪽에서의 정보전달 과정에서 시차가 발생할 수도 있다. 즉, 한쪽에서 신호를 보내면 반대쪽에서 신호가 도달하는 시각을 측정하여 이를 응답 신호로 보내야 하는데 그 동작이 아무리 순간적일지라도 이 과정에서 이미 시차가 발생할 수밖에 없으므로 그 결과는 확인할 수가 없다. 따라서 양자의 불확정성에 비추어 본다면 우주의 시공간이야말로 곧 '거시적 불확정성의 원리'라는 이름으로 이해할 수 있지 않겠는가?

전파와 빛으로 분류되는 전자기파는 입자인 동시에 파장의 성질을 띠고 있다. 전파와 빛으로 분류되는 기준은 입자의 크기가 아니고 파장의 길이이다. 가장 긴 파장의 라디오파로부터 시작하여 적외선 가시광선 자외선 X선 γ선 등으로 분류가 된다. 가시광선은 미술시간에 배운 10색상환으로 설명이 가능하다. 10색상환은 빨강-주황-노랑-연두-녹색-청록-파랑-남색-보라-자주로서 3개의 원색과 나머지 2차색으로 구성되며 빨간색으로 갈수록 파장이 길고 자주색으로 갈수록 파장이 짧다. 물론 색상은 원색과 2차색으로 한정되는 것이 아니라 그 경계에는 3차색, 4차

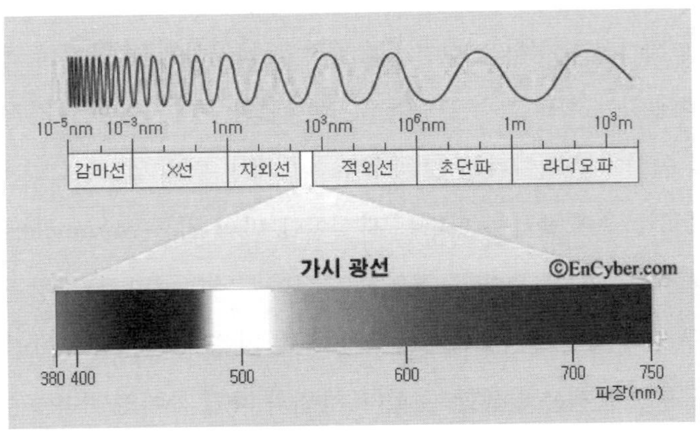

전자기파의 종류 @EnCyber,com

색의 미묘한 색상이 표현될 수도 있다. 필자가 3차색, 4차색이라는 용어를 쓰고 있지만 사실 그것은 무의미하다. 아무리 미묘한 색상이라 할지라도 모든 색상은 그 나름의 의미를 지니며 각각의 색상끼리는 상호 보완적이기 때문이다. 가시광선의 적색보다 파장이 긴 빛이 적외선이고, 가시광선의 자주보다 파장이 짧은 빛이 자외선이다. 즉, 적색의 외측에 있다고 적외선, 자색의 외측에 있다고 자외선이다. 빛의 색상은 파장의 진동수로 결정되고 빛의 세기는 진폭의 크기로 결정된다. 파장이 짧을수록 진동수는 커진다. 진동수가 커지면 에너지가 커진다. 에너지가 커지면 투과력이 강해진다. 전자기파는 매질이 없이도 전파(轉派)가 가능하고 반사, 굴절, 회절, 간섭 등의 작용에 따라 우리는 우주의 모든 현상을 시각적으로 인식하고 있다. 방금 열거한 현상이나 작용들은 인간이라는 개체의 인식에 감지되는 현상일 뿐 우리와 차원을 달리하는 개체가 있다면 그 개체에는 또 다른 현상이나 원리가 작용할지도 모른다. 우리에게는 전자기력이 없다면 형체는 있으나 볼 수가 없다. 만약 우주에 애초부터 전자기력이 없었다면 색상이나 명암이라는 개념 자체가 불필요했을 것이고, 우리를 포함한 모든 생물체의 신체 기관 중에서 시각요소를 담당하는 눈과 망막과 후두엽의 일부 기관은 진화가 불필요했을 것이다. 우리는 지금쯤 눈도 없이 귀로만 듣거나 피부로만 느끼는 그러한 존재가 되어있을지도 모른다. 그뿐만이 아니다. 전자기력이 없었더라면 광합성이라는 개념조차도 발생하지 않았을 것이므로 생명체의 출현 자체가 불가능했을 것이다.

우리의 일상에서 눈으로 보면서도 그냥 흘려버리는 것이 의외로 많다. 우리의 정신이 그것을 모조리 다 수용할 수는 없기 때문이다. 그런데 눈에 보이는 것은, 내 눈에 그렇게 보인다고 그것이 다른 사람들 눈에도 그렇게 보일까? 저 꽃의 색상이 빨간색으로 보인다고 다른 사람들의 눈에도 빨간색 그대로 보일까? 내 눈에 빨강이 어떤 사람의 눈에는 파랑으로 보일 수가 있고 나에게는 파랑이 어떤 사람에게는 빨강으로 보일 수도 있는 것이다. 즉, 내가 빨간색이라고 일컫고 있는 그 색상이 그 사람 눈에는 내가 파란색이라고 일컫고 있는 그 색상으로 보일런지도 모른다. 나에게는 파란색이 그 사람에게는 빨간색으로 인식될 수 있다는 뜻이다. 색맹의 문제가 아니다. 나와 그는 각자 자신에게 보이는 대로 여태 그렇게 인식되어왔을 뿐이다. 그렇다면 그 사람에게 혈액의 색깔이 무슨 색이냐고 물어보면 어떨까? 그 사람에게 물어봐도 혈액은 빨간색이다. 나에게는 파란색으로 보이는 그것이 그 사람에게는 빨간색으로 보일 것이기 때문이다. 나에게 파란 하늘이 그 사람에게는 나의 기준으로 온통 빨간 하늘인 것이다. 좀 더 현실적으로 접근하자면, 위와 같이 극단적인 경우가 아니더라도 사람에 따라서는 그 색상에 대하여 느낌이 다를 수가 있다. 빨강이 더 진하거나 엷게 느껴질 수도 있고 명도나 질감이 각각 다르게 느껴질 수가 있다. 어떤 사람에게는 맛있게 느껴지는 음식이 어떤 사람에게는 맛이 없게 느껴지는 경우가 있고, 어떤 사람에게는 좋은 향기가 어떤 사람에게는 고약한 냄새로 느껴지는 경우가 있다. 우리가 아무 거리낌 없이 쓰고 있는 완벽이라는 낱말도 엄격히는 이 세상에 존재할 수 없다. 방을 청소한다고 할 때 "완벽하게 청소를 끝냈다!"라고 한다면 어느 정도일까? 먼지가 하나도 없는 상태일까? 우리는 완벽이라는 낱말을 정량적인 결과로는 쓸 수가 없다. 사람마다 또는 상황에 따라 기준이 달라지기 때문이다.

갈릴레오는 피사의 사탑에서 실험 결과 자유 낙하하는 물체는 부피가 같다면 질량에 상관없이 낙하 속도가 같다는 결론을 얻어냈다. 여기서 부피는 공기의 저항 때문에 넣은 전제이다. 즉, 진공이라면 '부피나 질량에 상관없이'라고 전제를 달수도 있다는 뜻이다. 진공에서는 동전과 깃털의 낙하 속도가 같다. 그런데 만유인력의 법칙(뉴턴)에 따르면 "중력은 질량의 곱에 비례하고, 거리의 제곱에 반비례한다." 즉 질량이 클수록 중력도 크다는 뜻이다. 이 원리에 따른다면 공기의 마찰이나 여타의 물리적 힘으로 방해받지 않는 한 질량이 클수록 부피에 상관없이 낙하 속도는 크다. 같은 부피일지라도 깃털보다는 분명 동전이 질량이 크다. 그렇다면 갈릴레오의 실험에는 심각한 오류가 있다. 그러나 이 법칙을 역방향으로 생각해보면 질량이 작을수록 중력도 작다. 사과가 나무에서 떨어진다든가 동전처럼 작은 물체가 높은 곳에서 자유 낙하하는 현상은 지구의 중력 때문이다. 만일 지구가 아니고 당신과 나, 사과나 동전끼리라면 중력 작용은 너무나 미미하다. 중력이 질량과 비례한다는 명제는 행성 단위의 거대한 물체를 상대하거나 그러한 물체끼리 적용되는 법칙이다. 우리의 몸과 몸, 사과처럼 작은 물체끼리는 이 법칙의 작용을 느낄 수 없다. 따라서 두 물체 간 인력 따위의 실험으로는 중력 작용을 증명하기 어렵다. 더군다나 원자 단위의 작은 물체는 오히려 중력법칙과 같은 물리법칙은 적용할 수가 없고 양자역학이라는 특수한 범주가 적용된다. 중력이 두 물체 간 인력, 즉 사과의 낙과로 증명이 된다면 양자의 원리는 입자가속기로 증명되고 있다. 결과적으로 만유인력의 법칙에는 한계가 있다. 따라서 의심의 여지는 없겠으나 원자가 이 세상에 존재하는 것이 사실이라면, 아니 최소한 그 존재를 무시할 수 없다면, 만유인력의 만유(萬有)는 지금부터라도 폐기할 필요가 있다고 본다. 뉴턴과 갈릴레오 사이는 대략 두 세대라는 시간적 차가 존재한다. 갈릴레오의 시절에는 망원경도 갓 발명될 때였고 뉴턴의 시절에는 그에 비하면 실험 도구의 진보가 눈에 띄게 향상되었을 것이다. 그러나 중력의 발견이 사과의 낙과에서 힌트를 얻었다면 별다른 실험 도구는 필요하지도 않았을 것이다. 갈릴레오든 뉴턴이든 마찬가지로 시대에 구애 없이 별 실험 도구도 없는 상황에서 자기 혼자의 생각만으로 그 중차대한 법칙을 도모했다는 사실은 시대를 초월하여 괄목할만한 사건임은 두말할 나위가 없다. 과학은 어떤 이론의 발견과 함께 실험 기술의 발달 여부, 즉 그것을 어떻게 증명하느냐에 따라 그 시대의 패러다임이 결정되는 것이라고 본다. 어떤 이론이 갈릴레오나 뉴턴의 이론들처럼 논리적으로 여분이 없이 딱 들어맞는다거나 수학적으로 증명될 때야말로 그것을 과학이라는 명칭으로 부를 수가 있다면, 필자가 이 책에서 전개하고 있는 논리들은 절대 과학이라고 말할 수가 없다. 다만 그 과정이나 결과가 비록 과학과는 거리가 있거나 논리적으로 다소 느슨하더라도 그 깊이가 일반의 생각보다 심오하다면 그것을 두고 철학이라고 말할 수가 있을 것이다. 이 글도 지금까지는 그 사용되는 언어가 주로 과학에 근거한 과학적인 설명이었다고 한다면 지금부터는 사용되는 단어 자체가 약간은 완곡하거나 심오하기에 감히 철학적인 설명이라고 할 수 있다.

지금 설명에서 완곡이라는 표현이 들어갔으므로 그 뉘앙스가 자칫 철학보다는 과학이 더 진리에 근접해있다거나 학문적으로 더 신뢰가 가는 것처럼 들릴 수도 있겠으나 필자의 기준에서는 과학보다는 철학이 더 신뢰가 간다. 혹자는 철학의 정의를 논하면서 편협한 시각으로 철학을 어떤 규범이나 되는 것처럼 자신의 기준에 맞추어 뚜렷한 선을 그어놓고 그것을 벗어난다 싶으면 상대를 무지한 자로 몰아세우는 꼴이 흡사 결벽증의 양상을 보이고 있는데, 그것은 그야말로 그 사람의 증상일 뿐이다. 소쉬르의 기호학에서 랑그와 파롤이라는 이름으로 언어 자체를 규범적인 언어와 개개인의 발화로 구분하고 있듯이 철학도 사조나 그 주체의 관점에서 학문으로서의 철학과 대중철학, 자기철학, 심지어 '개똥철학'이라는 이름으로도 분류할 수가 있다. 분명 개인 각자의 주관에 따른 철학이 있을 수 있다고 본다. 우주를 접하다 보면 과학과 철학은 크게 다르지 않다. 그것을 사유하는 과학자와 철학자의 학문적 접근 방식이 각각 다를 뿐이다. 이를테면 임마누엘 칸트는 과학을 철학적인 개념으로 사유했을 뿐이고 알베르트 아인슈타인은 철학을 과학적으로 풀어나갔을 뿐이다. 필자가 가진 지식이라고 해봐야 그들의 저서 번역본으로부터 파생된 귀납적 이론을 수박 겉핥기로 듬성듬성 습득한 내용과 필요에 따라 탐색한 인터넷 정보에 필자의 알량한 상식을 더한 것이 그 전부인바 여기에 숫자나 어떤 공식이 개입된다고 생각되면 이를 감히 과학이라고 부른다. 그러나 계산 결과나 증명도 그 범위가 막연하다거나 다소 모호한 부분이 있을 수 있다. 더군다나 필자에게 수학 공식은 우선 거부감이 있고 고차원의 이론 또한 이해하기에는 감당이 어렵다. 따라서 난해한 공식이나 이론은 가급적 배제하게 되는데, 이때 다만 필자의 관찰력과 상상력만으로 어떤 논리가 구성되고 그것이 어떤 깊이를 가진다고 생각되면 이를 감히 철학이라고 부른다. 한편으로는 과학을 위시하여 대개의 학문을 습득하는 과정이 처음 그것을 보거나 듣고 이해하고 기억한 후에 별다른 가공 없이 적재적소에서 재생산해내는 것을 목표로 진행하는 것이 보통이다. 그러나 철학은 다를 것이라고 본다. 보거나 듣고 이해하고 기억하기까지는 어느 학문이든 대개가 같겠으나 철학은 무엇이 선인지 악인지를 구분해내고 그것을 자신의 내면에 신념으로 체화시킨 후에 적재적소에서 그것을 정신 에너지와 함께 발산해내는 것이 다르다고 본다. 다만, 철학을 어떤 스팩으로 이용하기 위하여 앞서 말한 일반의 학문과 동일시하거나, 필자처럼 아는 체하기 위하여 책에서 요점만 체득하여 탈레스가 어떻고 소크라테스가 어떻고 지금처럼 철학이 어떻고 하는 따위의 행동을 하는 경우는 과학은커녕 무협지를 읽고 줄거리를 외우는 것이 더 나을지도 모른다. 말이 나왔으니 참고로, 우리는 기성 작가들처럼 글을 쓰는 사람을 제법 대단한 존재로 받아들이고 있다. 솔직히 필자가 지금 글을 쓰고 있는 이유도 여기에 있다. 그러나 최근 작가라는 직함을 가지고 진영논리에 매몰되어 자신이 대단한 선각자인양 글이나 세치 혀를 나불거리는 작태를 보면 그것은 천만의 말씀이다. 필자의 경험으로 보아 필력은 기능에 다름이 없다. 문제는 정신인데 정신은 그대로 두고 글 쓰는 요령만 터득해도 누구나 글은 된다. 이를테면 용접공이 운봉의 요령을 터득하고 철판을 때우는 작업이나 작가가 미사여구를 터득하고 글을 나불거리는 작업은 그 기능면에서 전혀 다를 바가 없다. 이 책의 내용도 마찬가지다. 이 책의 내용은 단지 필자의 희망사항을 가급적 적나라하게 표현했을 뿐 그것이 필자의 정신세계라고는 할 수가 없다. 필자가 이 책을 썼으나 결코 이 책을 필자의 정신으로 창작한 것은 아니다. 필자가 어느 날 배워 기억 속에 저장되어 있는 것들을 편집하였거나 허공중에 떠돌고 있는 어떤 논리에 필자가 터득한 갖은 미사여구로 치장을 했을 뿐이다. 정신은 글이나 말로써 표현될 수가 없다. 가장 굳건하고 바른 정신의 표현은 곧 침묵이다. "말할 수 없는 것에 대해서는 침묵하라!"는 비트겐슈타인의 격언이 오버랩되는 순간이다. 방금 용접공을 언급했지만 용접공을 비하하고자 하는 뜻은 결코 아니다. 정신이 아닌 기능으로서 예를 들었을 뿐이니 오해 없길 바란다. 과학자가 본연의 자세를 망각하고 자신의 위치만 의식한다면 과학 또한 기능적인 측면의 학문이라고 감히 표현될 수 있다. 과학의 처음 시작과 종점은 철학이다. 우주가 왜 시작하였는지, 어떻게 종료되는지의 문제는 그 어떤 계산의 결과에도 불구하고 과학으로는 해결할 수 없는 과제다. 우주가 빅뱅으로 시작하고 빅 크런치로 종료된다지만 그것은 어떤 결과로서 증명할 수 없기에 과학이라고 할 수가 없고 오직 철학의 범주에 속한다. 철학 속에 과학이 있고, 모든 문제가 철학으로 시작이 되고 철학으로 귀결된다.

어떤 원뿔이 있다. 이 원뿔을 두께가 무시할 수 있을 정도의 예리한 칼날로 높이를 H/2로 정확하게 두 토막을 내보자. 이때 자르는 방향은 원뿔의 밑면과 나란한 방향이라고 하자. 두 토막을 잘라서 보면 위 토막의 아랫면과 아래 토막의 윗면은 둘 다 원형이며 서로 맞닿아 있었으니 지름이 같다. 이것은 우리의 시각, 즉 목측에 의한 관찰을 설명한 것이다. 다만 이 결과에는 전술과 같이 칼날의 두께가 무시되어야 하고, 잘라도 단면이 줄어들거나 멸실되지 않는 이상적인 재료로 만든 원뿔일 것이라는 전제가 필요하다. 만일 이 원뿔을 위와 같은 조건에서 더는 얇아질 수 없는 상태로 계속해서 잘라 나간다면 궁극에 가서는 어떤 현상이 벌어지게 될까? 이 경우 다음과 같은 두 가지 현상이 동시에 발생한다. 첫째는 위와 같은 사실, 즉 각각의 박막들끼리는 잘라낸 반대편의 박막과 지름이 같을 것이라는 이야기이고 둘째는 각각의 박막끼리는 아래와 위가

지름이 같은 것은 없을 것이라는 이야기이다. 전자는 위와 같이 전제를 들었기 때문에 발생할 수 있는 특수한 현상이고 후자는 전제 없이도 가능한 일반적인 현상이다. 건축에서 기둥이나 보는 축소를 거듭해나가 어느 한계가 되면 단면이 없는 선으로 보일 것이다. 그러나 아무리 축소를 거듭하더라도 형체가 있는 한 단면을 가지는 것은 분명하다. 슬래브도 마찬가지다. 슬래브를 계속 축소하여나가다 보면 단면이 없는 얇은 판으로 보일 때가 있을 것이다. 단면이 있다면 단면 내에서 별도의 단면력이 작용하므로 단면이 있는 것과 없는 것의 차이는 구조적으로 엄청난 차이가 있다. 얇은 판이 있다고 하자. 위와 같은 원리가 존재함에도 불구하고 구조에 대한 상식이 전혀 없는 사람은 그것을 그저 단순히 판이라고만 생각할 수가 있고, 구조에 상식이 있는 사람은 그것을 단면을 가진 판재라고 생각할 수가 있다. 그렇게 설계를 하여 건물을 지어보면 분명 단면을 고려한 설계가 제대로 작동할 것이다. 지금 우리가 겪고 있는 무수한 실패의 결과는 단면이 있으나 보이지 않기에 그것을 고려하지 않은 설계로 건축을 하고는 무너지는 원인을 찾지 못하고 전전긍긍하고 있는 것일지도 모른다. 무릇 안다는 것의 범위가 여기까지이다. 좀 더 깊게 생각을 하고 단면을 보자. 눈에는 보이지 않을지언정 분명 단면은 있다. 그것을 찾아내어 우리의 의식에 반영하는 것이 중요하다.

다음 장에서 언급이 있겠지만 프랑스의 수학자 피에르 시몽 드 라플라스의 언급을 분석해보면 그는 세상의 모든 원리가 수식으로 연결되어 있는바 세상에 일어나는 모든 사건과 현상은 수학적 계산에 따라 그 원인과 결과를 밝혀낼 수 있는 것으로 생각하고는 그것을 부분적이나마 계산으로 풀어보려고 시도하였던 것으로 짐작된다. 그렇다. 세상에 존재하는 모든 것은 숫자로 이루어진다. 세상에 존재하거나 뭔가에 대응된다면 그것은 양수이거나 음수에 해당한다. 또한, 하나를 분해하여 여럿을 이루었거나 집합을 이루어 그 성분을 구성하고 있다면 그것은 정수이거나 소수이거나 분수로 구성된다. 나라는 존재는 1이라는 숫자로 이루어지고 당신과 나는 2라는 숫자로 이루어진다. 당신과 나를 전체로 본다면 나는 전체의 1/2이다. 당신은 대략 100조 개의 세포로 이루어지고 또한 대략 7×10^{27}개의 원자로 이루어진다. 참고로 필자는 덩치가 있으므로 대략 9×10^{27}개의 원자로 이루어졌을지 모른다. 그 어디에도 0이란 없다. 0이란 세상에는 존재하지 않는 것이다. 0은 존재하지 않음의 표현인 동시에 우리로서는 상상할 수 없는 그 무엇이다. 그러나 '그 무엇'이라는 명칭조차도 0에는 부여할 수가 없다. 상상해보라. 앞서 우주 개벽을 이야기하면서 경험하였듯이 세상에 없는 것에 어떻게 존재라는 낱말을 붙일 수가 있겠으며, 또한 '그것'이라고 표현할 수가 있겠는가? 뭔가를 기다리고 있다면 확률이 아무리 희박할지라도 그 확률이 0이 아닌 이상 언젠가는 실현될 수가 있다고 했다. 0은 없음의 표현이요, 수(數)는 있음의 표현이며, 또한 가능성의 표현이기 때문이다. 허황한 소리로 들리겠지만 0도 무수히 더 해가면 언젠가는 기어코 1이 되고야 만다. 물질의 최소입자는 쿼크이다. 원자라고 해도 좋다. 원자와 쿼크는 우리의 감각으로는 형체도 없고 눈에 보이지도 않는다. 부피도 면적도 크기도 없는, 그냥 궁극의 점일 뿐이다. 궁극의 점이라면 형체로써 실재하지 않는 것이다. 이 세상에 실재하지도 않는 그러한 쿼크가 세 개 모이면 양성자를 이룬다. 양성자와 중성자가 모여 원자핵을 이룬다. 원자핵 주변을 전자가 돌고 있다면 그것은 곧 원자다. 원자 또한 우리 눈에는 보이지 않는다. 특수한 현미경으로 원자를 볼 수 있다고 하지만 특수라는 수식이 붙는 한 그 현미경에 비치는 상이 진정한 실체인지도 의심이 간다. 그러나 원자가 모여 분자를 이루고 분자가 모여 물질을 이룬다. 분자는 물질 성분의 기본 요소다. 분자가 모이면 이제야 희미하게나마 형체가 보이기 시작한다. 비로소 0이 모여 1이 만들어지는 것이다!

우주의 구성에 관하여

태양 표면에서 이글거리는 홍염은 한문 뜻 그대로 적색의 불꽃이다. 과학 사이트에서 태양을 관찰한 동영상을 유심히 살펴보면 복사에너지와 플레어는 우리가 알고 있는 상식에 따라 단순히 아무런 구속 없이 외계로 방출해 버리지만, 홍염처럼 물질을 포함한 에너지류는 내뱉었다가는 이내 다시 빨아들이는 것을 볼 수가 있는데 이는 곧 물질의 질량에 대한 태양 중력의 위력이라고 생각해볼 수가 있다. (※**플레어: 태양의 채층(彩層)**에서 돌발적으로 다량의 에너지를 방출하는 현상) 여기에는 뜨거운 것은 가벼워져 위로 올라가고, 식으면 다시 내려와서 회전하는 대류 현상도 일부는 작용할 것이다. 그러나 대류 현상도 중력 작용의 한 형태에 지나지 않는다. 기체의 체적은 온도가 높을수록 팽창한다. 기체가 팽창한다는 것은 단위 체적당 밀도가 작아진다는 뜻이다. 밀도가 작아진다는 것은 단위 체적당 질량이 작아진다는 뜻이며, 질량은 중력과 비례한다. 중력이 작용하는 한 뜨거운 기체는 상승하고 차가워진 기체는 하강하며 대기는 회전할 것이다. 홍염은 태양의 표면에서 나타나고 그 크기는 태양 본체 크기에 비하면 작지만, 태양 지름이 지구지름의 109배라는 점을 고려하면 눈에 띄는 것은 크기가 대부분 지구의 직경보다는 크다. 더 나아가서는 태양의 질량이 더욱 커지거나 체적이 어느 한계로 수축하면 물리법칙에 따라 플레어도, 복사에너지도 방출에 제한을 받게 될 것이다.

어떤 물체가 천체와의 중력을 극복하고 무한히 멀어질 수 있는 최소한의 속도를 탈출속도라고 한다. 지구의 탈출 속도는 11.2km/sec이고 태양의 탈출 속도는 618km/sec이다. 예를 들어 어떤 우주선(宇宙船)이 태양의 중력권에 들어갔다가 그 자체 속력으로 빠져나오기 위해서는 속도가 초속 618km 이상으로 발진하여야 한다는 뜻이다. 여기서 자체 속력을 언급한 것은 宇宙船의 가속 수단인 스윙바이(중력 도움)와 구분하기 위함이다. 스윙바이는 중력을 宇宙船의 추동력으로 이용하는 행위를 말한다. 블랙홀의 탈출 속도는 빛조차 벗어날 수 없을 정도로 크다. 즉, 블랙홀의 탈출 속도는 광속의 약 1.7배라고 하는데, 광속보다 빠른 속도가 있을 수가 없으므로 광속을 초과하는 수치는 무의미하다. 어쨌거나 블랙홀의 탈출 속도는 광속은 물론 속도가 아무리 빨라도 빠져나올 수 없다는 뜻이다. 중력은 질량의 곱에 비례하고 거리의 제곱에 반비례한다고 했으니 질량이 없다면 중력이 발생하지 않음은 물론이다. 탈출 속도는 두 물체 사이 중력 작용의 합을 운동에너지로 나타낸 값이다. 중력에 따라 상호작용을 하는 한 중력의 합이 클수록 탈출 속도도 커진다. 빛조차 빠져나올 수 없다는 말은 광자라는 입자의 질량으로 설명이 가능할 것이다. 즉, 어떤 천체와 광자의 상호작용이 운동에너지로 환산하여 30만 km 미만이 아니라면 빛도 탈출할 수가 없다는 뜻이다. 광자는 정지질량이 0이라고 하지만 필자가 알기로는 정지상태의 광자란 있을 수가 없고 움직여야 한다면 질량이 필요하다. 참고로 계산상 광자의 질량은 8×10^{-17}eV를 넘을 수가 없다고 한다. 그렇다면 여기서 궁금해지는 것이 있다. 소리도 중력과 상호작용을 하는가이다. 소리는 매질이 필요할 뿐 입자가 아니므로 질량은 없다. 다만 소리에도 굵거나 가늘거나 길거나 짧음의 톤이 있고 무겁다거나 가볍다는 정도의 표현이 가능하므로 질량이 부여되며, 손님과 대화에서는 호흡과 함께 발화하므로 호흡 속의 이산화탄소나 코로나 바이러스 등이 입자일 수는 있다.^^ 이건 농담이다. 소리의 속도는 대기중에서 약 340m이다. 매질을 고려하지 않은 상태에서 만약 소리가 중력과 상호작용을 한다면 소리는 소행성에서도 탈출할 수가 없을 것이다. 그러나 이 질문은 무의미하다. 이 질문이 무의미한 것은 느린 속도는 물론이고 소리는 진공에서 무기력하므로 우주과학에는 아무짝에도 쓸모없는 너무나 재래식에 머물러 있기 때문이다.

앞에서 빛이 갇힌 상태란 과연 어떤 상태인지 궁금해했었던 적이 있다. 빅뱅 초기에 빛은 내내 갇힌 상태로 존재하다가 38만 년이 지나면서 비로소 빛을 발하기 시작했다는 설명이었다. 블랙홀은 밀도가 무한대이고 중력도 커서 그 탈출 속도는 광속의 1.7배에 달한다고 했으므로 응당히 빛도 탈출할 수가 없다. 사건의 지평선에 한번 입사한 빛은 흡수만 될 뿐 반사되지는 않는다. 즉 광자가 블랙홀 내부에서 갇힌 상태가 되어버리는 것이다. 그렇다면 초기 우주는 38만 년이 지날 때까지 블랙홀의 밀도를 가지고 있었다는 이야기가 된다. 우주가 빅뱅 초기 10^{-34}초 시점에서 인플레이션의 과정을 겪고 그로부터 체적이 적어도 10^{78}배 팽창하였다는 우주 역사로 보아 38만 년이 지날 때까지 밀도가 그토록 높다는 것은 논리상 문제가 있다. 필자는 우주가 무한대의 밀도를 가지는 하나의 점으로부터 팽창을 거듭하여 수소 원자가 띄엄띄엄 산재해 있는 현재에 이르고 있는데 대한 과정을 태양에 비유하곤 하는데, 다음의 설명이 '빛이 갇힌 상태'에 대한 또 하나의 해답이 될 수 있을지 모르겠다. 태양은 핵, 복사층, 대류층이 각각의 층을 구성하여 광구를 이루고, 그 바깥은 채층과 전이 영역과 코로나로 대기권을 이루고 있다. 태양의 내부를 구성하고 있는 복사층은 핵에서 나온 에너지를 복사의 형태로 대류층까지 전달하는 구간이다. 중심핵에서부터 핵융합으로 생성된 각각의 광자는 기체 입자들과 상호작용하며 수없이 부딪치고 그 진로를 방해받아 대류층 하부에까지만 도달하는 데에도 약 100만 년의 시간을 소요하게 된다는 것이다. 거두절미하고 빛이 '내부에서 갇힌 상태'까지는 논리를 확보한 셈이다. 그렇지만 이글거리는 태양의 표면이 그대로 있다. 이 부분을 까맣게 만들 방법이 없을까?

블랙홀은 태양 질량의 20배~30배 되는 별이 초신성 폭발을 일으킨 후 중력에 의하여 슈바르츠실트 반지름 내의 영역에까지 수축하면 형성될 수 있다. 여기서 수축이란 앞에서 이미 관찰하였듯이 구성 계면 간 밀착 정도를 나타내는 것으로서 엄격하게는 원자와 원자끼리의 간격이 좁혀지는 현상과 원자핵과 원자핵끼리의 간격이 좁혀지는 현상으로 구분할 수 있다. 前者는 중력에 의한 물질 일반의 압축 또는 축소 메커니즘이고 後者는 약한 핵력에 의한 원자의 붕괴 메커니즘이다. 공학적으로 표현하자면, 前者는 원자 자체의 배열 개선이고 後者는 핵자의 배열 개선이다. 앞서 원자는 원자핵과 電子로 구성되고 원자핵이 축구장 중앙에 놓인 구슬이라면 電子는 축구장 외곽을 돌고 있는 먼지에 불과하다고 했다. 먼지가 원자의 격벽을 이루고 있으므로 먼지를 포함한 원자는 그토록 공허하다는 말이다. 블랙홀이나 중성자별의 언급에서 자주 붕괴라는 단어가 나오는데, 붕괴를 설명하기에는 필자의 머리가 원자처럼 너무 비어 있다. 따라서 그 작용 기제는 패스하고 결과만을 설명하자면 축구장 주변의 먼지가 가라앉고 그 체적이 축구장 중앙에 놓인 구슬만으로 구성되는 상태, 즉 전자구름이 제거되고 원자핵끼리만 뭉치는 상태가 곧 붕괴의 결과라는 뜻이다.

별이 연속적으로 핵융합을 일으키면 그 별은 수축하여 밀도는 점차 커져만 가는데 밀도가 어느 한계에 도달하면 이제 원자들도 짜부라져 電子들이 내부의 중력에 대항할 수가 없을 정도가 된다. 척력이 해제된다는 뜻이다. 척력, 즉 원자핵과 電子 사이에 서로 미는 힘이 해제되면서 각각의 電子가 양성자와 융합하면 양성자는 전기적으로 중성이 된다. 원자핵의 양성자가 중성자로 변하고 원자의 크기는 이제 운동장의 크기에서 구슬 크기로 짜부라진다는 뜻이다. 그 결과가 곧 중성자별의 탄생이다. 중성자별은 밀도가 엄청나게 커서 사실상 하나의 균질적인 원자핵과도 같다. 이때부터는 강한 핵력의 작용만으로 중력에 대항하면서 더는 붕괴하지 않고 별의 형태를 유지한다. 그것은 곧 물질을 이루는 구성 성분의 간극이 완전히 제거되고 무한대의 밀도가 형성될 수 있다는 뜻이다. 참고로 지금처럼 원자들이 짜부라진다는 표현이 대두되면 우리의 상상에는 원자를 최소 탁구공만 한 크기로는 확대할 필요가 있다. 그 중심에 먼지보다도 더 작은 핵을 상상하면서 말이다. 우리의 지각기능에서 운동장은 너무 크다. 탁구공이 짜부라져 먼지보다도 작은 하나의 점이 될 수 있는지, 그 점들이 모여 완전히 밀착한다면 밀도가 어느 정도일지 생각해보자. 대체로 원자 붕괴에 대한 설명들이 여기까지다. 그러나 원자핵의 밀도는 얼마인지, 그것이 왜 무한대로 형성될 수 있는지에 관하여는 필자의 지력이 한계에 도달했으므로 설명할 수가 없다. 필자가 나름대로 정의를 내린다면 원자핵은 궁극의 점이다. 궁극의 점은 밀도를 특정할 수가 없다. 3차원 존재로서 지구인이 규정하고 있는 최종 한계를 넘어설 수 있다는 의미이다. 질량이 어느 한계 이상인 천체가 수축하여 밀도가 무한대에 이르면 강한 핵력도 무력화된다. 모든 것의 억제력이 무너져버리는 것이다. 그 결과로 천체 내부는 우리의 지각으로는 도저히 상상할 수 없는 특이점(singularity)이라는 상태에 도달하게 된다. 이때 천체 구면의 최소 반지름이 슈바르츠실트 반지름이다. 이때의 중력은 빛의 탈출 속도를 제어할 정도가 되므로 태양 플레어는 물론 빛과 복사에너지까지도 오직 빨아들이기만 할 것이다. 태양 질량에서 슈바르츠실트 반지름은 약 3km이다. 즉, 우리의 태양은 반지름을 3km로 축소할 경우 블랙홀이 된다는 뜻이다. 지금까지의 이야기를 종합해 보면 빛의 탈출속도는 그 천체 질량에 비례하지는 않는 것으로 보인다. 슈바르츠실트 반지름을 만족하는지의 여부, 곧 천체의 밀도가 중력을 지배하고 있다.

홍염 중에서도 플레어에 수반되는 폭발성의 홍염은 그 속도가 놀랍도록 빠르다. 어떤 동영상은 홍염의 발생에서 소멸까지의 과정에 시간을 함께 표시한 것이 있는데 거대한 홍염의 확산 속도가 그야말로 가히 폭발적이다. 폭발적 압력에 의하여 불꽃 하나가 그 직경만으로도 12,756km나 되는 지구를 눈 깜짝할 사이에 완전히 삼켜버릴 정도다. 그 정도 되려면 폭발 압력이 엄청날 것이다. 원자폭탄, 수소폭탄 할 것 없이 지구에 있는 폭탄이란 폭탄을 한꺼번에 터트린다고 해도 홍염에서 삐져나온 하나의 불꽃에도 견주지 못할지도 모른다. 이때 만약 소리도 빛처럼 매질이 없이도 전달된다면 우리의 고막은 남아 있지도 않을 것이다. 어디 태양뿐인가? 우주 전체에서 폭발의 굉음은 쉴 새 없이 터져 나올 것이다. 홍염의 폭발 거동은 지구인의 상식으로는 이해할 수 없는 부분이 있다. 파장도 아닌 물질로 구성되는 유체의 이동 속도가 어떻게 그토록 빠르냐는 것이다. 다만 지구에서의 폭발은 거의 지구 대기권 내에서 이루어지므로 그 파편이나 화염이 대체로 무거운 질소와 산소로 이루어진 지구 공기층의 저항을 받는다. 반면 홍염의 폭발 거동에 있어서 태양 대기층은 지구와는 상대적으로 가벼운 수소와 헬륨으로 구성되고 태양 표면의 단위 밀도가 낮아 그 압력은 지구 대기압에 비하면 미미할 정도로 낮다. 따라서 지구에서보다는 대기 압력의 저항을 훨씬 적게 받는 것으로 보인다. 그렇다면 여기서 11.2km라는 지구의 탈출 속도와 상대적으로 큰 618km나 되는 태양의 탈출 속도가 오버 랩(Over lap) 되는데, 필자의 정의대로 구분하자면 탈출 속도는 중력에 대응하는 동작이고 폭발 거동은 대기 밀도에 대응하는 동작이라고 해둘까 한다. 더 이해할 수 없는 것은 홍염 중에는 때로는 태양의 중력권으로부터 탈출하는 것도 있다는 것이다.

바다에서 사람이나 바다 동물이 상처를 입고 피를 흘리게 되면 언제 나타났는지 피 냄새를 맡고 나타난 상어에게 공격당하는 내용을 영화나 TV에서 종종 볼 수가 있다. 홍염을 이야기하다가 난데없이 웬 상어냐고? 상어는 원래 그렇게 나타난다. 상어는 1㎞ 떨어진 곳의 피 냄새를 즉각적으로 맡을 정도로 후각이 발달한 바다짐승이다. 그런데 상어가 피 냄새를 즉각적으로 감지하기 위해서는 정작 상어의 후각기능보다는 액체만으로 구성된 바닷물 속에서 피 성분의 확산 속도가 그토록 빨라야 한다는 전제가 필요하다. 우리가 어떤 냄새를 코로 감지한다는 것은 그 냄새를 일으킨 물질의 분자가 허공을 타고 날아와서 우리의 후각기관에 직접 닿아 발생하는 원리이다. 바람이 불어오는 쪽에서 나는 냄새가 우리의 후각에 더 쉽게 감지되는 까닭은 바로 이러한 원리 때문이다. 액체의 확산 속도나 바닷물의 조류가 기체의 확산이나 바람보다는 느리다는 것은 우리가 상식적으로 잘 알고 있는 사실이다. 그러나 상어는 귀신같이 나타난다. 그것은 상처에서 흘린 한 방울의 혈액분자가 그 너른 바다 전체에 퍼져나가는 속도가 그토록 순식간에 일어난다는 뜻일 것이다. 피 한 방울이 상어가 있는 위치까지를 반경으로 그 넓은 바다 속에 전 방위로 퍼져나가기 위해서는 그것을 구성하는 분자의 수도 수거니와 상어에게 전달되는 피 냄새의 확산 속도를 필자가 이해할 수 없듯이 홍염의 거동 또한 얼마나 빠른지 도무지 이해할 수가 없다.

거리가 가까울수록 물체의 크기는 커져 보인다. 그러나 망원경으로 무언가를 본다는 것은 피사체와의 거리를 단축하여 보는 것이 아니고 단지 피사체의 크기를 확대하여 보는 것이다. 거리가 단축되지 않는 이상 확대할수록 크기가 커지는 대신 해상도는 떨어진다. 반대로 만약 크기는 고정된 상태에서 거리가 가까워진다면 해상도는 높아져야 할 것이다. 태양과의 거리가 가까워질수록 태양의 크기는 커져 보이고 태양과의 거리가 가까울수록 물체가 받는 복사온도 또한 높아진다. 그렇다면, 해상도가 떨어지지 않는 상태라면 태양의 보이는 면적이 클수록 복사열의 온도는 높아질 것이다. 볼록렌즈로 태양의 상(像)을 통과시켜 종이에 불을 붙일 수 있다. 이 경우에도 배율이 클수록, 해상도가 높을수록 성능이 우수하다. 다만 이 경우에는 태양의 거리를 단축하는 것이 아니고 태양의 크기를 확대하는 것도 아니다. 이 경우에는 오히려 크기를 축소한다고 할 수가 있다. 태양의 상을 볼록렌즈로 통과시켜 하나의 점으로 축소하여 얻는 결과이다. 그 점은 작고 뚜렷할수록 그 효과는 크다. 볼록렌즈의 전체 면적에 입사되는 열을 보다 작은 면적에 가하면 그 값이 집중됨으로써 얻는 결과인 것이다. 이 원리는 물리학에서는 물론이거니와 수학과 경제, 건축, 심지어 우리의 심리에까지 널리 통용될 수 있는 진리이다. 우선 필자와 직업적으로 관련이 있는 건축에서의 활용을 든다면, 면적당 작용력, 곧 작용력의 집중이라고 할 수가 있다. 넓게 등분포로 작용하고 있는 하중을 완전히 한 점으로 집중시킨다는 뜻이다. 주어진 힘과 힘을 받는 면적의 관계는 서로 반비례한다. 작용하는 하중이 일정하다면 면적이 클수록 하중은 넓게 분산되므로 어느 지점에서 받는 하중은 그만큼 줄어들 것이다. 하중을 분산하면 면적이 넓어질수록 단위 면적당 하중은 감소한다. 즉, 어느 넓이의 평면에 등분포로 가해지는 하중을 보다 작은 면적에 가하면 하중이 그만큼 집중된다. 우리가 뭔가를 집중하여 생각할수록 그 생각은 깊어지고 이것저것 넓게 생각할수록 집중할 수가 없다. 페인트를 바를 때는 우선 바를 면적을 고려해봐야 한다. 페인트 딱 한 통으로 벽면 전체를 바르면 그 색상이 엷어질 수밖에 없다. 그러나 면적을 줄일수록 선명한 색상을 얻어 낼 수가 있을 것이다. 실례를 든 것이 조금은 설렁했던 것 같다. 내친김에 설렁한 분위기를 계속해본다면,

네트워크상에서 부유하는 어느 자료를 참고하고, 필자가 두루 섭렵한 관련 텍스트를 망라하여, 우주의 지름은 10^{28}**(10의 28승)**cm이고 우주의 부피는 10^{85}**(10의 85승)**㎤이다. 우주의 전체 질량은 10^{56}**(10의 56승)**그

램이며 우주에 존재하는 전체 광자의 수는 10^{90}(10의 90승)개이다. 가장 낮은 온도, 즉 절대영도는 -273.15℃, 가장 높은 온도는 1.42×10^{32}(10의 32승)℃이다. 우주의 평균 온도는 2.735K(-270.4°C), 평균 밀도는 9.9×10^{-30}(10의 -30승)g/㎤이다. 세상에서 존재할 수 있는 가장 작은 크기의 공간은 10^{-44}(10의 -44승)m, 가장 짧은 순간은 10^{-35}(10의 -35승)초다. 모든 물질은 원자로 구성되어 있다. 보통 사람의 신체는 7×10^{27}(7×10의 27승)개의 원자로 구성되어 있고 우주에 존재하는 전체 원자의 수는 12×10^{78}(12×10의 78승)개이다. 바둑판 19×19의 격자에서 나올 수 있는 경우의 수는 무려 2.08×10^{170}(2.08×10의 170승)이나 된다고 한다. 이상은 우주에 존재할 수 있는 가장 크거나 가장 작거나 가장 극적인 값들의 실례이다. 필자는 심오한 과학을 이야기하다가도 엉뚱하게도 불쑥 한글의 낱말이나 문법으로 태클을 걸고 싶을 때가 있다. 이때는 필자의 사고가 잠시 풍자 모드로 전환된다. 방금 위첨자를 10^{28}(10의 28승)cm와 같이 괄호 속에 승이라고 표기를 했다, 여기서 '승'은 거듭제곱의 일본식 표현이다. 즉 일제 잔재이다. 반일감정이 온 나라에 물밀 듯이 격앙되고 있는 이 시점에서 굳이 일제 잔재로 단위를 표기하는 이유는 다음과 같다. 10^{28}cm에서 거듭제곱을 '승'으로 표기하지 않고 '제곱'으로 표기하게 되면 읽을 때는 10의 이십팔 제곱센티미터가 된다. 10의 이십팔 제곱센티미터로 성립되는 문자는 '10^{28}cm'와 '10의 28㎠' 두 가지다. 헷갈리지 않을 수 없다. 물론 지수가 아니라면 '10의'와 '28㎠'는 연결하여 활용되지는 않으며, 10^{28}cm를 10의 스물여덟 제곱센티미터로, 10의 28㎠를 10의 이십팔 제곱센티미터로 읽는다면 구분은 된다. 그러나 불편하다. 일본은 수학을 다만 한자를 차용한 수학적 문자로 표기하는데 우리는 수학을 구어체, 문어체를 망라하여 국문으로 표기하고 있는 셈이다. 10^{85} ㎤(**10의 85승 세제곱센티미터**)도 마찬가지다. 여기서도 거듭제곱을 승으로 표기하지 않고 제곱으로 표기하면 10의 85제곱 세제곱센티미터가 된다. 제곱과 세제곱이 동시다발적으로 연결되어 매우 불편한 상황이 연출된다. 그러한 이유로 여러분이 그렇게도 싫어하는 일제 잔재를 필자는 아직도 쓰고 있다.

태양과 지구와 당신과 나를 포함하여 우주의 물질이라는 물질은 모조리 분해하여 원자로 만들어 우주 전역에 골고루 배분한다면 단위 체적당 원자의 개수는 얼마나 될까? 이것이 우주 평균 물질의 개념이다. 우주의 밀도는 인간이 지구에서 만들 수 있는 진공 상태보다 훨씬 더 비어 있는 것으로 알려져 있다. 과학자마다 또는 문헌마다 그 계산 결과가 다른데 어떤 책에는 1㎤당 수소 원자가 1개라고 하고, 어떤 책에서는 1㎥당 수소 원자 5개라고 기술하고 있다. 여기서는 그 어떤 값을 수용하더라도 우리는 그저 공허하다는 표현만 할 수 있을 뿐이다. 이 값들이 평균 밀도라면 우리 눈으로 보이는 저 수많은 별들은 그렇다면 무엇인가? 별들은 분명 물질로 이루어져 있다. 저 많고도 많은 별들의 원자를 우주에 골고루 배분한다고 해도 1㎥당 겨우 5개의 원자일까? 이 질문에 대하여 필자는 "그렇다!"라고 자신 있게 답하기로 했다. 우주에 존재하는 전체 원자의 수는 우주 반지름 465억 광년을 역산하여 12×10^{78}개라는 숫자로 이미 우리에게는 대세의 여론으로 조성되어있을 뿐만 아니라 우주는 우리가 생각하는 것보다는 워낙 크고 넓기 때문이다. 다만 ㎤당 1개와 ㎥당 5개라는 값이 차이가 워낙 크기 때문에 필자는 이 책의 저자라는 직권을 남용하여 다음과 같이 정리해 두기로 했다. '1㎥당 수소 원자 5개는 전체 우주에서 천체를 뺀 허공의 평균이고, 1㎤당 수소 원자 1개는 천체와 허공을 망라한 우주 전체의 평균이다!' 그러나 그 어떤 값도 전체 우주에서는 별 의미가 없다. 우주의 질량은 불변한 데 공간의 확장은 빛의 속도를 넘어 넓어지고 있기 때문이다. 특히 우주가 구의 형상을 이루고 있다면 그 체적은 외곽으로 갈수록 지수 함수적으로 넓어지고 있다. 따라서 지금 시점에서 우주의 평균 밀도를 규명한다는 것은 참으로 무모하고도 무의미한 행동이 아닐 수 없다.

우주의 반지름은 465억 광년, 아니 그 이상이라는 가설이 있다. 앞에서 살펴본 우주에 존재하는 전체 원자의 수(12×10^{78}개)가 사실이라면 전체 원자 수를 우주의 체적(10^{85}㎤)으로 나누어보면 우주의 평균 밀도를 금방 알 수도 있겠지만 다음과 같은 좀 더 세속적인 계산법을 적용하더라도 텅 빈 우주를 메우기에는 우주가 너무나 넓고 공허하다. 각각의 은하는 우주에서도 특별하게 천체들이 밀집한 부분이다. 그중에서도 태양계와 같은 항성계는 항성과 행성, 소행성과 혜성 등으로 구성된 더욱 밀집한 부분이다. 현재까지 인간이 만든 물체의 속도로는 가장 빠른 속도(17km/sec)로 질주하고 있는 보이저 1호와 2호. 이 두 대의 무인 우주선이 40년의 긴 세월을 날아가서야 다다른 곳이 겨우 태양계의 끝자락이다. 참고로 총알의 속도가 초당 1km가 채 되지 않는데 총알보다도 대략 열일곱 배는 빠르게 40년을 날아갔으나 점점 더 허공만 펼쳐질 뿐 거기에는 아무것도 없다. 그나마 우주에서 천체가 밀집한 부분이 이 정도라는 것이다. 하늘에 반짝이는 모래알처럼 많은 별도 그 하나하나 사이의 거리는 최소한 광년 단위이다. 예를 들어 지구에서 3광년의 거리에 별이 하나가 있다고 가정하자. 지구를 중심으로 반경 3광년에 해당하는 공간의 체적을 구할 수가 있을 텐데, 그 값은 대략 $V=3\times4/3\pi r^3$=113광년³(세제곱광년)에 해당한다. 즉, 113세제곱광년 속에는 별이 하나밖에 없다는 뜻이다. 물론 별 하나에는 수많은 행성과 소행성들도 딸려 있겠지만 태양계의 경우를 보더라도 항성 하나의 밀도에 비하면 전체 행성의 밀도 총합은 그야말로 미미한 정도일 것이다. 113세제곱광년이 얼마나 공허한 것인지 개념을 알려면 우선 광년이 얼마나 먼 거리인지를 알아야 한다. 지구와 가장 가까운 별인 '프록시마 센타우리'까지가 4.2광년의 거리인데 위 보이저호의 속도로 무려 7만 년이 걸린다.

현상이 상식과는 거리가 있을 때 우리는 그것을 신비하다고 표현을 한다. 신비하다는 낱말 속에는 이해할 수가 없다는 뜻이 내재하고 있다. 우리는 지극히 과학적이라고 생각되지만, 너무나 비과학적이거나 비상식적인 현상들이 매우 과학적인 논리로 분포하고 있는 분야가 또한 우주라고 생각한다. 앞에서 고찰해 보았지만 속도가 증가하면 질량도 증가하고 광속에서는 질량이 무한에 도달해야 하므로 빛보다 빠른 속도는 있을 수가 없다고 했다. 다만 이 말은 공간 방향의 속도를 말한다. 빛의 속도에서는 시간이 멈춘다고 했으니 공간 방향에서 빛의 속도 초당 30만 km라는 숫자는 시간 방향으로는 0이라는 뜻이다. 시간과 공간을 오직 방향성으로만 본다면 어떤 물체가 갖는 시간과 공간 속도의 합, 즉 시공간 속도의 합은 언제나 빛의 속도(c)를 가진

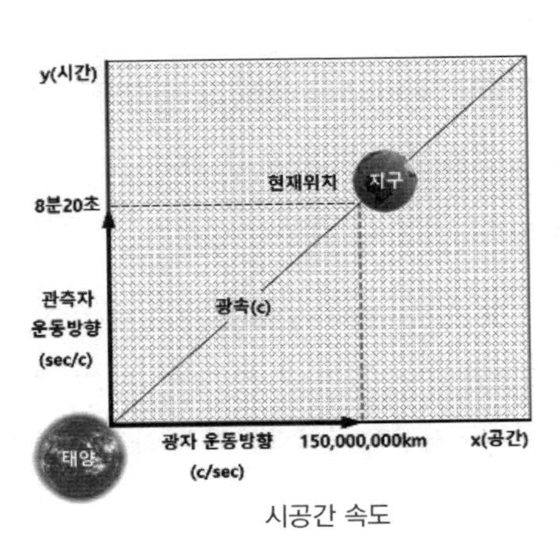

시공간 속도

다. 즉, 공간을 x축으로, 시간을 y축으로 하는 시공간 좌표상으로 보면 지구상에 가만히 있는 우리는 공간 방향인 좌에서 우로는 움직이지 않고 있으나 시간 방향인 아래에서 위로는 빛의 속도로 진행하고 있다는 이야기이다. 우리가 공간적으로 한자리에서 꼼짝하지 않는다고 하더라도 시간상으로는 빛의 속도로 내달리고 있다. 산이나 들판에 우뚝 솟아 있는 바위도 공간적으로는 움직임이 없으나 시간상으로는 빛의 속도로 움직이고 있다. 우리가 태양을 본다는 것은 8분 전을 보는 것이라고 이해들 하고 있다. 태양 빛이 1억 5천만 km를 날아오는 동안 8분이라는 시간의 소비가 동시에 일어난다는 것이다. 그것은 빛이 시간과 공간을 동시에 날아와 동시에 우리의 시야에 포착된다는 뜻이다. 1초당 30만 km라는 공간적 속도와 30만 km당 1초라는 시간적 속도가 동시에 움직인다는 의미이다. 필자가 보기에 그것은 우리의 착각이다. 광속에서 시간이 정지한다면 8분이라는 시간의 흐름이 있을 수가 없다. 8분이라는 시간은 빛이 진행하면서 소비하는 시간이 아니라 관측자인 우리로부터 발생하는 운동 시간이다. 즉, 우리는 물론 산이나 들에 존재하는 바위 그 실체도 30만 km당 1초라는 속도로 과거에서 현재로 움직이고 있다. 8분 전의 바위와 지금의 바위는 동시에 같은 세계에 존재할 수가 없다. 그러나 8분 전의 태양 빛은 1초당 30만 km의 속도로 시공간을 달려와서 지금의 우리와 동시에 같은 세계에서 존재하게 되는 것이다. 우리 눈에 목격되는 바위의 상은 태양 빛과 마찬가지로 1초당 30만 km의 공간적 속도로 날아오고 있다. 그사이 우리는 30만 km당 1초의 시간적 속도로 나아가고 있다. 이 설명은 여기까지다. 설명이 길어지면 난해한 문자와 함께 수학적 계산이 도입되어야 하는데 더 길게 끌다가는 필자의 본전(?)

이 다 드러날 수가 있다.^^

우리는 3차원의 공간 안에서 과거를 회상하고 미래를 추측하며 현재에 살고 있다. 하늘을 보면 3차원의 공간만 보일 뿐이고, 저 아득히 먼 곳에는 우주의 경계가 있으며, 또 어디엔가는 분명 우주의 중심이 있을 것으로 느껴진다. 그러나 실제 우주는 4차원의 시공간으로 휘어져 있고 중심도 경계도 없다. 우리의 눈에 우주가 4차원의 시공간으로는 보이지 않고 3차원 공간으로만 평탄하게 보이는 것은 3차원의 존재로서 인간이 가지는 시각적 한계 때문일 것이다. 그럼에도 좀 더 진보된 우주 이론에서는 심층 우주가 11차원까지로 구성되어 있다고 하는데, 고작 4차원을 이해할까 말까 하는 3차원의 존재인 우리가 과연 11차원을 어떻게 이해할 수 있겠으며 도대체 그것을 생각해낸 사람은 3차원을 벗어나 보기나 했는지 궁금해진다. 지금 필자의 행동으로 견주어보건대 상상력은 끝이 없고 자신의 능력과는 무관하게 펼칠 수 있는 것이 또한 우리의 사고체계가 아닌가 생각해본다. 사람의 두뇌 활동을 전담하는 대뇌피질의 신경세포 수는 대략 140억 개로 이루어져 있는데 우리는 그중에서 약 5%만 두뇌 활동에 사용하고 있다고 한다. 사용되지 않고 있는 그것은 곧 우리의 잠재능력이며 우리의 잠재능력은 거의 무한에 가깝다는 뜻이다. 사춘기 시절, 필자는 자신이 이 세상에 태어난 이유에 대해 심각하게 의문을 가지고 고민한 적이 있다. 차제에 폭로하건대, 당시 필자는 학생 신분으로 술집을 드나들기도 하고, 또래들과 어울려 기타와 야전(**야외 전축**)을 메고 거리를 배회하는 등 불량학생으로 학창시절을 보냈는데, 그 텅 빈 머리로 무엇을 얼마나 깊게 생각을 했었겠느냐마는 당시 제기한 의문들은 인생의 황혼기에든 지금도 변함없이 신비하고 궁금할 따름이다. "나는 왜 태어났을까? 목적도 없이 우연히 만들어진 섹스의 부산물인가?" "수억의 정자 중에서 하필이면 '나'라는 정자가 난자에 투입되었을까?" "신은 존재하는가? 인간은 과연 신이 만들어 놓은 창조의 결과물인가?" "우리가 죽으면 어디로 가는가? 사후 세계는 존재하는가?" "나의 인생은 본래 나로부터 존재하는 것이 아니고 차원이 다른 어떤 존재자가 꾸고 있는 한편의 꿈이 아닐까?" "나의 일생은 이미 어떤 형태로 프로그램되어 있고 그 프로그램에 따라 실천되고 있는 것은 아닐까?" 좁고 텅 빈 머리에 감당할 수 없는 생각들이었지만 위의 의문 중에서 일생이 어떤 형태로 프로그램되고 그 프로그램에 따라 실천되고 있다는 생각은 지금 생각해도 참으로 기발한 것 같다. 종교계의 창조 원리에 편승하여 만일 창조주가 자신을 모델로 하여 인간을 만들었다고 치자. 인간을 창조하는 과정에서 지적 능력이 5%만 작동되도록 조절해두었다면, 그리고 어느 시기에 인간 스스로가 그 여분을 전부 사용할 수도 있다면 우리의 IQ는 현재 약 100의 수준에서 대략 2천을 상회 할 것이고, 그렇게 되면 11차원을 이해하는 정도가 아니라 차원을 조절하고 이용할 수 있는 능력이 되지 않을까? 따라서 종국에 이르면 우리는 곧 길이요, 진리요, 생명일지도 모르는, 그 까마득한 경지에까지 다다를 수 있을지도 모른다.

과학의 발견은 진보적이며 또한 언제나 진행형이다. 더 넓거나 더 거대하거나 더 작은 방향으로 진행하고 있고 또한 더욱 명확해지는 쪽으로 진행하고 있다. 우주의 나이가 언젠가 6천 년에 불과한 시절도 있었고, 수천만 년이었던 시절도 있었다. 불과 수십 년 전만해도 우주의 나이는 한때 80억 년과 120억 년, 137억 년을 거쳐 지금은 137억9800만±3700만 년이다. 여러모로 보나 과연 우주는 급속히 팽창하고 있다. 지구의 크기는 한때 평면이었고 우주는 반구의 뚜껑처럼 생각되던 시절이 있었다. 그러다가 천동설과 지동설을 거쳐 오늘날 우주의 규모는 그 반경이 수백억 광년에 이르고 있는데, 그 또한 점점 넓어지는 쪽으로 역사는 흐르고 있을 뿐이다. 양자역학이라는 학문이 대두되면서 물질은 분자로, 분자는 원자로, 그 작은 원자는 또다시 쿼크나 렙톤으로, 힉스나 타키온으로 면도날이 가해지고 있다. 여기서 면도날을 꺼내 드는 것은 정말 용감하기 짝이 없는 행동이다. 면도날이 아무리 예리해도 쿼크는커녕 원자도 자를 수 없다. 면도날 자체가 수많은 분자와 원자로 이루어져 있기 때문이다. 앞서 원자의 크기에 대해 살펴보았지만, 그 예리한 면도날도 원자 단위에서 보면 무디다 못해 구멍이 숭숭 뚫려있는 입방격자라는 구조를 이루고 있다.

로마네스코 브로콜리(Romanesco broccoli)에 나타나 있는 프랙탈 |©TraduzioniTecniche, 출처: Pixabay

소립자들의 등장은 그 입자를 현미경으로 발견하여 얻는 것이 아니라 주로 과학자들의 상상력과 계산에서부터 얻어진다. 일례로 원자는 현미경이 발견되기도 전 고대 그리스 철학자의 상상 속에서 발견된 후 오늘에 이르고 있다. 어느 우주 이론에서(더 정확히는 어느 과학자의 상상력에서) 우주는 그 형상에 있어서 프랙털(자기유사성)의 구조[2]로 이루어져 있다고 한다. 우주 속에 우주가 있고, 우주 밖에 우주가 있을지도 모른다는 것이다. 나의 모습, 나의 행동, 나의 생각… 나의 일거수일투족이 프랙털의 구조로 구현되고 있다면 어디엔가 분명 거대한 내가, 또는 미시의 내가 따로 존재할지도 모른다.

우주에는 수천억 개의 은하가 있고, 각각의 은하에는 또 수천억 개의 항성이 있으며, 각각의 항성은 수많은 행성을 거느리고 있다. 그 행성들의 숫자는 대략 지구상의 모든 백사장에 있는 모래알을 전부 합친 숫자보다도 많다. 하물며 다중우주이론에 따르면 우리 우주는 또 다른 전체(全體)의 극히 일부에 지나지 않을지도 모른다. 그토록 광막하기 짝이 없는 우주의 일부에서 모래알보다도 많은 행성, 그 많은 행성 중에 하필이면 지구에만 생명체가 살고 있을까? 최근 외계 생명체에 대한 관심이 높아지면서 사람이 우주선 속에서 대를 이어가면서 우주를 여행한다는 프로젝트를 언젠가 NASA에서 발표한 적이 있다. 이른바 '100년 스타십 프로젝트(The 100 year Starship project)'로서 100년 동안 대를 이어 가면서 혹시나 있을지도 모를 지적 생명체를 막연하게나마 찾아 나선다는 것인데, 과연 태양계를 벗어나서 우주를 얼마나 멀리까지 갈 수 있을지 의문이 앞선다. 앞서 언급이 있었지만 1977년 지구에서 발사되어 40여 년째 항진을 계속하고 있는 보이저 1호와 2호는 현재 초속 17km의 빠른 속도로 마침내 태양계를 벗어나 심층 우주를 향하고 있는데, 여기에는 외계인과 조우할 경우를 대비해 지구인의 영상과 메시지까지 탑재하고 있다. 그러나 태양계에서 가장 가까운 별인 프록시마 센타우리까지 가는

데도 현재의 속도로는 7만 년 이상 걸린다. 속도에 혁신을 기하지 않고서는 외계 생명체가 존재한다고 하더라도 우리와 만날 수 있는 날이 그리 가깝지만은 않을 것이다. 지구에서 생명의 기원은 대략 40억 년쯤 된다. 지구가 생겨나서 약 6억 년쯤 뒤부터 단세포의 생명체가 출현하기 시작했다는 뜻이다. 현생인류의 출현이 짧게는 20만 년, 길게는 300만 년 정도 되지만 인간이 전파를 발견하여 이를 통신수단으로 활용한 것은 최근의 일로서 고작 100년쯤 된다. 처음 송출한 전파부터 시작하여 인간이 송출한 전파가 우주로 동심원을 그리면서 나아간 반경이 최대 100광년이라는 뜻이다. 우주의 반경 465억 광년은 차치하고라도 약 10만 광년이라는 우리은하의 규모에 비추어보더라도 100광년은 무시할 수 있을 만큼 작은 숫자다. 그러나 138억 년의 장구한 역사를 가진 우주의 생성 과정에서 플랑크 단위라는 찰나의 시간이 우주의 미래를 결정할 수 있다는 사실을 고려하면 100광년이 절대 무시할 수 없는 숫자이기도 하다. 만약 지구를 중심으로 100광년 이내에 문명이 발달한 지적 생물체가 살고 있다면 우리가 송출한 전파를 수신할 수가 있었을지도 모른다. 우리가 보낸 전파를 맨 처음 수신한 그들은 또 다른 어느 행성에서 외계의 전파를 탐색하던 펜지어스와 윌슨[3]일지도 모른다. 우주는 너무나 거대하지만, 그 구성 하나하나는 너무나 미세하게 이루어지고 있다. 태초에 우주는 확률적으로 무한대 분의 1이라는 결코 이루어질 수 없는 확률, 즉 탄생할 확률이라고는 全無한 상태에서 우주는 기어코 탄생하게 된다. 그처럼 희박한 확률은 우주의 탄생뿐만이 아니다. 생명의 기원이라든가 심지어는 현재의 우주, 동일 시공간에서 외계 생명체와 만날 가능성 또한 어쩌면 무한대 분의 1이라는 희박한 확률을 요구받고 있을지도 모른다. 그런데 필자는 방금 '그처럼 희박한 확률'이라고, 확률에 대해 뭔가 아는 듯이 떠벌리고 말았다. 우주의 탄생 확률이 무한대 분의 1이었다는 사실은 저명한 과학자들이 노래처럼 부르고 있는 논리이며 이론이다. 우리는 그들의 말을 믿고 그 사실이 진리인 양 받아들이고 있다. 확률이란 이를테면 백분율이라든가 어떤 수치 안에서 도출해내어야 하는데, 우주가 탄생하기 전에는 그 어떤 사람도 그 상황을 무의 상태라고 말한다. 그 상황이 정녕 무의 상태라면 확률의 산식을 구성하는 분모가 0이라는 뜻이다. 즉, 무한대 분의 1이 아니라 0분의 1이라는 뜻이다. 하물며 아무것도 비교될 수 없는 무의 상태에서 어떻게 확률을 구해낼 수가 있는가?

지구인의 문명이 언제까지 계속될지는 모르겠으나 짧으면 수백 년일 수도 있고 수천 년일 수도 있다. 소행성 충돌, 지구온난화, 핵폭탄 등 벌써부터 지구 위기설이 만만치 않게 보고되고 있는 가운데 지구는 인간이 생활할 수 있는 환경으로서 점점 그 한계에 가까워지고 있다. 지구상에서 인류가 장기적으로 정주할 수 있는 지역을 외쿠메네(Ökumene)라고 하고 정주 불가능 지역을 안외쿠메네(Anökumene)라고 한다. 외래어이지만 우리말을 혼합해서 생각해보면 외쿠메네와 외쿠메네가 아닌 것('안'외쿠메네)이 참 절묘하게 짝을 이루고 있다. 지구표면의 해양을 포함하여 사막·고산지대·동토·극지부근의 빙설지대를 제외한 약 87% 가량이 외쿠메네에 해당되는데 인구의 증가율에 비추어 볼 때 외쿠메네의 확대가 시급히 요구된다. 만약 그대로 방치한다면 지구에서는 이제 전 지역이 도저히 정주가 불가능한 지경에까지 도달하게 될지도 모른다. 인간이 새로운 터전을 찾아 지구를 떠나야 한다는 생각, 화성이나 다른 행성을 테라포밍(Terraforming)한다는 생각은 진보적인 발상이다. 테라포밍(Terraforming)이란 지구가 아닌 다른 행성을 인간이 정주할 수 있도록 지구 환경으로 바꿔놓는 작업을 말한다. 그 방법은 동토의 화성을 따뜻한 환경으로 바꾼다는 점에서 역설적이게도 지구의 온난화 과정을 화성에서 그대로 재현시키는 것이다. 이를테면 화성 환경을 자연 그대로 두지 않고 인위적으로 심각하게 파괴한다는 이야기가 된다. 인류가 발생 이래로 지구라는 하나의 정착지에서 정주해온 기간을 감안할 때 전파를 송출하는 기간 즉, 그 문명이 전파를 활용할 정도로 발달한 상태가 유지되는 기간이 지적 생명체의 전체 존재 기간에 비한다면 그리 길지는 않을 것이다. 전파를 활용할 정도의 문명을 유지하는 기간이 곧 우주에 존재를 드러낼 수 있는 기간이라고 한다면 어느 별에서는 우리가 보낸 정보를 스쳐지나가는 자막을 읽듯이 한시적으로 읽게 된다. 어느 별에서 지적 생명체가 전파를 송출하는 기간이 길게 잡아서 100만 년이라고 해봐야 우주의 전체 역사 138억 년에 비교한다면 아주 짧은 순간에 지나지 않는다. 더군다나 우리의 존재를 우주 전역에 송출할 수 있는 기능은 고작 100년이었으므로 100년은 우주 역사에서 찰나의 순간에 불과할 뿐이다. 우리에게 있어서 빛과 전파, 즉 전자기파는 대자연이 꼭꼭 숨겨둔 것을 인간이 어느 날 찾아낸 자연 중에 일부다. 이처럼 인간이 우주의 대자연에 대해서 발견해내거나 완전히 알아내어 그것이 곧 진리라고 받아들이고 있는 것은 암흑물질과 암흑에너지를 상기해보더라도 전체 자연 원리의 5%에 불과하다. 아직도 발견하지 못한 것이 95%나 된다는 말이다. 그렇다면 전파 말고도 우리가 발견하지 못한 또 다른 전달수단이 있을 수도 있고 또 우리는 알 수 없으나 여타의 지적 생물체에게만 인지되는 그 어떤 메커니즘이 존재할지도 모른다. 실제로 초음파는 돌고래나 박쥐 등 극소수 동물의 인지기능일 뿐 인간의 신체로는 인지할 수 없는 전달기능이다. 가시광선 외의 전파나 자기파, 초음파는 인체 기능으로는 인식되지 않는 전달수단이지만 어쩌다가 우리가 용케 발견하여 유용하게 써먹고 있는 분야인 것이다.

끝없는 우주, 모래알처럼 많은 별 속에서 한낱 먼지보다도 더 작은 지구. 그 속에서 살아가고 있는 우리는 너무나도 보잘것없다. 그러나 우주를 구성하는 것은 작은 원소에서부터 출발하고, 먼지가 모여 우주를 이룬다. 인류 역사상 우주를 향해 수많은 탐사와 조사가 이루어졌지만, 현재까지 바이러스와 같은 하찮은 미생물 하나 발견하지 못했다. 만일 어느 행성에서든 또는 여타의 소행성에서든 미생물 단 한 개체만 발견하더라도 우주 과학에서 역사가 재조명되는 위대한 발견으로 기록될 것임은 자명하다. 저 수많은 별 중에서 우리 눈에 지구의 생명체가 유일한 것은 끝없이 광활한 우주에 비추어 우리는 너무나 좁은 영역에서 먼지처럼 부유하면서 살고 있기 때문일 것이다. 현재까지 지구인이 목적한바 우주 탐사의 역사를 돌아본다면 인간이나 동물을 차치하고라도 이 세상의 모든 생명, 심지어는 미생물과 세균까지도 그 얼마나 고귀한 존재인가? 주로 생명체는 별 주위의 너무 멀지도 너무 가깝지도 않은 적당한 위치에 속한 '골디락스'라는 영역에서 발생 가능한데, 최근 우주관측장비의 눈부신 발달과 함께 다양한 별들의 골디락스 영역에서 지구와 닮은 행성들이 속속들이 발견되고 있다. 필자가 단언하건대, 우리가 현재 우주에 존재한다는 사실만으로도 우주 어딘가에는 우리 말고도 지적 생명체가 분명히 존재할 것이다. 그러나 아인슈타인을 현재의 우리가 만날 수 없듯이 시간상 또는 공간상 여러 가지 사실들이 우리의 만남을 제약하고 있을지도 모른다. 우주 탄생 후 유구한 세월 동안 그들과 우리 사이에 서로 생명이 발생하고 소멸해가는 시기가 다를 수도 있고, 전자기파의 기능에 있어서 시간적 한계가 우리 사이의 대화를 막고 있을지도 모른다. 또 한편으로는 우리와 그들이 각각 차원을 달리하여 서로 다른 세계에서 존재하고 있을지도 모르고, 우리는 그들을 볼 수가 없으나 그들은 우리를 보고 있을지도 모른다. 우리의 정신이 진화하고 과학이 궁극에 다다르면 언젠가는 모든 것을 극복하게 되는 날이 올지도 모른다. 그리하여 시공을 초월하는 좀 더 빠른 우주선이 개발되거나 우주의 다차원을 이용하여 언젠가는 그들을 만날 수 있는 날이 오기를 기대해 본다.

생명과 유동에 관하여

:: 생명

우리가 만약 먼지라면, 먼지라는 그 작은 입자에 우리의 의식이 부여되어 있다면 우리의 일거수일투족은 무척 불편할 것이다. 행동은 의지에 따르지 않음은 물론, 나의 몸은 오직 바람 가는 곳으로 흘러갈 뿐이다. 생명체 중에는 플랑크톤처럼 물이나 공기의 부력에 의존하면서 먼지처럼 부유하는 생물체가 있다. 과연 그들에게도 의식이 있을까? 아마 우리와는 다른 방식의, 의식으로 간주되는 뭔가가 있을지도 모른다. 먼지는 바람을 타고 나부끼고 지구는 태양의 중력과 관성에 의존하여 태양주위를 돈다. 지구를 포함한 태양계는 우리 은하의 주변을 돌고 있고, 우주에는 중심이 없고 끝도 없으므로, 은하는 어딘가로 하염없이 날아가고 있다. 우리가 그것을 팽창의 원리라고 이야기하듯이 모든 것의 움직임은 물리법칙이나 어떤 원리에 따라 작동하고 있는 것으로 생각한다. 우주적 규모로 볼 때 지구는 먼지 입자 하나보다도 작다. 먼지가 바람을 타고 떠돌듯 현재의 우리는 지구라는 먼지를 타고 우리의 의지와는 상관없이 우주 어딘가에서 하염없이 떠돌고 있다.

우리는 때때로 인생이란 무엇일까 하고 묻는다. 어떻게 살아야 할 것인지의 문제도 물론 의문이지만, 가끔 인생 그 존재 자체가 궁금한 때가 있다. 인생은 철학의 범주에 들고 생명은 과학의 범주에 든다. 그러나 생명이 과학의 범주라 할지라도 질문의 꼴에 따라서 철학적인 경우가 있다. 생명의 발생 기원이라든가 발생기구 자체를 묻는다면, 그것은 과학적인 질문이라고 해도 무방하다. 그러나 생명은 과연 무엇인가 하고 그 본질에 관하여 묻고 있다면 그 물음 자체는 다분히 철학적이다. 그럼에도 불구하고 가끔 생물과 무생물의 경계가 궁금할 때가 있다. 우리가 보통 생명으로 규정하는 것은 형체가 있고, 숨을 쉬고, 생장 활동이 있는, 살아있는 것을 말한다. 그렇다면 숨을 쉰다는 것은 무엇이고 생장 활동이 있다는 것은 무엇이며 살아있다는 것은 무엇일까? 이를테면 숨을 쉰다는 것은 들숨과 날숨의 연속동작이고 생장 활동이란 대사를 통한 신체기능의 유지와 그로부터 연계되어 발생되는 체적의 변화이며 살아있다는 것은 의식을 가지고 희로애락을 감각한다는 뜻일까? 우리가 밥을 먹고 기력을 얻어 움직이는 것과 자동차에 기름을 넣고 시동을 걸어 움직이는 것이 과연 무엇이 다를까? 더 나아가서는 우리가 연명을 위하여 한 끼의 끼니를 때우는 것과 경제 사정이 별로 좋지 않은 상황에서 주유소에서 간신히 몇 리터의 연료를 주유하는 것이 과연 무엇이 다르다는 말일까? 우리의 심장이 수축과 이완의 작용으로 동맥과 정맥을 통하여 혈액을 순환시킨다면 내연기관은 피스톤의 왕복운동에 의하여 흡입-압축-폭발-배기의 4행정 사이클로 에너지를 순환시킨다. 이때 심장의 작용은 수많은 세포의 창발적 작용으로 이루어지며, 나아가서는 세포의 작용 또한 수많은 분자와 원자의 창발적 작용에 기인한다. 피스톤 역시 수많은 결정과 조직으로 이루어지고 각각의 조직은 수많은 분자와 원자로 이루어진다. 생물과 무생물의 사전적 의미로는 생물은 그 자체가 각각 살아 있는 세포이거나 각각의 세포가 유기적으로 결합하여 하나의 생명을 이루고 스스로 생활을 유지해 나가는 물체로, 동물·식물·미생물로 나눌 수 있고, 무생물은 그 자체의 생활기능이나 생명이 없는 물건으로, 세포로 이루어지지 않은 돌, 물, 흙과 책상, 컴퓨터, 가전제품, 자동차 등이 여기에 해당한다. 그러나 우리가 먹는 샘물을 생수라고 일컫듯이 물도 살아 있는 물과 죽은 물로 구분할 수도 있다. 방금 컴퓨터를 언급했지만, 인공지능의 발달과 함께 컴퓨터가 생물체로 분류되는 날이 언젠가는 올지도 모른다. 생물과 무생물의 경계도 중요하지만, 동물과 식물의 구별도 의미가 있다. 한문으로 따져보면 스스로 움직이는지 그 여부에 따라 동물과 식물이 구별되는 것 같지만, 꼭 그렇지만은 않은 것 같다. 식물도 움직이기 때문이다. 더 나아가서는 무생물도 움직임이 있거나 성장이 있다. 식충식물의 동물적 움직임은 물론이거니와 뿌리나 가지의 번식(繁殖)과 성장, 꽃가루의 브라운운동, 기체의 확산, 불꽃의 깜박임, 결정의 성장, 형상기억합금의 기억 거동, 금속의 부식성장, 취성재료가 갖는 균열의 성장까지도 분명 식물이나 무생물의 자발적인 움직임이요, 성장이다. 그렇다면 과연 생명의 범위는 무엇으로 규정해야 할까?

형체가 있는 것을 생명의 전제로 든다면 생명은 수많은 원자의 조합으로 구성되고 그 메커니즘은 세포의 생성과 소멸, 더 정확히는 끊임없이 이루어지는 원자의 조립과 분해 과정의 연속에 다름없다. 우리 신체는 대략 7×10^{27}개의 원자로 이루어져 있다. 생명체는 물론 무생물도 원자로 이루어지고, 심지어는 눈에 보이지도 않는 공기조차도 원자로 이루어지며, 이 세상에 존재한다면 그것은 원자로 이루어져 있다. 원자로 구성되는 모든 개체는 그 자체로 고정되어있지 않고 끊임없이 발생과 도태를 거듭해 간다. 원자들의 끊임없는 착상과 분리 과정의 자기조직화 현상이 곧 생명을 이루는 주체라고 할 수 있다. 그러한 측면에서 우리는 한 줄기 강물과 같은 존재이며 원자로 이루어진 물의 분자 하나하나가 군집을 이루어 완성되었다가는 사라져가는 처마에 붙은 고드름과도 같다. 인간 사회가 인간 개개인의 평균으로 이루어지고 있듯이 우리의 구성 원리는 원자들의 행동 평균에 의한 것이라고 할 수가 있다. 만약 우리의 신체가 하나의 원자로만 이루어져 있다면 우리의 육체는 그 원자 하나가 움직이는 대로 행동을 의존할 수밖에 없다. 만약 두 개의 원자로 이루어져 있다면 우리의 움직임은 원자 두 개의 평균에 따르게 됨은 물론이다. 그러한 측면에서 우리의 육체 개개인은 한 집단의 사회라고도 할 수가 있다. 원자 하나하나가 모여 이루어진 창발적 현상이 눈, 귀, 코, 입을 이루고 그것들로 하여금 보고 듣고 맡고 먹는 일을 담당하게 함으로써 신체가 생명을 유지하고 있다는 사실은 일반의 물리현상이라 치부해버리기에는 너무나 섬세하고 또 오묘하다. 방금 우리의 구성이 원자들의 행동 평균에 의한 것이라고 하였듯이 생명이 이토록 섬세하고 오묘한 것은 평방근의 원리 때문이다. 어떤 현상이 숫자로 이루어져 있거나 정량적인 분석이 가능하다면 그 결과는 평방근의 원리(**루트n의 법칙**)에 따른다. 평방근의 원리는 개체 수가 많을수록 오차율이 적어진다는 원리이다. 인간 사회가 평균으로 이루어지고 있다면 그 인구가 많을수록 평균값은 더욱 섬세해진다. 이를테면 1만 명의 인구가 군집을 이룬다면 여기에서 평균을 따르지 않는 개체는 루트 1만, 즉 100명이 된다. 만약 100만 명의 군집이라면 루트 100만, 즉 평균을 따르지 않는 개체는 1천 명이 된다. 1만 명의 인구에서는 오차율이 1%, 100만 명의 인구에서는 오차율이 0.1%라는 뜻이다. 바꿔 말하면 1만 명의 인구에서 평균값이 99%의 정밀도라면 1백만 명에서의 평균값은 99.9%의 정밀도라는 뜻이다. 우리의 정신기능에 있어서 대뇌피질의 세포 수가 많을수록 지능이나 직감력, 정신에 지배되는 여타의 감각기능이 높아진다는 사실 또한 이와 맥락이 유사하다.

혈액은 신체를 구성하고 있는 신체조직 일부이다. 동시에 혈액은 체외에서 신선도를 유지하여 또 다른 개체에게 수혈이 가능하므로 그 자체로 생명이 있다고 볼 수가 있다. 우선 나는 누구인가라는 질문을 던져보자. 나는 남들과 구별될 수 있는 어떤 형태를 유지하므로 나라는 이름으로 특정되고 있다. 나는 수많은 세포로 이루어진다. 그렇다면 나는 수많은 세포의 집합 단위이다. 형체가 있는 우리의 몸이 세포로 이루어져 있듯이 혈액도 수많은 세포로 구성된다. 혈액도 나와 마찬가지로 수많은 세포의 집합 단위이다. 그러나 혈액은 육신과는 달리 어떤 고정된 형체를 구성하지는 않는다. 다만 방금 이 말은 인간이라는 집합체의 기준에서 본 개념일 뿐 세포나 분자의 기준에서는 또 다른 설명이 필요할지도 모른다. 각각 세포 나름의 독립된 형체가 있을 수 있고 각각의 세포가 개별적으로 특성을 달리할 수도 있다. 혈액을 구성하는 세포는 혈관을 타고 흐를 수도 있고 체내에서 또 다른 세포와 세포 사이를 유리(流離)할 수도 있으며 피부조직에서처럼 한곳에 정착할 수도 있다. 이처럼 세포는 우리의 신체를 구성하며 그 자체의 생명으로 어떤 한 사람의 전체적인 생명을 이루고 있다. 각각의 세포가 집합단위를 이루어 필자라는 인간 생명체를 구성하는 것은 어떻게 보면 세포들 나름의 자구책인지도 모른다. 개별의 세포는 숙주를 통하지 아니하고서는 그 자체의 생명을 유지할 수도 없거니와 분열이나 증식도 기대할 수가 없을 것이다. 사람의 신체는 한 사람당 대략 100조 개의 세포로 이루어져 있다. 그중 하루 1,000만 개의 세포가 교체되며 1년에는 전체의 97%가 교체된다. 정리하자면 우리의 신체는 수많은 세포로 이루어져 있고 세포는 그 자체가 생명으로, 혈액 세포의 경우 비록 심장의 수축과 이완작용, 기타 물리적 힘에 의하여 조직내부 공간을 일정한 방향으로 순환하거나 또는 방향도 없이 유리하고 있지만 세포 각각의 측면에서는 어디까지나 그것은 그것들의 자발적 행동에 의한 자기조직화의 일환으로서 신체라는 거대조직을 구성하고 있다. 우리는 수많은 생명의 집합이며 엄격하게는 오늘의 나는 어제의 나와는 또 다른 개체로서 거듭 태어나고 있는 것이다.

우리가 상식적으로 생각할 때 생명으로 간주 될 수 있는 개체는 그 크기에 제한이 따른다. 우리는 중력의 법칙이나 여타 지구적 물리법칙에만 익숙해져 있으므로 '터무니없이 큰' 또는 '궁극적으로 작은' 생명체는 존재할 수 없다고 생각하는 것이다. 이를테면, 생물사적으로 볼 때 몸집이 가장 큰 육상동물은 공룡으로, 그 이상이 되면 중력의 구속으로 직립하거나, 형체를 유지하기가 어려워진다. 그러나 그러한 생각은 우리의 편견에 불과한 것일지도 모른다. 우리가 알고 있는 우주는 우주의 극히 일부분에 속한다는 것을 생각해보면 우주 어딘가에는 궁극적인 존재, 지구만 한 생명체가 존재하고 있을지도 모른다. 『장자(莊子)』의 '소요유(逍遙遊)'에 나오는 곤(鯤)과 붕(鵬)의 이야기가 있다. '저 먼 북쪽 깊고 어두운 바다에 곤(鯤)이라는 커다란 물고기가 사는데, 이 물고기가 하늘로 솟구쳐 날아오르면 붕(鵬)이라는 새로 변한다고 한다. 곤과 붕은 너무나 커서 그 크기가 수천 리이고, 붕이 되어 날아오르는 높이만 해도 구만리나 된다고 한다.' 기원전 수백 년의 장자는 이미 우주를 읽고 있었던 것이리라. 우리는 자연을 일컬어 위대하다고들 하지만, 우리가 알고 있는 자연은 우주 전체에 비하면 대략 5% 정도에 불과하다고 했다. 그러나 그것도 우리가 지각하고 있는 고립계로서의 우주일 뿐이다. 우리는 아직 전체를 모른다. 우주가 무한한지, 몇 개나 되고 어떻게 분포하는지, 전체를 모르고 있으므로 방금 말한 우주 전체의 5%라든가 우주의 시작과 끝에 대한 논쟁은 그야말로 무의미하며 우리는 정작 자연에 대해서는 정말 아무것도 모르고 있는지도 모른다.

'살아있다'라는 말은 생명이 시간과 공간을 동시에 점유하고 있다는 말이다. 또 한편으로는 시간과 공간에 동시에 노출되고 있다는 말이기도 하다. 시간과 공간은 분리할 수 없는 관계다. 특히 생명이 관계된다면 더더욱 그러하다. 그것이 생물이든 무생물이든 어떤 형체를 가지는 존재자로서는 시간이나 공간 어느 하나로만 그것을 점유하거나 어느 하나로만 그것에 노출될 수가 없다. '생명이란 무엇인가?'라는 물음은 '인생이 무엇인가?'라는 물음처럼 난해한 측면이 있다. 지금까지 고찰해보았지만, 생명을 정의하기에는 그 기준이 모호하기도 하거니와 우리가 알고 있는 생명체의 물질구성은 탄소로부터 시작된다고 알려져 있다. 우주의 성장도 예외는 아니다. 우리의 탄생 역사가 그러하듯이 우주는 無에서부터 탄생하여 오늘도 성장을 계속하고 있다. 살아 움직이는 것이 생명이라면, 또한 그 자체로 끊임없이 성장하는 것이 생명이라면, 우주도 예외일 수는 없을 것이다. 우주라는 거대한 생명체 속에 별이라는 생명체가 살고 있고, 지구라는 생명체 속에서 우리라는 생명체가 살고 있다. 여기까지가 거시적이거나 가시적인 생명체의 언급이라면 우리 눈에는 보이지 않는 미시적이거나 미지의 생명체가 온 세상을 채우고 있다. 그렇다면 모든 움직이는 물체는 생명체인가? 물론 그렇지는 않다. 저마다 각각 미동하는 세포나 눈에 보이지 않는 미생물은 하나의 독립된 생명체로 간주할 수 있어도 공기 중에 떠도는 산소나 탄소 원자는 생명체라고 볼 수 없다는 것이 현재까지의 일반적인 견해다. 우리는 물질대사로 에너지를 얻고, 그 에너지로 고유의 활동을 유지하는 것이 곧 생명체라고, 생명체의 정의를 유기화합물의 작용 측면에서만 생각하게 되는데, 동식물이 연륜을 거듭하면서 성장해가듯이 시간이나 어떤 과정을 간과하고는 성립할 수 없는 것이 또한 생명이다. 생물과 무생물의 공통점은 형체가 있고 물질로서 세상에 존재한다는 점이다. 더 중요한 것은 모든 것은 무생물의 조합이며 원자로 이루어진다는 것이다. 즉, 생물이건 무생물이건 모든 것은 원자의 운동으로 조직되고 있다. 그러나 거듭되는 이야기지만 무생물은 오직 존재한다는 측면에 의의를 둘 수 있지만, 생명은 시간을 배제하고서는 성립할 수가 없다. 살아있다는 사실만으로 존재한다고 볼 수 있지만 존재한다는 사실만으로는 살아있다고 볼 수가 없다. 시간을 수반하지 않는다면 그 어느 것도 생명이라고 할 수가 없다. 더 나아가서는 시간이 수반되지 않는다면 물체의 의미마저 사라지고 만다.

수명이란 생명으로서 존재할 수 있는 시간적 한계를 말한다. 수명은 생명체뿐만 아니라 무생물에도 적용할 수가 있다. 무생물에 있어서 수명은 기능이나 형태를 어느 특정한 상태로 유지할 수 있는 시간적 한계이다. 생물과 무생물의 수명이 각각 개념이 다른 것 같지만 어느 특정한 상태를 유지한다는 측면에서 둘 다 그 의미는 같다. 인간에 있어서 개인의 수명은 좁은 의미로 본다면 길어봐야 100여 년, 넓은 의미로 본다면 수천 년이 넘을 수도 있다. 성경을 참고하면 세상에서 가장 오래 산 사람은 무드셀라인데 969세까지 살았던 것으로 기록되고 있다. 성경에서의 계산으로는 천지창조가 지금으로부터 고작 6천 년 전의 사건인데 무드셀라는 거의 천년을 살았으니 이때부터 인간 사회의 불평등은 시작이 되고 있었던 것이다. 지구의 회전 속도는 점점 느려지고 있다고 한다. 즉, 빠르게 운동하는 물체는 시간 지연이 발생한다는 특수상대성원리에 따라 우리의 운동 속도가 점점 느려지고 있다면 우리에게 시간은 미래로 갈수록 점점 빠르게 흐른다는 뜻이 된다. 지구의 공전횟수는 우리의 나이와 관계가 있고, 지구의 공전 속도는 우리에게 세월과 관계가 되며, 지구의 자전 속도는 우리에게 시간과 관계가 있다. 지구의 공전 속도는 느릴수록 우리는 나이를 천천히 먹게 되고 지구의 자전 속도는 느릴수록 우리의 하루는 길어진다. 그러나 지구의 회전 속도는 느릴수록 우리의 시간은 빠르게 흐른다. 여기서 자전 속도는 자전의 1회 완성에 소요되는 시간이고 회전 속도는 매순간의 선속도를 뜻한다. 즉, 지구의 공전과 함께 자전도 느려진다면 그 자체로 지구의 회전도 느려질 것이므로 우리에게 하루는 길지만, 수명은 짧아지고, 나이는 더디게 먹지만 생존 일수는 줄어든다는 이야기가 된다. 수명이 짧아진다는 것은 슬픈 일이다. 일반적으로 인간의 수명은 출생에서부터 사망까지로 보고 있다. 그것은 좁은 의미의 수명이다. 좀 더 구체적으로 설명하자면, 좁은 의미의 출생은 모체의 자궁을 빠져나왔을 때이고, 넓은 의미의 출생은 정자가 난자에 수정되는 순간부터로 본다. 개체의 존재가 결정되는 순간이기 때문이다. 난자가 수정되고 모체의 배 속에서 성장을 개시하여 자궁을 빠져나올 때쯤에는 이미 손과 발, 눈, 귀, 코, 입, 생식기와 항문이 제자리에 생겨나고 하나의 인격체로서 형체가 완성되는 것이다. 그리고는 실제로 살고 보면 짧고도 짧은 인생을 영원히 살 것만 같이 살다가 어느 날 눈 깜짝할 사이에 삶과 죽음의 경계를 넘게 되는 것이다. 여기까지가 일반적으로 알고 있는 이른바 생물학적 수명이다. 독자 여러분은 이 수명으로만 대략 100세까지는 살 것으로 보고 있다.

신체는 죽어도 영혼이 살아있을지의 여부는 별개로 하더라도 사람은 죽고 나서도 육신이 부패하여 완전히 소멸이 될 때까지는 흔적을 남긴다. 죽음의 순간부터는 살아있다고 할 수는 없다. 그러나 넓은 의미에서는 사람이 죽는다고 완전히 사라지지는 않는다. "노병은 죽지 않고 다만 사라질 뿐."이라는 맥아더 장군의 어록과는 반대되는 개념이다. 숨이 멎고 생명이 꺼지고 나서도 손톱과 발톱, 머리카락은 어느 순간까지는 그대로 살아 성장을 한다. 우리가 생명체를 분류할 때 동물과 식물을 구분하고 있지만 손톱과 발톱, 머리카락과 치아는 그 자체만 놓고 보았을 때 동물의 육신에서 자생하는 식물이라고 볼 수도 있을 것이다. 나아가서는 세포는 세포대로 활동하기도 하고 부패가 되어 각종 원소로 분해되기도 한다. 그때까지는 개체 고유의 성질은 사라지지 않고 존속되는 것이다. 따라서 이 책에서만큼은 개체로서의 존재가 발생했을 때부터 그 흔적이 완전히 사라질 때까지가 넓은 의미의 수명이라고 본다. 정해진 기준이 아니고 필자가 방금 정한 기준이다. 주검이 되어 장례 절차에 따라 화장장에 가서도 마찬가지다. 일부는 연기로 날아가고 일부는 가루가 되어 대지에 뿌려지거나 항아리에 모셔져 존치되는데 그것은 그리 오랜 기간은 아닐 것이다. 분말로서나마 존재하는 한 그것은 그 개체의 흔적이다. 특별한 경우에는 무덤 속에서 운 좋게 미이라나 화석으로 남을 수도 있다. 개체의 흔적이 표면적으로 남아 있는 상태까지는 이름하여 물리학적 수명이라고 하자.

누차 언급하고 있지만 신체를 구성하는 원자의 수는 보통 사람의 경우 대략 7×10^{27}(7×10의 27승)개이다. 이 숫자를 그냥 수학적으로 표현을 하니 얼마나 되는지 감이 오지 않을 수도 있다. 10을 27번 곱하고 또 7을 곱하여 얻는 숫자다. 한번 곱할 때마다 10배수로 늘어난다. 즉 10×10×10×10×10×10…으로 증가하는 경우다. 이렇게 증가하는 양상을 지수함수적 증가라고 한다. 이와 비슷하게 쓰이는 용례로는 기하급수적 증가가 있다. 증가하는 비율이 항상 일정하다고 하여 등비급수라고도 한다. 이를테면 2+4+8+16+32+64처럼 서로 이웃하는 항의 비(比)가 일정한 급수로 증가하는 경우다. 원자는 너무나도 작다. 원자의 크기가 만약 작은 모래알만 하다면 우리 신체는 지구 다섯 개와 맞먹을 정도로 커진다고 했던 말을 기억하고 있을 것이다. 인체는 7×10의 27승 개의 원자로 구성되어 있고 우주에 존재하는 전체 원자의 수는 12×10^{78}(12×10의 78

승)개이다. 27승이라는 숫자가 그만큼 크고 27승과 78승의 차가 또한 그토록 크다. 아직 감이 오지 않는가? 그렇다면, 일, 십, 백, 천, 만, 억, 조, 경, 해, 자… 구술적인 표현으로 우리 신체의 원자 수는 7천자 개다! 그래도 감은 오지 않을 것이다. 도저히 말로서는 감을 잡을 수 없는 숫자다. 내가 만약 죽어서 위에서 말한 대로 한 줌의 재가 되어 원자로 회귀한다면 나는 7×10의 27승 개, 즉 7천자 개의 원자로 흩어져 지구 표면을 떠돌 것이다. 물론 나의 원자 중에서 어떤 것은 후손의 육체를 이루고 있을 수도 있고, 당신의 증손자가 마시는 물이 되어 있을 수도 있으며, 수풀 속에서 나뭇잎을 이루고 있을 수도 있다. 어쩌면 당신과 내가 공동으로 어느 아름다운 여인의 육신을 이루고 있을지도 모른다. 어쨌거나 내가 지구 전역에서 분포하게 되는 것이다.

그렇다면 내가 얼마나 촘촘히 분포하는지 계산해보자. 참고로 아침부터 지금까지 이 글을 쓰면서 한나절을 꼬박 자료를 찾고 엑셀 기능을 이용하여 계산한 결과다. 지구의 표면적이 대략 5억 1천만 ㎢라고 한다. 산과 바다를 포함하여 지구 표면의 전역에 나의 원자가 분포하는 숫자는 (7×10의 27승)÷(5억 1천만×1백만)=약 13조 7천2백5십4만… 즉, 1㎡ **(평방미터)**당 약 13조 개의 원자가 분포하게 되는 것이다. 1㎡당 13조 개만 하더라도 얼마나 많은지 감이 오지 않는 것은 마찬가지다. 방금 이 계산은 면적당 계산이므로 약간은 불합리하다. 내가 구름이 되고 공기의 구성 성분이 되어 하늘을 떠돌 수도 있기 때문이다. 그렇다면 내가 공기로 분포한다면 그 양이 얼마나 되는지, 지구 표면적의 단위당 체적으로 한 번 계산을 해보자. 대기권의 높이는 약 1천 km쯤 되지만 공기의 99%는 중력작용에 따라 지상 약 32km내에 밀집해 있는 것으로 알려져 있다. 지구의 표면은 평평하지도 않을뿐더러 나의 원자는 바닷속에도 있을 수 있고 땅속에도 있을 것이므로 전체 깊이를 40km라고 해두자. 이때 세제곱미터당 분포를 알아야 하므로 km는 m로 환산한다. (7×10의 27승)÷(5억 1천만×1백만×40,000)=343,137,255라는 숫자가 나온다. 즉, 높이에 상관없이 공기가 있는 대기권 전역에 1㎥(세제곱미터)마다 3억 개가 넘는 나의 원자가 여러분과 함께하게 될 것이다. 사실 원자는 나라고는 할 수가 없다. 원자는 너무나 보편적인 것으로서 나의 특성이라고는 조금도 남아 있지 않기 때문이다. 그러나 원자로 분해되기 직전 어느 분자 단위까지는 나의 특성이 조금이라도 남아 있을 것이다. 따라서 개체의 특성이 화학적으로나마 남아 있는 상태까지를 억지로 이름을 붙인다면 화학적 수명이라고 하자.

호랑이는 죽어 가죽을 남기고 사람은 죽어 이름을 남긴다는 속담이 있듯이 이제 개인으로서 남아 있는 것은 후손이 불러주는 이름뿐일 것이다. 우리나라의 미풍양속에 따르더라도 길어봐야 손자의 손자 정도가 이름을 기억해 줄 수 있을 뿐이다. 후손의 그러한 기능을 기대할 수 없다면 자기 스스로의 노력으로 세상에 뭔가를 남겨야 한다. 이때는 타인의 입이나 활자로 구전되어 자신의 존재감을 나타낼 수가 있다. 자신의 이름을 위인전에 올리거나 작품을 남기는 방법이 있다. 필자는 그러한 기능을 노리고 지금 여러분이 보고 있는 이 글을 쓰고 있다. 기억으로 남거나 이름으로 구전되는 것은 널리 보편적이지 않을 수도 있다. 혈통의 족보상으로 남을 수도 있으나 그것까지는 예외로 하자. 지금까지 수명 앞에 수식어로서 주로 학문의 이름을 붙였으므로 당연히 이것은 사회학적이거나 인문학적 수명이라고 함이 마땅하다. 물론 여기에는 철학적 수명이나 사학적(史學的) 수명도 있을 수 있고, 만약 우리가 영적으로 존재한다면 현실 세계의 구도 하에서는 영적 수명도 여기에 포함이 될 것이다. 우리의 정신 속에 기호로서 각인되는 한 그 대상은 사라지지 않는다. 싱거운 소리 같지만, 세상에서 가장 오래 죽지 않고 살아남아 있는 사람은 아담과 이브이며, 서두에서 언급한 무드셀라도 성경으로 말미암아 아직도 죽지 않고 살아남아 있다. 필자가 속한 이 나라의 계통도상에서 가장 오래 살아있는 사람은 단군왕검이다. 당연히 신라국의 장수 김유신도 죽지 않았고 조선국의 제독 이순신도 죽지 않았다. 이 나라가 망하지 않고 계통수가 그토록 복잡해지지 않으며, 대재앙이 발생하지 않는다면 그들은 앞으로도 최소한 수천 년은 죽지 않고 살아남을 것이다.

∴ 유동

공간의 유동은 시간의 유동에 따라 수반되는 현상이다. 이 글에서 유동의 한자어는 流動, 遊動, 有動을 망라한다. 유동(流動)은 흘러 움직인다는 뜻이고, 유동(遊動)은 자유로이 떠돌아다닌다는 뜻이다. 유동(有動)은 살아 미동함을 의미한다. 우리는 유동을 우리가 자각할 수 있을 정도의 짧은 시간 안에 나타나는 결과로 평가하는 경향이 있고, 공간의 이동으로만 생각하는데 이것은 편견이다. 특수상대성이론으로만 비추어보더라도 유동은 시간을 수반하지 않고서는 발생할 수 없음은 물론이거니와, 시간의 길이에 편승하여 가시적으로 나타나는 현상이다. 또한, 모든 물체와 물체 사이에는 인력이 존재하고 유동과 동시에 점성을 가진다. 점성은 유체의 성질이라고는 하지만 고체가 유동할 때에도 유체와 유사한 거동을 보인다. 점성이란 운동하는 유체 내부에서 나타나는 마찰력을 말하는 것으로 유체의 흐름에 대한 저항, 곧 액체의 끈끈한 성질을 떠올릴 수 있다. 점성계수, 곧 점성의 크기는 면적과 시간에 따라 결정된다. 점성을 가진 유체가 중력의 힘으로 위치가 이동될 때 흐른다는 표현을 쓴다. 물체의 움직임에 구속력이 생긴다는 측면에서 천체의 중력작용과 고체나 분체의 마찰력과 액체의 점도는 그 기능이 유사하다. 만유인력의 법칙에 따르면, 질량을 가진 물체는 중력에 따라 다른 물체를 끌어당기고, 중력의 크기는 두 물체의 질량의 곱에 비례하며, 거리의 제곱에 반비례한다. 마찰력은 물체나 분체 계면 간 간극이 좁고 밀착 압력이 클수록 그 작용력은 크다. 점도는 고분자일수록 즉, 분자량이 많을수록 크다. 단위 체적 속에서 분자와 분자 계면 간 마찰력의 합이 크다는 뜻이다. 어느 천체가 또 다른 천체를 인접하여 지나간다면 인력에 의하여 속도에 영향을 받게 된다. 그 작용은 중량을 가진 어떤 물체가 이동할 때의 마찰력이나 유체나 분체가 중력의 영향하에서 유하할 때의 거동도 이와 유사하다. 과학자들이 급조해놓은 암흑에너지나 암흑물질도 알고 보면 중력에 의해 점도의 성질처럼 거동하는 천체들의 움직임 여하에 기인한 것이다. 은하가 은하를 집어삼키는 것도, 산천이 물처럼 유동한다는 것도 시간에 따라 나타나는 현상일 뿐이다. 대륙 간에 나타나는 가시적인 움직임은 수만 년의 시간 단위가 요구된다. 대륙이동설에 따르면, 약 2억 5,000만 년 전에 하나의 대륙을 이루고 있던 지구는 유구한 세월과 함께 흐르고 흘러 오늘에 이르고 있다. 대륙이 유동하는 속도는 매년 2~8cm라고 하는데, 매년 2cm로 5,000만 년 동안 움직인다면 자그마치 1,000km의 거리가 된다. 이러한 움직임에 대하여 대략 천 년을 1초 단위로 고속 회전

시켜보면 분명 물처럼 흐르고 있다. 여기서 우리는 2,500년 전에 이미 만물은 흐른다는 진리를 갈파했던 헤라클레이토스를 떠올리지 않을 수 없다. 산은 유체는 아니고 다만 정지된 상태의 시각적 효과, 즉 풍경일 뿐이지만 물처럼 흐른다. 백두산에서 준령을 넘고 태백산을 끼고 돌아 지리산까지 굽이굽이 물처럼 흘러 백두대간을 이룬다. 또한, 산은 바다를 이룬다. 태백산 자락에서 발원한 물이 낙동강을 이루고 낙동강이 흐르고 흘러 바다에 물을 공급하는 것이다. 이상이 지극히 거대한 사람을 일러 산 같은 사람이라고 표현할 수 있다. 산 같은 사람이 산처럼 품은 이상은 물처럼 낮은 곳으로 흘러 마침내 우리에게는 인격을 공급한다. '물은 위에서 아래로 흐르면서 막히면 돌아가고 기꺼이 낮은 곳에 머문다. 둥근 그릇에 담으면 둥글게 담기고 네모난 그릇에 담으면 네모난 모양으로 담기듯 늘 변화에 능동적이며 유연하다.' 지금 이 말은 어디서 많이 듣던 소리처럼 들릴 것이다. 그렇다. 노자의 소리다. 노자의 도덕경에서 상선약수(上善若水)는 이 원리를 4음절로 압축한 단어다. 가장 낮게 임함으로써 가장 높은 위상을 점하는 상선약수 일련의 줄거리도, 의식 속에 맺히는 풍경도, 추상적이나마 유동의 한 형태이며, 이 또한 시간의 유동에 따라 나타나는 현상으로 시간의 소비 없이는 유동은 절대 성립할 수가 없다.

물체의 움직임은 외력이 작용하지 않는다면 항상 일정한 방향, 일정한 속도가 유지된다. 이른바 관성의 법칙이다. 우리가 공간상의 의미로만 알고 있는 관성의 법칙도 알고 보면 시간과 공간을 망라한다. 진공의 우주공간에서 모든 질량이 있는 물체는 관성의 법칙에 따라 등속직선운동을 한다. 정지해 있는 물체는 계속 정지해 있고 운동하는 물체는 마찰력이나 중력과 같은 외부의 작용이 없는 한 언제나 등속으로 움직인다. 시간이 개입되지 않는다면 관성을 정의할 수가 없다. 공간상으로는 정지해 있는 물체라 할지라도 시간상으로는 항상 같은 속도로 과거에서 미래로 흐르고 있다. 한 번 날기 시작한 화살은 공기의 저항이나 중력이 무시된다면 영원히 같은 방향, 같은 속도로 날아갈 것이다. 그런데 엄격히 등속 직선운동은 현실에서는 존재할 수 없다. 지구상에서 물체의 운동은 지구의 자전과 공전의 영향을 받을 것이고, 우주는 팽창하고 있으므로 시간과 공간에 따라 그 속도는 한결같지가 않을 것이다. 중력의 작용을 차치하고라도 우주적 규모에서 직선은 무의미하다. 직선이 무의미하다면 방향성을 특정할 수 없다. 따라서 관성은 우주적 규모에서는 그 어떤 보정이 필요하다고 본다. 큐를 떠난 당구공의 거동이나 물이 위에서 아래로 흐르고 사과가 나무에서 떨어지는 것은 물리량과 관계가 있다. 즉, 위치에너지가 최소가 되는 쪽으로 흐르는 것이다. 그런데 한편으로는 에너지는 소멸하지 않고 교환되는 것이다. 위치에너지는 운동에너지로 교환되고 운동에너지는 열에너지로 교환된다. 사과와 지구 사이 거리가 가까울수록 질량의 합은 변함이 없으나 중력의 합은 커진다. 자유 낙하란 중력에 의한 작용으로, 공중에서 물체를 떨어뜨릴 때 처음 속력이 0인 상태에서 외부의 힘은 받지 않고 오직 중력에 의해서만 지표면을 향해 떨어지는 운동이다. 자유 낙하하고 있는 물체의 속도는 외력이 작용하지 않는 한 매초에 9.8m씩 그 속도가 빨라진다. 또한, 어느 높이에서 물체는 위치에너지만 가지고 있는데 자유 낙하운동을 하면서 위치에너지가 운동에너지로 전환된다. 다이어그램으로 표현할 때에는 회전이나 길이는 선으로 표현되고 어떤 물체의 위치가 정적이라면 그 장소는 점으로 표현된다. 따라서 회전이 선에 의해 표현되고 있을 때 어느 높이에서 물체가 위치에너지만 가지고 있다면 오직 선의 한 단면으로서 하나의 점으로만 표현될 것이다.

SF영화나 동영상을 통하여 가끔 우주에서 우주선이 추진력을 사용하여 전진하는 것을 보면 궁금해지는 것이 있다. 진공에서 과연 추진력이 가능할까 라는 것이다. 진공 자체에 이미 임계에 가까운 부압이 작용할 것이기 때문이다. 우주선은 로켓의 추진력으로 동력을 얻는데 그 추진력이라는 것이 가스의 분출 압력에 대한 반발력으로 얻어내는 것이다. 그런데 우주 공간 전체가 임계의 부압이 걸린 흡입장치라면 여하한 정압력도 노출되자마자 흡수해 버릴 것이다. 어떤 영화에서 보면 우주 공간에서 신체 부위가 노출되자마자 눈알도 튀어나오고 온갖 신체의 취약 부분이 흡입기에 빨려 나오듯이 튀어나온다. 이러한 엄청난 부압의 환경 속에서 과연 추진력이 발휘될 수 있을까? 방금 부압과 정압력이라는 단어를 썼는데, 참고로 이 글에서 부압과 정압은 서로 상대되는 단어이다. 대기압보다 낮은 압력을 부압(負壓), 대기압과 같거나 높은 압력을 정압(正壓)이라고 한다. 여기서 쓰는 정압력(正壓力)은 동압력(動壓力)의 상대어로서 정압력(靜壓力)이 아님을 유의 바란다. 영화의 한 장면을 예로 들었으나 실제로 우주 공간에서 그 정도인지는 필자가 확인할 수 없음을 양해 바란다. 참고로 국제우주정거장(ISS)은 그 동력이 추진력과는 다르다. 국제우주정거장은 한마디로 추락 중이다. 추락은 곧 자유 낙하를 뜻한다. 끝없이 높은 곳에서 자체의 무게로 인하여 적당한 속도로 한없이 낙하하는 것이다. 필자의 정의로 추락과 자유 낙하를 굳이 구분한다면, 어떤 물체가 중력의 힘으로 낙하할 때 그 상황이 의도하지 않은 상태에서 부지불식간에 발생했다면 그것은 추락이고 미리 의도한 대로 발생했다면 그때는 자유 낙하이다. 법리적 관점에서 정의하자면 추락은 사고이고 자유 낙하는 사건이다. 따라서 방금 쓴 추락이라는 단어는 좀 더 긴박한 표현으로서 일종의 비유법일 뿐 정확히는 자유 낙하가 맞다. 한편, 여기서 속도는 회전각속도다. 지구의 중력으로 낙하를 하고 있지만 지구를 구심점으로 하여 각도를 약간 삐딱하게 잡고 추락함으로써 결과적으로는 원운동을 하고 있다는 뜻이다. 이때 만약 추락하는 속도가 어느 한계를 넘게 되면 궤도를 벗어나 직선운동으로 치닫게 되고 어느 한계보다 느리면 지구로 곧바로 추락하게 된다. 이때는 비유법이 아닌 진짜 추락이다. 현재 국제우주정거장은 지상 354km 상공에서 지구를 향하여 초속 7.66km의 속도로 끝없이 낙하하는 중이다.

제트기는 제트엔진에서 뿜어내는 가스로 공기를 밀어내고 공기의 반작용으로 추진력을 얻는다. 반작용의 힘이 발생하기 위해서는 공기가 가지는 압력 즉, 대기압과 같은 존재가 필요한데 진공 상태에서는 어떤 물질도 분자도 없으니 반작용의 역할을 하는 게 없다. 오히려 진공 자체가 추진 압력을 흡수하기에 바쁜 것이다. 앞서 고찰에도 불구하고 원리에 따르면 하나의 공간 안에서 압력은 어디서나 동일하다. 그렇다면 전 방위로 동일하게 진공에 가까운 부압을 가진 하나의 공간이 있다고 가정하고(**가정하나마나 우주가 곧 그 공간이다!**), 그 중간 어딘가에서 내가 다음과 같은 실험을 한다고 치자. 전 방위로 진공의 부압이 작용한다는 것은 직접적인 장치만 없다뿐이지 진공청소기의 흡입기가 작동하듯이 엄청난 압력의 흡인력이 전방위에 걸쳐서 작용하고 있다는 뜻일 것이다. 그러한 환경 속에서 공간 어딘가에 아직 불지 않은 풍선을 주둥이를 묶어 밀봉한 채로 가져다 놓는다면 자동으로 이것이 팽창하여 부풀어 오를까? 만약 부풀어 오르지 않는다면 이제는 바람을 넣어 압력이 충만한 풍선을 역시 주둥이를 묶어 밀봉한 채로 가져다 놓는다면 부풀어 오를까? 부풀어 오른다면 그 내부의 압력은 외부와 평형을 유지하려고 할 것이다. 지구의 대기에서는 적당히 부풀던 풍선이 우주에서는 한없이 부풀어 오를 것이라는 뜻이다. 그러나 이 풍선을 구성하는 재료는 한없는 장력과 탄성을 가졌으므로 풍선이 터지지는 않는다고 가정하자. 이쯤에서 팽창할 대로 팽창한 풍선의 입구를 풀어놓는다면 내부와 외부의 압력 차에 따라, 또 풍선의 재료 특성에 따라 원래의 형태로 줄어들 때까지 풍선 내부에 상대적으로 충만해 있던 압력이 바깥으로 분출될 것이다. 그 분출 압력에 의해 풍선은 어느 방향으로 거동할까? 미친 듯이 돌아다닐까? 우주 전체가 어느 방향이든 전방위에서 극도의 흡인력이 발생할 것이므로 풍선에서 나오는 압력을 한자리에서 거세게 빨아들이기만 할까? 추진력이 발휘되려면 작용에 해당하는 분출 압력이 있고 반작용에 해당하는 바탕의 기체가 필요하다. 만일 풍선이 미친 듯이 돌아다닌다면 추진력이 작용하고 있다는 뜻일 것이다. 반작용이 될 만한 기체가 없는데 어떻게 추진력이 가능할까? 여기서 이런 논리는 어떤가? 풍선에서부터 분출되는 가스는 쉬지 않고 연속하여 분출한다. 나중에 분출되는 가스가 먼저 분출된 가스를 밀어낸다. 이 과정에서 먼저 분출된 분사가스를 진공의 부압이 흡수해버리기 전에 연속적으로 그 다음에 분출되는 분사 압력이 이를 반작용의 발판으로 사용한다. 후에 나오는 분사가스가 작용이라면 전에 나와서 서성이고 있는 분사가스는 반작용의 발판이 되는 것이다. 아둔하고 멍청해 보이는 필자의 이 설명에 여러분은 지금 분노하고 있을지 모르겠다. 과연 필자의 생각이 그토록 짧은 것일까?

중력권을 벗어난 우주선의 속력은 총알보다도 최소 열 배는 더 빠르다. 사격에서 총을 쏘면 총알이 앞으로 나가는 힘만큼 반력이 생긴다. 반력은 우리가 직접 느낄 수 있다. 이는 공기의 추진력과는 전혀 무관하다. 우주에서는 반력을 생성하는 장치로 RCS라는 추력기를 쓴다. 여러 개의 RCS추력기를 우주선에 장착하고는 때로는 단독으로 때로는 동시에 작동시켜 원하는 방향으로 우주선을 움직이거나 속도를 조절하고 움직임을 멈추게도 할 수가 있다. 이 원리가 가능한 것은 역설적이게도 우주에는 공기가 존재하지 않기 때문이다. 공기가 존재하지 않는다는 것은 앞에서 우리가 그토록 궁금해하던 반작용, 즉 저항이 없다는 뜻이다. 공기가 존재하지 않으므로 한번 충격을 가하기만 하면 계속 그 방향대로 속도가 고정된다. 관성의 법칙이 적용되는 것이다. 아무리 관성의 법칙이 뒷받침된다고 하더라도 과연 그 짧은 반력으로 그 크고 지속적인 추동력을 얻어낼 수가 있을까? 여기에 대한 해답으로 스윙바이(swing by)를 들 수가 있다. RCS가 우주선의 방향을 잡거나 짧은 움직임을 담당한다면 우주선의 속도를 대폭적으로 증가시키는 방법으로는 앞에서 살펴보았듯이 중력을 이용하여 추락하는 방법이다. 한 번의 추락으로 관성을 얻는다면 추락의 속도를 계속 유지할 수가 있다. 높은 곳에서의 자유 낙하나 스카이다이빙은 지구의 중력이 우리를 끌어당기기에 가능한 것이다. 아니, 그것은 상대적이라고 했다. 지구의 중력과 나의 질량이 서로 끌어당기는 것이다. 질량을 가진 모든 물체는 서로 끌어당기는 성질이 있고, 인력은 질량이 클수록 크다. 어마어마한 질량을 가진 어떤 행성의 중력권에서 그 중력의 힘으로 한없이 낙하하는 것이다. 물론 끝까지 낙하해버리면 행성의 바닥에 떨어져 박살이 나거나 지구처럼 대기가 있다면 대기권에서 흔적도 없이 타버리고 만다. 따라서 적당한 속도로 낙하하다가 지상이나 대기권에 진입하기 전에 갑자기 방향을 바꾸는 것이다. 그리하여 행성의 중력권을 벗어나게 되면 공기의 저항이나 외력을 받지 않는 한 낙하할 때의 속도를 유지할 수가 있다.

갈릴레오 이전의 옛날 사람들은 지구는 그 자리에 가만히 있는 가운데 태양과 별들이 지구 주위를 돌고 있다고 생각했다. 지구가 우주의 중심, 곧 천동설을 믿었던 결과였다. 천동설은 하늘이 돌고 있다는 뜻이다. 그러나 지동설이 우주의 진리로 부각되면서 천동설은 폐기되고 지구가 움직이는 것으로 결판이 났다. 결과적으로 지동설이 천동설을 구축(驅逐)하고 만 것이다. 필자가 생각하기에 천동설이라는 원리를 배제한다면 지동설이라는 단어에는 치명적인 오류가 발생한다. 지구만 도는 것이 아니라 하늘도 돌기 때문이다. 우리 눈에 보이는 대개의 별은 우리은하에 속한 별들이다. 우리은하에 속한 별들은 별들끼리 원반을 형성하여 대략 270km/s의 속력으로 돌고 있다. 서울에서 부산까지 2초도 채 걸리지 않는다는 이야기다. 그러나 은하의 크기 자체가 워낙 크기 때문에 태양계의 경우 우리은하를 한 바퀴 도는데 약 2억 2,500만 년 정도가 걸린다. 따라서 현재의 태양계는 2억 2,500만 년 동안 우리은하를 한 바퀴 돌아 원래 있던 자리로 되돌아왔을 것이라고 생각하게 되지만 우주적 관점에서는 절대 그렇지가 않다. 우리은하도 은하단의 중심이나 소우주를 공전한다는 사실을 차치하고라도 우주는 시간이 갈수록 가속 팽창하고 있으며 그와 동시에 우주에 중심이 있다면 태양계는 중심으로부터 변방으로 한없이 밀려나고 있기 때문이다. 가까이 있는 별들끼리는 대략 같은 방향을 향해서 움직인다. 가까이 있는 별이라고 해도 워낙 거리가 멀기 때문에 별들의 움직임을 사람의 눈으로는 감지할 수가 없다. 지금의 북극성은 필자가 어렸을 때도 저 자리에 있었고 북두칠성도 저 모양 그대로였다. 그러나 북극성과 북두칠성은 영원하지가 않다. 우리 눈에 별이 움직이는 것은 지구의 자전 때문이다. 북극성이 움직이지 않는 것처럼 보이는 것은 북극성이 지구 자전축의 연장선상에 있기 때문이다. 지구의 자전축은 약 2만 5,770년을 주기로 세차 운동을 한다. 지구의 기울기가 변한다는 뜻이다. 서력기원 2020년 현재 북극성은 지구로부터 800광년 떨어져 있는 작은곰자리의 알파별 폴라리스(polaris)이다. 그러나 3100년이 되면 폴라리스는 폐위되고 세페우스자리의 감마별 엘라이(Errai)가 북극성에 등극을 한다. 세월이 흐르면서 세차 운동으로 인하여 북극성이 교체되는 것이다. 지구의 자전 시간은 약 24시간, 자전 속도는 적도를 기준으로 시속 1,670km, 초속 약 460m를 주파하고 있다. 따라서 적도를 기준으로 서쪽에서 동쪽으로 시속 1,670km로 하염없이 달리면 비록 대서양과 태평양을 비롯하여 브라질-케냐-인도네시아 등지를 빠른 속도로 순회하겠지만 태양계 좌표상으로는 그 자리에 가만히 있다는 뜻이다. 이렇게 움직이는 위성을 정지궤도위성이라고 한다. 대부분의 상업용 통신 위성, 방송 위성 및 기상 위성 등이 정지궤도에서 작동한다. 이때 지구의 적도는 타원이므로 궤도가 불안정하고, 태양풍과 복사 압력이 미세하게 정지궤도위성의 궤도를 변화시킬 수 있다. 또한, 정지궤도에 위치한 위성은 달과 태양, 지구의 중력으로 인해 섭동현상(어떤 천체의 평형 상태가 다른 천체의 인력에 의해서 교란되는 현상)이 일어나므로 이것을 바로잡기 위해서는 정기적인 궤도 조작이 필요하다. 이 조작을 위한 연료를 다 소비하면 그 위성은 이제 수명이 다한 것으로 진단받게 된다. 한편,

지구의 공전 시간은 1년, 공전 속도는 초속 30km 정도 된다. 태양도 공전과 자전을 한다. 태양은 수소와 헬륨 등 주로 기체로 이루어져 있기에 지구처럼 강체 회전을 하지 않고 위도에 따라 차등 자전을 한다. 태양의 자전주기는 평균적으로 약 27일이다. 태양의 공전 시간은 앞에서 말한 2억 2,500만 년, 공전 속도는 초속 270km이다.

앞서 살펴보았지만, 지구의 자전과 공전, 태양의 공전에는 일정한 속도를 수반하고 있다. 지구는 자체로 회전을 하면서 태양 궤도를 공전한다. 태양은 공전하는 지구를 품은 채 은하 궤도를 공전한다. 소은하는 대은하의 주변을 돌고 우리은하를 포함하는 각각의 은하가 모여 국소 은하군을 형성하고 있다. 국소 은하군이 모여 은하단을 형성하고 있고 은하와 은하, 또는 은하단과 은하단은 서로 멀어지고 있으며 그 속도는 거리의 제곱에 비례한다. 각각 떨어져 있는 거리가 클수록 더 빠르게 멀어진다는 뜻이다. 우주 팽창에 관한 이야기다. 여기에는 또 다른 법칙이 있다. 은하군이나 은하단 내부에 있는 은하들끼리는 중력의 작용으로 서로 가까워질 수가 있다는 것이다. 그 결과로 안드로메다은하와 우리은하는 수십억 년 후에는 충돌하게 된다. 우리가 죽어서도 각각의 원소로 흩어져 존재한다면, 만약 우리를 이루었던 각각의 원소 하나하나가 우리의 영혼 그 자체라면, 우리는 이 충돌장면을 여러 각도로 목격할 수가 있을 것이다. 그러나 그 의식은 지금 같지는 않을 것이다. 그때는 아마 우리의 의식은 수많은 의식의 집합으로 평균을 이룰 것이다. 존재하는 모든 천체는 돌고 있거나 어딘가로 하염없이 가고 있다. 그 자리에 가만히 있는 것이라고는 이 세상에 아무것도 없다. 은하는 돌고 있는 가운데 어딘가로 하염없이 가고 있고 태양은 지구를 품은 채 은하를 돌고 있으며 지구는 자전하면서 태양을 돌고 있다. 그렇다면 여기서 또 하나의 질문이 떠오른다. 위에서의 설명과 같이 모든 천체가 자전과 공전을 거듭하면서 어느 방향으로 진행을 한다면 현재 내가 움직이고 있는 속도의 총합은 과연 얼마나 될까?

비움과 채움의 딜레마

우리에게 시끄럽다거나 조용하다는 것은 지극히 주관적인 판단의 결과다. 마냥 조용하다고 그것을 침묵이라고 할 수가 없다. 무엇이든 존재하는 곳에는 침묵이란 있을 수 없고 적막한 우주에도 진정한 침묵이란 없다. 저 고요하기 짝이 없는 우주에도 수많은 별들이 있고 공허하다고 생각되는 그곳에도 원자들의 합창 소리가 있다. 지구 돌아가는 소리, 태양 플레어의 폭발 소리, 하늘에 촘촘히 박혀있는 무수한 별들도 하나하나 폭발 음원의 실체들이다. 우리의 감각기능에 감지되지는 않지만, 허공에 무수히 떠도는 질소, 산소, 수소, 탄소, 그들 원자가 진동하는 소리, 우리의 고막은 우리가 필요한 만큼만 열려있다. 태양과 별들의 폭발음은 우리에게는 전달되지 않을 뿐이고, 지구가 돌아가는 소리는 우리 귀를 비켜 갈 따름이며, 원자의 진동 소리는 우리 귀가 그것을 감지하지 못할 따름이다. 지구가 돌아가는 소리, 그 거대한 소리는 우리의 청력으로는 도통 들을 수 없는, 저 까마득한 우주의 끝 그 바깥세상으로 공명하는 소리이고, 원자의 진동 소리는 아메바, 짚신벌레, 박테리아, 바이러스 등등 우리 눈으로는 도통 보이지 않는 미시세계의 존재들만이 느낄 수 있는 소리로 우리의 능력으로는 감히 감지할 수 없을 따름이다. 소리는 매질을 통하지 않고서는 전달되지 않는다. 우리가 징검다리를 딛고 개천을 건너듯 소리는 공기 속의 기체 입자를 딛고 허공을 건넌다. 진공이란, 한자의 훈으로만 따져 가볍게 정의하면, 우리가 마실 공기가 없는 상태를 말한다. 공기는 곧 소리의 매질이므로 공기가 희박할수록 소리의 전달기능은 불량해질 것이다. 공기는 질소, 산소, 수소, 탄소, 아르곤 등 각종 물질을 포함하여 기체의 형태로 이루어져 있다.

모든 물질은 기체와 액체와 고체 상태로 존재한다. 또한, 물질은 어느 한 가지 상태에 머물러 있지 않고 환경에 따라 그 모습을 바꾼다. 물질의 상태를 바꾸는 한 가지 방법으로서 열을 더하거나 빼는 방법이 있다. 더 정확히는 압력이 추가된다. 물질의 상태가 바뀌는 것을 상변화라 부른다. 물을 비등점 이상으로 가열하면 수증기가 되고, 물을 빙점 이하로 냉각시키면 얼음이 된다. 필자의 정의로는, 고체에 열이 가해져 액체가 되는 것을 융해라고 하고, 액체 상태의 물질에서 열이 빠져나가 고체로 바뀌는 것을 응고라고 하며, 물이 얼어 고화되는 경우에는 결빙이라고 한다. 또 액체에 열이 가해져 기체가 되는 과정을 증발이라고 하고, 증발로부터의 결과를 기화라고 하며, 그 완성 상태를 기체라고 한다. 기체가 열을 잃고 액체가 되는 것을 액화라고 하고, 고체가 직접 기체로 바뀌는 것을 승화라고 하는데 승화도 증발의 과정을 거치게 되며 승화의 완성 상태도 역시 기체다. 한편, 기체가 고체로 바뀌는 것을 증착이라고 하는데, 사실 증착이란 금속을 고온으로 가열하여 증발시켜 그 증기로 금속을 박막상(薄膜狀)으로 밀착시키는 가공법을 말하는 것으로서 승화의 반의어라고는 볼 수가 없다. 한 가지 더 보태자면 건축에서 분말의 시멘트와 고체인 골재를 섞어 물을 가하면 액상의 콘크리트가 되는데 여기서 시멘트의 수화작용으로 고화되는 과정을 응결이라고 하고 응결의 결과로부터 강도가 발현되어 가는 과정을 경화라고 한다. 이때 콘크리트 재료에 물을 가하여 액상의 상태가 되는 것은 재료 자체의 상태가 변화하는 것이 아니므로 상변화라고 보기는 어렵다. 여기서 또 하나 궁금해지는 것은 외부로부터 열을 공급하거나 빼지 않고 기체의 밀도를 높여가면 언젠가는 액체나 고체가 될 수 있는가하는 문제이다. 밀도를 높이면 그 자체의 압력은 높아질 것이다. 또한, 기체를 액체나 고체로 상변화시키려면 그 체적비는 무한정 커야 할 것이다. 앞서 고찰에서 밀도를 높인다는 것은 원자와 원자 사이의 간격을 좁히는 방법과 원자핵과 원자핵 사이의 간격을 좁히는 방법이 있었음을 기억할 것이다. 메커니즘이야 다르겠지만 기체로서 밀도가 높다는 측면에서 태양은 前者에 따른 것이다. 즉, 일반적 기체에 비하면 헬륨 원자끼리의 간격이 매우 조밀해졌다는 뜻이다. 여기서 더욱 압축하여 밀도를 한없이 높여가면 어느 한계에서 핵자와 핵자 사이가 서로 밀착이 될 것이다. 궁극의 고체가 되는 것이다.

물질이 없다면 공허한 것이다. 진정한 진공이란 공기도 여타의 물질 원자도 존재하지 않는 상태를 이르는 것이다. 우주 전체는 하나의 공간에 속한다. 곧 고립계를 이르는 말인데, 고립계가 존재한다면 그것에 대응되거나 그것을 포용하는 부분도 존재한다는 뜻이다. 그렇다면 그것은 분명 전체 중에서 어느 부분일 것이다. 따라서 우리는 우주 그 이상을 상상할 수 있으며 우리의 상상에 끝이란 없다. 유추해보건대 고립계란 밀폐된 용기와 비슷한 개념일 것이다. 그러나 고립계인 우주는 하나의 공간 속에 여러 현상이 존재한다. 빈 공간에 은하계와 항성계, 그것을 이루고 있는 천체가 있고 수소나 헬륨의 원자가 밀집해 있다거나 띄엄띄엄 희박하게 산재해 있을 수도 있다. 천체나 항성계를 이루는 대기권과 공간마다에 작용하는 압력이 각각 다르고 나아가서는 암흑물질과 암흑에너지라는 진공처럼 보이는 무엇인가는 있다. 무엇인가 있다면 엄격히 그것은 진공이라 할 수가 없다. 모든 천체, 모든 물체, 모든 물질, 하물며 원자는 물론이거니와 전자에도 질량이 있다. 광범위하게 흩어져있는 원소일지라도 어느 정도의 밀도로 규합된다면 중력이 발생하며 중력이 미치는 곳은 저마다 중력장이라든가 기압이나 어떤 힘이 작용할 것이다. 질량은 과학이론에서처럼 중력에 의한 만유인력이나 시공간의 왜곡 등으로도 작용을 하겠지만 또 다른 시각으로는 앞에서 설명했듯이 그것이 고체에서의 마찰력이나 유체에서의 점도처럼 작용할 수도 있을 것이다. 고립계 내부의 압력 즉, 밀폐된 용기 속의 압력이 모든 부분에 같은 크기로 골고루 전달되지는 않는다는 뜻이다.

비운다는 것은 곧 채운다는 뜻과 같다. 성능이 매우 우수한 진공펌프를 사용하여 밀폐된 용기 속에 채워져 있던 공기를 모조리 빼보자. 그 속은 빈공간이 될까? 아니다. 진공으로 다시 채워지는 것이다. 여기서 진공이란 절대진공이 아닌 현실에서의 진공을 의미한다. 용기 속의 공기를 남김없이 빼면 외부에는 대기압(지구에서의 경우)이 정압(+)의 형태로 작용하고 내부에는 진공이 부압(-)의 형태로 동시에 작용할 것이다. 공간이 남아있다는 것도, 뭔가가 작용한다는 것도, 분명 아무것도 채워지지 않은 것과는 다른 것이다. 여기까지는 다소 억지라고 하자. 그러나 비록 임계의 부압으로 공기를 모조리 뺀다고 하더라도 그 임계라는 것도 분명 한계가 있다. 인공적으로 도달할 수 있는 최고의 진공도는 10^{-12}mmHg(수

은주밀리미터) 정도라고 하는데, 이때에도 1㎤당 약 3만5천 개나 되는 기체분자가 남아있을 것이라고 한다. 더군다나 어떤 경우라도 그것이 0이 아니고 0.0000…1이거나 10^{-30}처럼 어떤 숫자로 표현된다면 분명 뭔가가 남아있다는 의미이다. 공기를 뺀다는 것은 바꿔 말하면 그 속에 진공을 공급한다는 뜻인데, 만약 유입과 토출이 따로 있어 토출구로 공기를 빼고 유입구로 완전한 진공을 계속적으로 공급한다는 원리를 상상해볼 수도 있겠으나 공급할 진공 또한 만들 재간이 없다. 공간이 남는 한 현실에서는 완전한 진공은 만들 수가 없다.

지금까지의 이야기는 지구의 원리로 살아가고 있는 우리에게 있어서 사고체계의 한계일 수 있다. 앞에서 우리는 우주의 평균 밀도를 계산한 적이 있다. 우주에는 평균적으로 1㎤당 1개의 원자가 분포한다고도 했고 또 한편으로는 1㎥당 수소 원자 5개가 띄엄띄엄 분포한다고 설명했던 적도 있다. 다시 한 번 상기해보지만, 前者는 우주의 공허한 부분과 천체를 망라한 우주 전체 평균의 개념이고 後者는 천체를 배제한 개념으로써 허공인 우주에 분포하는 원자 수의 의미라고 필자 나름대로 정의했던 기억이 있다. 여기서는 후자에 주목하자. 그러나 진공 속에 숫자가 개입되는 한 그것은 별 의미 없는 구분이다. 더군다나 필자가 정의한 평균 밀도는 혼동을 배제하기 위하여 편의상 정해둔 것이니 무시해도 좋다. 허공이라는 것은 은하 내부도 허공이고 은하 바깥도 허공이며, 심지어 지구의 대기권도 허공에 속한다. 이 모든 허공을 평균하여 분포하는 원자 수가 1㎥당 5개의 원자라고 정리해두자. 방금 이야기했듯이 허공은 태양계 내부에도 있고 은하 바깥 아득한 심층 우주에도 있다. 원자의 수가 등방으로 한결같지는 않을 것이고 밀집된 부분이 있는가 하면 완전히 비어있는 공간도 더러는 있을 것이다. 우선 심층 우주에서 완전히 비어있는 공간이 어딘가에는 있다고 가정하자. 그러한 공간이 확보되면 앞서 사용했던 유입과 토출이 따로 있는 진공의 용기를 지구에서부터 가져오도록 하자. 용기 속에는 아직도 1㎤당 약 3만 5천 개나 되는 기체 분자가 남아있을 것이다. 따라서 유입구와 토출구를 어느 거리만큼 이격시킬 만한 길이의 호스도 필요하고 왕복 펌프도 필요하다. 준비가 다 됐으면 이제 펌프를 작동시켜 토출구를 통하여 그 속에 들어있던 기체를 빼보자. 동시에 우주 공간의 맑은 진공이 유입구를 통하여 유입될 것이다. 그러다가 어느 적당한 시점에서 유입과 토출의 구멍을 동시에 마개로 막아 밀봉하면 이제야말로 진공을 가두는 데 성공을 한 것이다. 여기에 전제할 것은 호스의 길이에 구애받지 않아야 하고, 용기와 펌프 등 모든 장비는 일체의 물리적 또는 화학적으로 부식이나 마모, 이온화 등의 반응을 일으키지 않는 이상적인 재료로 구성되어야 한다는 점이다. 그런데 여기서 또 하나 궁금해지는 것이 있다. 좀 전에 우주에서 진공을 가둘 때 유입과 토출 구멍을 동시에 마개로 막는다고 했는데 만약 토출을 먼저 닫고 유입은 나중에 닫는다면? 또는 그 역의 상황이라면 내부는 어떤 현상을 보일까? 과연 우리가 작업한 일련의 과정이 우리의 생각대로 진행된 것이 맞기나 할까? 어쨌거나 그것이 우리의 상상대로 성공을 거두었다고 가정하면 용기의 내부에는 원자도 없고 공허하다. 열은 원자나 분자들의 운동이라고 했고 보일-샤를의 법칙에 따르면 기체의 압력은 체적에 반비례하고 절대온도에 비례한다고 했다. 용기 속에 원자가 없다면 그 온도는 절대영도에 도달해 있을 것이며, 용기의 체적이 0이 아니라면 압력은 체적이 클수록 이미 임계의 부압이 작용하고 있을 것이다. 그렇다면 또 한 번의 시험을 해보자. 방금 우주에서 작업을 거쳐 가져온 완전 진공의 용기를 용광로에 넣고 온도를 높여보자. 참고로 용기의 열 전도성은 대략 철판의 그것과 같되 그 어떤 열에도 녹지 않고 파열되지도 않는다고 가정하자. 용기의 온도를 높여가면 용기 내부의 온도와 압력은 어떤 관계가 될까? 과연 용기 내부 공간의 온도는 절대온도를 유지할까? 용기 자체의 온도는 쇠가 녹고도 남을 정도이니 아마 용기 표면에서 발생하는 복사열도 대단할 것이다. 용기 내부 공간에는 그 어떤 반사체도 없고 원자조차도 없는 허공일 터인데 과연 복사열이 작용할까?

방금 보일-샤를의 법칙을 언급했다. 여기에 따르면 온도와 압력은 서로 상쇄할 수 있다. 밀폐된 공간 속에서 분자의 수가 일정하다면 압력을 높이는 방법으로 온도를 높이는 것이다. 고온이란 분자의 운동이 매우 활발하다는 내용의 표현 방법이고, 저온은 분자의 운동이 느려진다는 표현 방법이다. 초고온이란 분자의 운동이 이루 말할 수 없이 활발하다는 표현 방법이고, 극저온은 분자의 운동이 더는 느려질 수 없는 상태의 한계에 달했다는, 대체로 난해한 표현 방법이다. 열을 올리면 분자의 운동이 활발해지고 분자의 운동이 활발하면 압력이 커진다는 뜻이다. 온도를 고정한 상태에서 압력을 높이는 방법으로 분자의 수를 증가시키는 방법이 있다. 그것은 곧 외부로부터 기체를 공급하는 것이다. 풍선에 일정량의 기체를 불어넣으면 부풀어 올라 풍선의 형태를 유지한다. 이때 풍선 내부의 압력과 대기압은 오로지 서로 등압을 유지하기 위해 풍선의 벽을 밀거나 당기고 있다. 풍선이 고유의 형태를 유지하는 한 풍선 내부의 압력과 대기압은 엄연히 다르다. 내부의 압력은 높고 대기압은 낮다. 그 상태를 유지할 수 있는 이유는 풍선 자체의 재료 특성, 즉 파열되지 않고 장력과 탄성을 유지하기 때문이다. 절대영도란 원자의 운동이 완전히 멈추는 것을 이르는 말로, 필자가 생각하기로는 원자가 존재하는 한 진정한 절대영도에는 도달할 수 없다고 생각한다. 움직임이 있는 한 에너지는 작용하며 어떤 형태로든 원자는 그 자체로 운동을 하고 있기 때문이다. 이를테면 원자 자체의 회전이나 이동은 물론이거니와 원자를 구성하는 전자의 자전과 공전도 원자의 운동으로 간주될 수 있기 때문이다. 참고로 전자의 자전과 공전을 스핀(Spin)이라는 단어로 대체할 수 있다. 스핀은 점입자의 기본 성질 중 각운동량의 단위를 갖는 물리량이다. 회전하는 물체들의 보존되는 물리량 중 하나가 각운동량이다. 점입자는 크기가 없으므로 원칙적으로 자전할 수는 없다. 그러나 어떤 형태로든 세상에 존재한다면 물리법칙으로 설명이 되어야 하는바 물질이 질량이나 전하로서 그 특성을 부여받듯이 점입자에도 스핀을 대입함으로써 기본 물리량을 부여한다.

지구에 떨어지고 있는 우주먼지는 하루에 100톤에 육박한다고 한다. 이 먼지가 우주의 평균 밀도에서 얼마나 점하고 있는지는 알 수가 없겠으나 필자가 가끔 먼지가 모여 우주를 이룬다고 했던 말이 그냥 입으로만 해본 소리가 아니었음이 증명되는 대목이라 아니할 수가 없다. 눈에 보이지도 않는 먼지가 그토록 많다는 것도 신기할 따름이지만, 우선 그것은 지구의 넓이가 그만큼 넓다는 반증일 것이다. 그렇다면 과연 우주먼지가 지구의 체적 변화에 얼마나 영향을 미치고 있는지? 먼지가 모여 우주를 이룬다고 했던 말이 정말 사실인지? 그것이 사실이라면 혹시 중국발 미세먼지가 대한민국에 날아와 쌓이고 또 쌓이면 언젠가는 중국땅은 없어지고 대한민국 땅만 남는 것은 아닌지 짚어보지 않을 수가 없다. 일단 우주먼지를 지구의 일반적인 흙의 비중에 견주어 계산을 하자. 지구의 흙도 먼지가 모여 이루어진 것이 틀림이 없다면, 계산상 별다른 오류는 없을 것이기 때문이다. 일반적인 흙의 단위 중량은 대략 1.7ton/㎥ 정도가 되므로 체적으로 환산하면 대략 0.6㎥/ton이 될 것이다. 우주먼지가 하루에 100ton이라면 체적으로 환산하면 60㎥가 되는 셈이다. 1년에 쌓이는 양은 60×365=21,900㎥, 10년이면 219,000㎥가 된다. 사방 1,000m, 즉 1㎢에 10년에 대략 22cm 높이로 쌓인다는 뜻이다. 사방 1km라고 해봐야 강산에 견줄 수는 없겠지만 10년이면 강산이 변한다는 말은 1㎢ 범위에서는 증명이 되는 셈이다. 그렇다면 지구 전체 면적에 덮는다면 어느 정도일까? 지구 전체 면적은 바다를 포함하여 5억 1천만 ㎢이고 육지의 면적은 1억 5천만 ㎢이다. 하루에 먼지 100톤으로는 지구 전체 면적을 약 1cm 두께로 덮는데도 2억 5천만 년 이상 걸린다는 계산이 나온다. 이 계산으로 가늠해보면 지구는 두 가지의 관점에서 극과 극의 위치에 있음을 알 수가 있다. 우주적 관점에서 지구는 먼지 입자 하나보다도 작다. 그러나 지구적 관점에서 지구는 먼지로 덮어버리기에는 그 넓이가 너무나 방대하다. 여기까지만 하자. 계산 중에 곰곰이 생각하니 필자가 산수를 싫어하기도 하지만, 이 계산은 아무런 의미가 없다. 고립계라고 하는 우주는 그 넓이가 끝이 없는 가운데 지금도 팽창하고 있고, 우주 전체의 엔트로피는 증가 일변도에 있으며, 우주 공간의 팽창하는 용적만큼 우주 물질의 평균 밀도는 세월이 갈수록 낮아져 갈 것이기 때문이다.

인식(認識)의 한계

소슬바람이 앙상한 배나무 가지를 타고 돌담 밖으로 으스스 불고 지나가는 초겨울, 자정을 알리는 괘종시계의 굉음에 문득 잠을 깬 나는 꽤 무게가 느껴지는 싸늘한 누군가의 손이 내 배 위에 올려져 있다는 것을 느꼈다. 아무도 올 사람이라고는 없는, 혼자 자는 남자의 방에, 그것도 까칠까칠한 체모의 감촉으로 보아 남성으로 느껴지는 차가운 손이 잠을 자는 타인의 신체를 더듬고 있었던 것이었다. 마침 초겨울이었으니 손이 얼음장처럼 차가운 것으로 미루어, 그는 그토록 오래지 않은 시간에 바깥에서 막 들어와서는 내 옆에 누워 잠이 들어 버렸다는 생각이 든다. 저녁에 만났던 친구 중에 한 녀석일까? 게슴츠레 눈을 떠 봤으나, 형체라고는 보이지 않는 칠흑같이 어두운 밤이다. 방문에는 외풍을 막느라 두꺼운 커튼을 드리웠으니 날이 새지 않고는 밝아지기를 기대할 수가 없다. 그런데 내가 오늘은 방문을 걸지 않았던가? 아니다. 분명히 걸고리로 걸고 커튼까지 드리웠던 기억이 생생하다. 일어나 불을 켜야 하는데, 밀려오는 공포에 몸이 따라주지를 않는다. 의지는 있으나 묶어놓은 송장처럼 몸체는 완전히 경직되고, 손끝에 감촉은 여전히 차갑고 소름이 돋는다. 이 사람은 누구일까? 걸어 잠근 문을 소리도 없이 따고 들어올 수 있는 사람은? 혹시 귀… 귀신의 '귀'자가 뇌리를 스치는 순간, "으아~!" 하는 단말마의 비명과 함께 그제야 배를 더듬고 있던 그 공포의 손을 냅다 뿌리치면서 자리를 박차고 벌떡 일어나는데, 뿌리친 손은 허공에 매달아 놓은 그것처럼 왼쪽 허벅지에 와서 덜렁거리는 것이다. 소스라치는 공포에 급기야 익숙한 위치를 향해 쓰러질 듯 몸을 날려 전등 스

위치를 켜고 보니 그것은 바로 나의 왼손이었다. 모로 잔 탓인지 혈류가 통하지 않아 감각이 없고 차가워져 오른손이 만지기에 남의 손인 줄 착각을 한 것이다. 이 사건은 꿈이 아니고 필자가 겪었던 생시에서의 실제 사건이다. 생시임에도 사실이 아닌 경우가 사실로 강제됨으로 인해 순간적이나마 모든 의식을 가공에 맡겨버리는 경우라 할 수가 있다.

우리의 지식 한계에서 자신의 미래를 알 수 있는 방법을 열거하면 점을 쳐보는 방법, 관상이나 여타의 신체 조건으로 통계 결과에 편승해 보는 방법, 타임머신을 타고 미리 가서 알아보는 방법, 염력이나 최면술을 이용하여 느껴보는 방법, 나름대로 사유하고 추측해보는 방법 등으로 구별해볼 수 있다. 여기서 타임머신은 아직 실용화되지 않는 방법이고, 염력이나 최면술은 보통 사람의 능력으로는 미치지 못하는 방법이다. 게다가 점이라든가 관상 등의 방법은 신뢰하기에는 의심이 가는 방법이다. 남은 방법은 나름대로 사유하고 추측해보는 방법일 것이다. 우리는 생각을 통하여 어디든 갈 수가 있다. 그러나 그것도 생각의 깊이라든가 나의 능력상 분명 어느 한계가 있다. 내가 알고 있는 지식 중에는 진실과는 거리가 있는 것들이 포함되어 있을 것이라는 생각을 떨쳐버릴 수가 없다. 나는 인생에 있어서 대체로 중요하다고 생각되는 대부분의 기회를 독학으로 해결하고 있다. 그중에 기술사는 확실한 터닝포인트였다. 학원이나 정규과정에서는 교수님이라는 멘토가 존재하기에 한 과목에 교재 하나면 해결되지만, 독학에서는 혼자서 여러 자료를 찾아가며 공부를 해야 하므로 몇 권의 참고서가 더 필요하다. 널리 보편화된 기술 이론 외에는 저자마다 원리에 대한 해석이 다를 수가 있으므로 하나의 문제를 놓고도 해답이 애매할 때가 있다. 이때는 몇 권의 책 중에서 다수결의 원리가 적용되는 것이다. 더 중요한 것은 어떤 이론은 책에서 설명을 해줘도 내 머리로는 도무지 이해가 가지 않는 경우가 있다. 그러한 경우 자신의 상식과 논리로 그것을 구체화하여야만 한다.

자연이라는 영역을 어디까지로 구분하여야 할까? 자연은 우리 눈에 보이는 시각적인 부분, 즉 지상의 모든 것을 포함하여 하늘에 떠있는 구름, 태양, 달, 별, 은하, 성간물질 등 질료와 형상[4] 그 복합체가 여기에 해당한다. 다만 눈에 보이는 부분 중에는 우리가 알 수 없는 현상이 있을 수 있고 자연 중에도 우리 눈에 보이지 않는 부분이 있을 수 있다. 형상으로 나타나지 않는 존재자로서 그 무엇을 이루는 질료가 따로 있을 수도 있는 것이다. 그러나 우리는 직접 눈으로 목격하는 경우와 현미경이나 망원경을 통하여 확인하는 방법, 듣거나 만지거나 하여 느껴보는 방법 등, 여러 가지 감각으로부터 지각하는 것이 우리가 알 수 있는 모든 것인 양 생각하고 있다. 여기에다 너무 멀어서 망원경으로도 볼 수 없는 것, 너무 작아서 현미경으로도 보이지 않는 것, 암흑물질이나 암흑에너지처럼 우리의 지각기능으로는 느낄 수 없는 것이 있을 수 있다는 것도 분명 우리가 지각하고 있는 것 중에 하나다. 더 나아가서는 우리의 인식에서 왜곡이 있을 수 있다는 것까지도 우리는 가까스로 지각하고 있다. 그러나 소크라테스가 지적하였듯이 자기 자신만큼은 알지 못하는 어리석은 존재가 또한 인간이다. 여기서 정리를 하자면 자연의 영역은 우리가 알 수 있는 범위로 한정해야 한다는 것이 필자의 생각이다. 그렇다면 원자는 자연인

The Helix Nebula / 사진출처: NASA

가? 원자는 눈으로 볼 수 없을뿐더러 현미경으로도 그 구체적인 형상은 얻을 수가 없다. 그러나 물은 수소 원자 두 개와 산소 원자 하나로 구성된다. 원자가 아니라면 수소도, 산소도, 물도 성립할 수가 없다. 따라서 원자는 보이지는 않지만 자연이다! 스피노자는 신은 곧 자연이요, 자연은 곧 신이라고 했다. 철학자의 말을 수용하기에 이르면 마침내 자연은 우주 전체는 물론이고 우리가 알 수 없는 부분까지도 아우르게 된다.

현미경을 통하여 미생물을 관찰한다. 미생물이 생겨나거나 죽고, 세세한 움직임이 관찰된다. 배율을 높여나가면 세포분열을 일으키고 또 증식되거나 분화되고, 각각의 개체가 갖는 일생의 일거수일투족이 육안으로 관찰된다. 배율을 더욱 높여가면 물질로는 더는 작아질 수 없는 기본입자인 원자(쿼크 등 소립자를 포함한다)에 다다른다. 모든 것은 하나의 원자로 시작된다고 했고, 우주의 시작 논리가 또한 그러하니 위와 같이 물질의 범위를 벗어나면 비로소 모든 것의 시작점을 만날 수 있다. 반경 465억 광년의 현재 우주도 역산하여가면 언젠가는 하나의 점으로 축소된다. 국제우주정거장(ISS)에서 한반도를 내려다보면 서울에서 부산까지 수백 킬로미터의 반경이 한눈에 내려다보인다. 시야의 배율을 높여가면 고속전철이 실지렁이처럼 스멀스멀 기어가고 사람의 형체는 움직이지도 않는 듯 작은 점으로 포착된다. 이 장면들을 모조리 동영상으로 담아 고속회전으로 재생해보면 지구상의 모든 움직임이나 우리의 행동반경은 참으로 좁고 일생은 순간적일 것이다. 별빛 초롱초롱한 밤하늘을 올려다본다. 안드로메다은하가 희미하게 육안으로 관측된다. 멀리 있는 별에 대한 지식이 짧으니 위치를 바꿔서 생각해보자. 저 멀리 아득한 우주에 A라고 하는 우주인이 지구를 바라본다. 그 우주인은 시력이 워낙 좋아서 지구 곳곳은 물론이고 우리은하 전체를 손바닥 보듯이 보고 있다. A가 있는 그곳은 시간이 매우 느리게 흐르고 있다. 그곳의 느린 시간에 비례하여 지구에서 일어나고 있는 움직임은 역동적일 것이다. 그곳에서 관측되는 지구상의 고속전철은 워낙 빠르게 한자리에서 왕복 운동을 하니 마치 떨림이나 진동처럼 느껴질 것이다. 점으로 포착되는 사람의 형체도 때때로 작은 움직임을 보이다가 이내 짧은 일생을 마치고는 사라지고 만다. 이처럼 A가 보는 우리의 일거수일투족은 위에서 우리가 현미경으로 관찰한 미생물이나 원자의 그것과 그토록 다를 것은 없다. 따라서 인간이나 미생물이나 모든 생물은 보는 관점과 배율에 따라 일생이 갖는 시간적 길이가 다르고 그 가치는 개체 스스로의 주관에 의존하는 경향이 클 것으로 생각한다.

새빨갛고 화려한 장미꽃을 우리 인식의 한계까지 확대해 보자. 꽃잎을 시료로 떼어내는 순간, 화려함이라는 형용의 조건은 사라지고 만다. 화려함이란 형체, 색채, 순도, 명암, 질감이 조화를 이루고 관찰자의 의식이 이를 수용할 때 비로소 성립하는 것이다. 이제 이 시료를 현미경에 거치해 놓고 배율을 높여간다. 참고로 이 현미경은 자동으로 초점이 정렬되고 배율은 무한대라고 하자. 어차피 사고실험이다.[5] 배율을 계속해서 높여나가면 어느 시점에서 새빨갛던 색상은 바래 져 엷고 불그스레한 색으로 변모해간다. 여기서 멈추지 않고 계속 배율을 높여나가면 어느 단계에서부터 색상이라는 개념 자체가 불명확해지면서 희미한 어떤 형체만 남아 생물체로서의 최소 성분인 세포, 물질 성분의 최소 수준인 분자, 그리고 물질의 근원이 되는 원자를 거치면서 마침내 투명해져 물질의 형체마저 사라지고 말 것이다. 이 설명은 앞에서 사고실험이라고 전제했듯이 사실과는 다르다. 현실에서 원자는 현미경의 배율이 아무리 높아도 우리 눈으로는 볼 수가 없다. 앞에서 현미경에 의한 실험과 같이 이제 어떤 물질을 가장 작은 순간까지 성분단위로 분해해보자. 어떤 물체를 쪼개고 또 쪼개면 조직을 이루고 있는 세포 단위 또는 결정단위에 도달한다. 계속해서 분해해나가면 현미경 실험과 같이 분자를 거쳐 원자에 이른다. 원자는 양성자와 중성자로 구성된 원자핵과 그 주변을 돌고 있는 전자로 구성된다. 우리가 물질은 과연 무엇으로 이루어졌을까 하고 궁금해하는 데 대한 해답은 대략 여기까지이다. 현미경으로도 확인했듯이, 원자는 이미 우리의 시야에서는 없다. 물체를 분해해나가면 궁극에는 우리의 인식에서 아무것도 존재하지 않게 되는 것이다. 인식의 한계 즉, 물질의 궁극적인 결과에 도달하기 위해서는 위의 두 가지 사고실험 외에도 물질을 가열하여 변태를 거듭해가는 방법이 있을 것이다. 금속에 열을 가해가면 재결정온도를 지나 고체에서 액체로의 상태 변화를 지나게 되고 계속해서 온도를 무한 상승해가면 액체가 기체로 변화하고 물질인지 에너지인지 분간할 수 없는 이른바 플라스마 상태를 거쳐 궁극에 가서는 오직 에너지만 남아있는 상태에까지 도달하게 될 것이다. 여기서 가열이라는 외적 영향 자체가 이미 에너지임을 고려하면 궁극에는 아무것도 존재하지 않게 되는 것이리라.

인식(認識)은 지각(知覺), 기억(記憶), 상상(想像), 구상(構想), 판단(判斷), 추리(推理)를 포함한 지적(知的) 작용이다. 인식의 한계에 도달하는 또 하나의 방법으로 독서가 있다. 이 방법은 지극히 주관적인 방법이다. 앞서 언급했지만, 책 속에서 한계를 만나면 자기합리화가 필요하다. 사유의 진화는 이 작업으로부터 비롯된다. 신문을 읽을 때 글의 내용이 좀 지루하다고 하여 헤드라인만 읽고 마는 사람은 사유의 진화를 기대할 수 없다. 긴 글을 읽지 못하는 사람은 글의 헤드라인을 내용의 전부라고 믿어버릴 수 있기 때문이다. 특히 요즘 대중전달 매체에서의 헤드라인은 본문과는 다르게 반어법을 쓰는 경우가 많다. 난무하는 의혹들 그 의문 부호 뒤에는 또 다른 해설이 존재한다. 헤드라인만 읽지 말고 본문을 끝까지 읽고는 지각의 한계에까지 들어가 볼 것을 권한다. 글은 의미심장함으로 가치를 지닌다. 詩는 아름답고 수필은 심오하고 소설은 역동적이다. 글은 시각적인 기호로 우리 의식에 전달되지만, 눈으로만 읽는다면 도통 그 내용을 알 수가 없다. 글만 읽고는 느낀바가 없다면 글을 읽은 것이 아니고 글자를 본 것, 더 나아가서는 어떤 선과 점으로 이루어진 수많은 뭔가를 보았다고 해야 할 것이다. 철학자의 말을 빌리면 생각하지 않고서는 자신이 존재한다고 할 수도 없거니와 생각을 통하지 않고서는 글을 읽었다고 할 수가 없다. 글은 눈으로 읽되 그것을 작자의 의도에 따라 생각하고 귀납하여야 한다. 그리고는 지각의 한계까지 도달하여 그 의미를 독자 나름대로 연역해내는 것도 대단히 중요하다. 이를테면 책을 읽을 때는 자신의 생각으로 읽되 작자가 의도하는 바대로 결론에 도달하여야 하고, 그것을 자신의 지각 속에서 옳고 그름을 도출해내어 자신의 정신 내면에 요소별로 체화시켜두는 작업이 필요하다는 이야기다.

원리와 이론은 혼용하여 사용하기도 하지만 그 뜻은 구분이 된다. 원리는 이론을 이루는 구성 요소이며 이론은 원리에 대한 체계적 설명이다. 원리는 자연 그 자체의 작동 방식이고, 그것을 누군가가 관찰하고 발견하고 추측하여 설명한 것이 이론이다. 어떤 원리가 진리인지 그 여부는 이론을 통하여 짐작할 뿐이지만 우리는 이론을 신뢰한다. 왜냐하면,

그 내용이 우리가 생각할 수 있는 가장 보편적이거나 설령 또 다른 원리가 있다 한들 우리가 그것을 발견하거나 이해하지 못한 나머지 더는 마땅한 방법이 없기에 우리보다는 똑똑한 이론가들끼리 그것을 최선의 원리라고 정해두기 때문이다. 우리는 똑똑하다고 생각되는 그들의 약속을 믿는 것이다. 우주이론 중에서 다중우주이론[6]이란 것이 있다. 아니, 정확하게 표현하자면 그런 이론이 있다는 것을 책에서 읽은 적이 있다. 위에서 설명과 같이 다중우주이론은 추측의 결과이며 우리는 이러한 이론을 신뢰하지만 '신뢰하다'라는 단어 자체에는 완전하지 않다는 뜻을 내재하고 있다. 우주 속에 우주가 있고, 우주 밖에 우주가 무한히 존재함으로 우주 어딘가에는 나와 똑같은 사람이 존재할 수도 있다는 것이 다중우주이론의 간단한 설명이다. 그것이 명색이 과학임에도 귀신을 한 번도 본 적이 없는 필자의 시각으로는 귀신이 존재한다는 신앙적 논리보다도 더 허황하게 들린다.

앞에서 일부 언급이 있었지만 과학이론 중에는 '특이점'이라든가 '불확정성'이라는 단어가 있다. 이들 단어는 대체로 그 단어 자체가 이론의 제목을 구성하는 한편 내용 또한 명실상부하게 이론의 핵심을 이루고 있다. 그러나 이 단어들은 어떤 문제에 대한 해법보다는 그 내용에 대해 전혀 증거를 댈 수 없는, 아직 발견되지도 않았거나 풀 수 없는 수수께끼 또는 설명하기 곤란한 부분에 대하여 설명을 회피하거나 얼버무리기 위한 수단에 불과하다는 것이 필자의 생각이다. 이를테면, 불확정성의 원리에서 '불확정성'은 원자를 구성하는 전자의 행동이, 그것을 확인하려는 순간 행방이 묘연해진다거나 신출귀몰하여 도저히 우리의 설명으로는 불가해하다는 뜻이고, '특이점'이라는 단어는 온갖 수학적 계산을 동원해봐도 도무지 우리가 알고 있는 물리 법칙으로는 적용되지 않는 지점이라는 뜻으로 우주 이론에서는 우주의 시작점, 블랙홀의 특이점 등이 여기에 해당한다. 공히 현재 인간의 능력으로는 그 내용을 속 시원히 해명해주거나 이해할 방법이 아직까지는 없다. 그렇다면 그것은 우리의 의식 바깥이거나 기억이 나지 않는 것과 별다를 것이 없다. 알 수 없는 것에 대한 명칭으로서 암흑물질과 암흑에너지, 사람 이름으로 치면 '김 아무개'나 '이 아무개'도 같은 맥락이다. 위와 같이 모호한 단어에 더욱 보편적으로 쓰이는 우리의 일상 언어 중에서 이를 대신할 수 있는 편리한 단어가 있다. 우리나라에서 가장 범용적인 단어, 바로 '거시기'다. 어차피 우리의 언어로는 위에서 말한 불확정성이나 특이점이라는 사실에 대해 왜 그렇게 되고 있는지 자초지종을 설명할 수가 없다면, 굳이 특별한 언어는 필요치 않다. 따라서 불확정성이나 특이점이라는 난해한 단어를 배제하고 '거시기의 원리', '거시기 점'으로 서로 치환해도 그 의미는 크게 왜곡되지는 않는다.

진화론 단상

'싱크로니 현상'이라는 용어가 있다. 부부는 닮는다는 말이 있듯이 주변을 닮아가는 현상이다. 매운 청양고추밭에 맵지 않은 일반 고추를 함께 심으면 각각의 특성을 서로 나눈다고 한다. 물론 그 작용 기제는 꽃가루에 의한 작용일 수도 있고 뿌리에 의한 작용이 될 수도 있다. 매운 고추와 맵지 않은 고추가 서로 상대를 닮아가다 보면 이 세상에 매운맛은 사라져버릴지도 모른다. 고추가 서로 닮아가듯이 그렇게 진화(또는 퇴화)해나가다 보면 마침내 모든 사람은 생김새고 성격이고 하나의 모습이 될지도 모른다. 처음 시작한 단세포의 생물이 우리의 까마득한 조상이라고 한다면 이 세상의 모든 자연과 현상은 하나의 원소로부터 시작하여 소정의 목적지까지 진화하고는 다시 하나의 원소로 도태되어가고 있는지도 모른다. 진화와 정화는 변화의 방향성 측면에서 그 메커니즘이 서로 유사하다. 오염된 부분을 걸러내고 신선한 상태로 거듭나는 작용을 정화라고 한다. 생명이 여러 세대를 거치면서 순기능의 변화를 축적해 갈 때 또는 어떤 반복되는 동작이 횟수를 거듭하면서 기능이나 관념이 향상되어 갈 때 우리는 그 과정을 진화라고 한다. 우리는 진화하고 있으나 한편으로는 정화되는 중이다. 양치기 소년의 이야기가 있다. 늑대가 나타났다고 몇 번의 거짓말을 하게 되면 동네 사람들이 마침내 각성을 한다는 이야기다. 약속을 어기는 행위도 같은 맥락이다. 만일 A라는 친구가 B라는 친구에게 뭔가를 실천하겠다고 약속을 했다고 치자. A는 부득이한 사정이 발생하여 본의 아니게 약속을 어기고 만다. 그런 일이 몇 차례 생기고 나면 B는 각성한다. "약속은 실천되지 않을 수도 있다!" 이 각성은 B의 의식 내면에 체화되고, 후대에 걸쳐서 그러한 일이 반복된다. 각성의 결과가 마침내 엔트로피를 낮추게 될 것이라는 이야기다. 도대체가 말이 되지는 않겠지만, 그러한 결과는 인간의 보편적인 도덕의 가치로 관념 속에 각인이 되고 이러한 관념이 쌓이고 쌓여서 진화해 갈 것이다. 먼 훗날 수천 세대가 지나고 나면 우리 의식에는 선과 악이 극명하게 구분이 되어 행동에 반영될 것이다. 이제 더는 속을 사람이 없고 속이고자 하는 행동도 세상에서 사라지게 될 것이다. 세월이 곧 진화의 근거라고 믿는다면 대략 2천 년 전 사람들은 현대의 사람들보다 생각이나 정신 수준이 무척 미개했을 것이라는 생각을 하게 된다. 심지어는 지금의 내가 조선 시대에 살았었다면 역사적 인물이 되지 않았을까 하는 망상을 아무런 부끄러움 없이 가져보는 사람들도 있다. 실제로 불과 수십 년 전의 과거와 비교해보면 우리는 엄청나게 똑똑해져 보이고 실제로 똑똑해져 있다. 그러나 그것은 자만일 뿐이다. 플라톤, 피타고라스, 공자, 맹자, 그리스도…. 우리가 알고 있는 선각자들은 2천 년 그 이전의 사람들이다. 우리는 아직도 그들의 이론과 그들의 정신을 배우고 있다. 현재의 우리가 똑똑하게 보이는 것은 우리가 기하급수적으로 발달하여가는 문명의 구성부품으로서 오로지 자기조직화[7]에 충실하기 때문일 것이다.

진화론은 생명의 진화 과정을 논리적으로 연구한 학문의 결과물이다. 맨 처음 생명의 기원은 어떤 원소의 집합으로 세포가 이루어지고 세포가 분열을 거듭하여 하나의 생명으로 탄생하게 된다. 입자에서 세포로, 세포에서 기관의 형성으로 진화함으로써 눈, 귀, 입, 코가 형성되는 것이다. 진화는 공간에서의 운동과 시간 진행의 결과이다. 움직임이 없거나 시간이 흐르지 않는다면 진화를 기대할 수 없다. 가장 큰 이유는 세포의 교체가 없기 때문이다. 세대가 거듭될수록 신체 중에서 움직임이 많은 부분은 진화가 되고 움직임이 적은 부분은 퇴화가 된다. 우리의 신체는 세포로 구성되므로 신체조직의 형태나 기능의 측면에서 진화를 유도하는 최소 작용 단위는 세포의 배열이라고 볼 수가 있다. 진화란 세포의 배열 구조가 바뀌어 나타나는 현상인 것이다. 세포가 원자로 구성된다면, 원자가 뉴런이나 여타 신경세포의 조직을 이루고 있다면, 세포의 형태나 기능 자체의 진화를 유도하는 최소 작용 단위는 양자적 운동이라고 유추해볼 수가 있다. 지능의 발달도 진화의 결과이며 인간의 지능이 발달하면서 물리 이론과 수학 공식과 건축의 공법도 발달한다. 세상의 모든 면모가 이 원리에 따르고 있는 듯 보이지만 하나의 예외로 보이는 것이 있다. 꿀벌이나 말벌은 곤충에 불과하지만, 그것들이 구사하는 건축 공법과 기술은 최소 인간의 수작업을 능가하고 있다. 빈틈없는 육각형의 연속체로 이루어진 벌집은 고도의 수학 공식과 측량술과 건축술의 조합 없이는 불가능한 기술에 속한다. 벌집 내부의 매끈함과 정교함을 구사할 수 있는 능력은 인위적으로는 그 누구도 흉내 낼 수 없는 기능에 속한다. 그것이 과연 진화의 결과인지도 의문이다. 처음에는 원칙도 없이 허술한 부정형의 형태를 이루던 것을 진화를 거듭하면서 사각, 오각, 육각으로 대체한 것으로 보이지는 않는다. 그렇다면 처음부터 그러한 기술을 구사했을까? 그것들의 지능이 처음에는 고차원의 지능이었다가 건축 기술은 그대로 보유한 채로 여타의 지능은 퇴화해버린 것은 아닐까? 혹시 인간에서 원숭이로, 원숭이에서 고양이로, 고양이에서 날다람쥐로, 날다람쥐에서 말벌로, 역순을 밟아 진화한 것은 아닐까?

기독교에서는 진화론이 허구라는 그럴듯한 증명들을 수도 없이 내놓고 있다. 유인원이 사람의 조상이라면 유인원의 화석은 많은데 어찌하여 중간단계는 발견되지 않는가? 조류가 파충류로부터 진화하였다면 파충류와 조류의 중간 단계, 이를테면 날개가 돋아나기 시작하여 중간중간 그 돋아나는 과정의 화석들이 발견되어야 할 텐데 그러한 과정들의 화석은 없고 왜 파충류와 조류가 확연히 구분되는 화석만 즐비하게 발견되고 있는가? 등등 언뜻 반론을 제기하기에는 논리적으로 쉽지 않다고 생각되는 부분이 많다. 오스트랄로피테쿠스가 우리의 조상이라면 털북숭이인 오스트랄로피테쿠스와 가죽이 멀겋게 생긴 현생인류 사이, 즉 반쯤 털이 있는 중간 단계의 화석은 왜 발견되지 않고 있느냐는 것이다. 이를테면 파충류나 양서류가 진화하여 날짐승이 되었다면 날개가 하루아침에 불쑥 생겨나지는 않았을 텐데 날개가 진화해가는 과정이 없다는 것이다. 지금까지 화석이 진화의 근거가 되고 있지만, 화석으로 진화 과정을 구체적으로 설명하기에는 연속성이 부족한 것은 사실이다. 연속성이란 곧 시간과 횟수의 조합이다. 연속성이 부족할 때 이를 보정하는 유일한 방법이 돌연변이와 자연 선택이라는 진화론의 핵심이론을 도입하는 것이다. 불쑥 다른 형체로 생겨나서 그것이 또 다른 종을 이룰 수도 있다는 것이다. 사람의 경우를 예로 들자면 털북숭이의 유인원으로 연속되다가 어떤 시기에는 돌연변이가 되어 털이 없는 벌거숭이로 태어날 수도 있고 뇌가 없는 듯 멍청한 상태로 유지되다가 불쑥 엄청나게 똑똑한 개체로 태어날 수도 있다. 오늘날 실패와 실수의 연속인 사회 평균에서 가끔 똑똑하고 현명한 사람이 듬성듬성 태어나고 있다는 사실도 어쩌면 이와 무관하지는 않을 것으로 보인다. 돌연변이도 무정란의 달걀처럼 불쑥 튀어나옴으로써 과정이 성립되는 것은 아닐 테고 자연 선택이라는 기제에도 우연과 필연의 연속적인 조합이 유구한 세월을 거쳐 마침내 어떤 종을 이루게 될 것이다. 그러나 돌연변이가 우연의 결과라고 하더라도 어떤 패턴이 한결같지는 않을 것이다. 만약 도마뱀의 알 속에서 비둘기가 나온다거나 도롱뇽의 알 속에서 참새가 나오는 일이 있었다고 가정하더라도 그러한 일이 연속되지는 않았을 것이라는 이야기다.

칼 짐머가 쓴 『진화』라는 책에서 찰스 다윈은 "화석이 되려면 동물의 시체는 퇴적층에 잘 묻혀야 하고 이어서 단단한 암석층이 되어야 하며 화산, 지진, 침식 등으로 파괴되지 않아야 한다. 이 모든 조건을 갖출 확률은 불가능할 정도로 낮기 때문에 수백만 마리의 개체를 자랑하던 종도 화석 하나에 의존해서 알아볼 수밖에 없다. 그러므로 화석의 기록에서 연결 고리가 빠져 있는 것은 놀랄 일이 아니며 이것이 오히려 정상이다."라고 역설하고 있다. 또한 이 책에 따르면 사실 진화론은 찰스 다윈의 창의적 발상에서 시작된 것이 아니고 그의 할아버지인 에라스무스 다윈(Erasmus Darwin)의 상상력에서 태동한 것으로 보인다. 인류가 단세포 생물로부터 출발한다는 가설은 에라스무스 다윈으로부터 나온 아이디어였다. 에라스무스 다윈에 얽힌 이야기는 우선 필자의 관심 밖이므로 생략하기로 한다. 인류 최초 조상으로 여겨지는 오스트랄로피테쿠스의 출현은 지금으로부터 대략 300만 년~500만 년 전이다. 원숭이든 사람이든 태어나서 첫 자식을 출산하게 되는 시기를 20세라고 한다면 20년마다 1세대가 바뀐다는 뜻이다. 계산상 300만 년의 시간 속에서 대략 15만 세대를 거쳐 온 것으로 볼 수가 있다. 농담이 되겠지만 우리에게는 여타 동물에게는 없는 손이 있다. 손으로는 뭔가를 움켜잡을 수 있는 기능이 있다. 우리의 조상인 유인원들이 교배를 위해 싸우든 먹이를 놓고 싸우든 서로의 털을 움켜잡고 결투를 벌이는 횟수가 평생에 10번꼴이라고 해도 그 회수가 150만 번이다. 한번 결투에 털이 100개만 빠진다고 해도 150만 회면 1억 5천만 개가 빠져버리는 것이다. 지금 멀쩡게 변한 우리의 피부는 그때 그 결투의 결과인지도 모른다.^^ 오스트랄로피테쿠스에서부터 호모하빌리스, 호모에렉투스, 호모네안데르탈렌시스, 호모사피엔스 등 인류 조상을 분류하는 계통과 학설은 여러 갈래로 분분하지만 우리의 직계조상은 가장 최근에 출현한 호모사피엔스로 알려지고 있다. 필자는 지금 호모하빌리스, 호모에렉투스, 호모....를 나열하다가 문득 레즈비언 하빌리스, 레즈비언 에렉투스, 레즈비언 사피엔스는 왜 없었을까 하고 깊은 생각에 빠져 보았다.^^ 호모사피엔스 이외의 종들은 계통수 상에서 우리와 통시적인 관계로 연결되는 것은 아니고 호모사피엔스에게 약간의 영향을 주고는 자연 도태되었거나 각각 독립된 종으로서 존재하다가 멸종된 것으로 추정되고 있다. 호모사피엔스가 출현한 시기는 대략 26만 년~35만 년 전으로 추정하는데 그 양태나 능력이 처음 출현한 시점에서 불쑥 지금의 형태로 생겨나지는 않았을 것이다. 그러므로 그 기원은 훨씬 더 오래 전까지 거슬러 올라가야 할 것으로 보인다. 그러나 집단을 구성하여 언어와 도구를 사용하고 인간으로서의 사색이 가능한 정도를 동물과 인간의 구분이라고 본다면 그 시기는 대략 10만 년 정도로 하향 조정된다. 최근 현황을 보면 사람들의 평균 신장이 수십 년 만에 수십 센티미터나 커지는가 하면 역사상 최대 거인과 최소 소인도 같은 세대에서 출현하고 있다. 최대 거인이나 최소 소인이 1세대에 1개체씩만 출현한다고 해도 300만 년이라는 세월이라면 10만이라는 대량 집단을 구성한다. 어느 한 시점에서 최대 거인이 우연히 화석으로 남는다면 생물사적으로는 인간의 거대종이 또 하나의 가지를 형성할 것이다. 올림픽이 열릴 때마다 새로운 신기록이 수립되는가 하면 일반인의 행동은 더욱 느려지고 있다. 뚱뚱한 사람들은 더 뚱뚱해지고 젊은 여성의 허리는 점점 가늘어져서 사람의 신체가 극과 극을 이루고 있다. 진화론의 관점에서 현대는 종과 종이 分種이 되어 가는 과정에 하나인 것이다.

우리가 영장류인 것은 어느 날 갑자기 태어나 그 상태로 머무르고 있는 돌연변이의 결과인지도 모른다. 다리도 발도 없는 망둥이가 자주 뭍으로 나와서 폴짝폴짝 뛰는 것을 보면 머지않아 사타구니에서 다리가 돌출할 것만 같은 느낌이 든다. 도마뱀이 먼저인지 뱀이 먼저인지는 모르겠으나 큰 도마뱀이 천적을 만나서 긴 꼬리의 반동으로 이리저리 몸통을 휘저으면서 달아나는 모습을 보면 뚱뚱한 몸통이 장애 요소라는 생각을 하게 된다. 머지않아 저것들도 몸통이 뱀처럼 가늘어져 물 흐르듯이 움직이는 날이 올 것이라는 생각을 떨쳐버릴 수가 없다. 진화의 흐름이 물리법칙에 순응한다면 대체로 우리가 생각하는 쪽으로 흐르게 될 것이다. 개체의 의지가 작용하든 우리의 느낌이 작용하든 또는 진화론의 기제가 작용하든 생물의 진화는 분명 어떤 원리에 따르고 있다. 뇌 과학에 따르면 인간이나 동물의 행동은 한결같지 않고 강화 학습에 따라 그 가치를 변화시켜 나갈 수가 있다고 한다. 강화 학습에 의한 행동 가치의 수정은 지식을 이용하여 수정해나가는 방법과 지식을 이용하지 않고 단순한 반복 학습 과정에 의해 수정해나가는 방법으로 구분할 수가 있는데, 뇌가 학습하는 방식을 강화 학습이론으로 설명할 수 있다는 점은 영장류뿐만 아니라 모든 동물의 뇌에 공통으로 적용되는 사실이다. 따라서 개인은 외적 자극에 대해 반응하는 존재이며, 개인의 행동 대다수는 학습을 통해서 형성 및 수정될 수 있다. 학습은 특정 행동을 이끌어낼 수 있는 적절한 자극을 제시하고, 그에 알맞은 반응을 강화시키는 과정에 해당한다. 이러한 이론을 조건화라고 하는데, 크게 고전적 조건화와 조작적 조건화로 구분한다. 여기서 고전적 조건화란 개가 침을 흘리는 것, 심장박동, 자율신경체계에 의해 통제되는 여타 행동과 같은 어떤 반응이나 비자발적 행동에서 나타나는 것을 말하고, 조작적 조건화란 모든 행동하는 유기체는 어떤 자극에 따라 반응하게 되는데 그로부터 얻어지는 결과가 자신에게 긍정적이라면 이를 수용하고 부정적이라면 회피하려는 경향을 이르는 것이다. 진화론의 원리도 이와 다를 바 없다고 본다. 모든 물체는 물리량이 최소가 되는 쪽으로 움직인다는 물리법칙이나 엔트로피는 증가할 뿐 줄어들지는 않는다는 원리 또한 물리적 작용의 방향성을 가지고 있다는 점에서 맥락이 유사하다.

진화론과 창조론은 서로 대립하는 원리이다. 둘 중에 어느 하나만 진리일 수도 있고 둘 다 허구일 수도 있다. 그러나 허구는 한시적이다. 비록 현실에서는 허구일지라도 어떤 형태로든 존재하는 한 그것을 부정할 수는 없으며 곧 필수불가결이기 때문이다. 진화론은 과학이다. 과학은 증명이라는 과정을 거쳐 그것을 진리로 받아들인다. 용케도 진화론은 부분적이나마 여러 가지 증명을 해보이고 있다. 반면에 종교의 교리는 절대자의 가르침이므로 교리 자체가 곧바로 진리이다. 생명의 근원을 설명할 때에 진화론에서는 하나의 유기화합물이 우연한 기회에 도저히 발생할 수 없는 확률로 불현듯 발생하는 것으로 설명하고 있다. 반면 성경에서는 하느님이 흙으로 남자를 빚고 그 갈빗대를 취하여 여자를 탄생시킨 것으로 설명하고 있다. 진화론은 과학에 근거한 논리이지만 그 시작은 막연하고, 성경은 구체적이지만 비종교인이 보기에 허황한 측면이 있다. 여기서 흙과 유기화합물이라는 소재의 선택은 논리 전개의 수단일 뿐 무의미하다고 본다. 중세의 과학자가 기독교로부터 그토록 수난을 받았다가 복권되었던 여러 사실, 그리고 근대에 와서는 기어이 지동설이 받아들여지고 있다는 사실은 진리의 변천, 그 결과를 말해주고 있다. 진화론과 창조론은 한쪽을 부정한다고 하여 한쪽을 수용하는 결과를 낳는 것도 아니므로 양자택일의 문제도 아니다. 필자의 생각으로 진화론이 보편적인 원리라면 창조론은 특수 원리이다. 창조론은 초월자라는 특수한 상황을 상정할 수밖에 없고 무엇보다도 인간을 그토록 섬세하게 창조하기에는 그의 관할권인 이 우주가 너무 방대하며, 우주에서 지구는 너무나 작다. 관할 범위로 보면 우리는 미생물에 불과한 보잘것없는 존재다. 초월자가 우주를 한눈에 들여다보고 있다면 지구를 찾는 데에도 극초배율의 현미경이 필요할 것이고 인간을 만들기 위해서는 나노 수준의 장비가 필요할 것이다. 미생물의 갈비를 취하여 또 하나의 미생물 암컷을 만들어낸다는 것을 필자의 상식으로는 믿을 수가 없다. 다만 어떤 논리로든 존재한다는 것은 또 다른 가능성이며 진리는 그것으로부터 도출될 따름이다. 우주가 끝이 없다면 절대불변이란 무의미하다. 창조론은 도그마요 진화론은 약속일 따름이다.

형체가 보인다는 것은 그 자체가 빛을 반사하기 때문에 일어나는 현상이다. 굳이 색과 빛을 삼원색으로 구분하고 있지만, 우리에게 색상은 빛이 있으므로 요구되는 것이다. 만약 당신과 나, 지구상의 모든 물체가 빛을 반사하지 않고 오직 흡수만 한다면 물질로 존재하되 그 형체는 완전히 사라지고 말 것이다. 블랙홀은 형체가 있는 물질은 물론이고 빛까지도 완전히 흡수하는 것으로 알려져 있다. 그래서 그 자체는 보이지 않고 주변의 현상으로만 인식되고 있다. 사람은 빛이 있기에 아름다워지고 싶어 한다. 모든 개체, 모든 현상은 진화의 산물이다. 우리에게 있어서 진화의 작용 기제는 육체적인 요구로부터 발생하지만, 반복적인 학습이나 정신적 요구도 무시할 수는 없을 것이다. 구체적인 예로 미인의 기준에 눈의 크기가 포함된다. 그래서 모두가 눈이 좀 더 컸으면 하고 갈망한다. 물론 요즘에는 성형시술을 통해 눈의 크기를 변화시키기도 하지만 외과적 시술을 차치하고라도 대를 이어 마음으로 갈망하다 보면 실제로 눈의 크기가 진화해갈지도 모른다. 우리가 어떠한 형체를 이루어 피사체로 존재하는 것은 필시 누군가가 나를 볼 수 있도록 유도하는 행위이고, 또한 그것은 빛이 존재하므로 요구되는 것이다. 그렇지 않다면 우리는 그냥 원자나 분자로 흩어져 존재해도 무방한 것이다.

1_ **코펜하겐 해석(Copenhagen interpretation)**
양자역학에 대한 다양한 해석 중의 하나로, 양자역학의 수학적 서술과 실제 세계와의 관계에 대한 표준 해석이다. 닐스 보어와 베르너 하이젠베르크, 폰 노이만 등 코펜하겐 학파에서 제창하였다. 코펜하겐은 논의의 중심지였던 지명에서 이름이 붙여진 것이며, 20세기 전반에 걸쳐 가장 영향력이 컸던 해석으로도 꼽힌다. 전자를 예로 들면 전자의 상태를 서술하는 파동함수는 측정되기 전에는 여러 가지 상태가 확률적으로 겹쳐있는 것으로 표현된다. 하지만 관측자가 전자에 대한 측정을 시행하면 그와 동시에 파동함수의 붕괴가 일어나 전자의 파동함수는 겹친 상태가 아닌 하나의 상태로만 결정된다는 것이다.

2_ **프랙탈 (fractal)**
작은 구조가 전체 구조와 비슷한 형태로 끝없이 되풀이되는 구조. 부분과 전체가 똑같은 모양을 하고 있다는 자기 유사성 개념을 기하학적으로 푼 구조를 말한다. 프랙탈은 단순한 구조가 끊임없이 반복되면서 복잡하고 묘한 전체 구조를 만드는 것으로서, 즉 '자기 유사성(self-similarity)'과 '순환성(recursiveness)'이라는 특징을 가지고 있다. 자연계의 리아스식 해안선, 동물혈관 분포형태, 나뭇가지 모양, 창문에 성에가 자라는 모습, 산맥의 모습도 모두 프랙탈이며, 우주의 모든 것이 결국은 프랙탈 구조로 되어 있다. (시사상식사전, pmg 지식엔진연구소)

3_ **펜지어스와 윌슨 (우주배경복사)**
1964년 미국의 벨연구소에서 근무하던 아노 펜지어스(Arno Allan Penzias)와 로버트 윌슨(Robert Woodrow Wilson)은 에코 위성에서 보내오는 약한 신호를 잡기 위해 안테나 수신기에 들어오는 잡음을 해결하고 있었다. 이 잡음은 하늘의 모든 부분에서 등방으로 수신되었기 때문에 그들은 이것이 안테나 문제일 것이라 생각하고 안테나에 묻어있는 비둘기 똥을 닦아내고 청소를 했다. 그러나 잡음은 사라지지 않았다. 원인을 찾던 도중 이것이 빅뱅의 흔적이라는 것을 알게 되었고 이를 논문으로 발표한다. 우주배경복사가 처음 발견된 것이다. 이를 계기로 대폭발 이론과 대립하고 있던 정상우주론은 종말을 고했고, 대폭발 이론이 우주론의 정설로 자리 잡게 되었다. 즉, 우주가 영원하고 그 밀도가 일정하다는 정상우주론은 과거에 우주가 현재보다 더 뜨거웠다는 증거인 우주배경복사를 설명하지 못했다. 우주배경복사를 발견한 펜지어스와 윌슨은 그 공로로 1978년 노벨 물리학상을 수상했다.

4_ 질료(質料, Hyle)와 형상(形相, Eidos)

모든 지상의 자연적 혹은 인공적인 물체는 질료와 형상으로 구성되었다는 설. 질료형상설은 고대 아리스토텔레스철학과 아퀴나스 등 중세철학에서 중심적인 역할을 해왔다. 예를 들어 책상을 생각해 볼 때, 이것을 만들 때 사용한 재료, 예를 들어 나무와 아교는 질료에 해당하고 질료는 형상(form), 모습(shape) 혹은 조직(organization)에 따라서 달라지는바 자연이나 예술은 이것으로부터 부여한 것에 의존한다는 것이다. 그렇지만 질료나 형상의 개념들은 상관관계에 있는 것으로서 같은 질료라 할지라도 형상은 다를 수 있고, 같은 형상이라도 질료가 다를 수 있는 것으로, 질료는 일정한 형상의 구체화(具體化, 現實化)에 의해서만 존재가 가능해지고 반대로 형상들은 일부 혹은 다른 질료의 성질들로서만 존재가 가능해진다.

5_ 사고실험

실제의 실험 장치를 쓰지 않고 머릿속에서 생각으로 진행하는 실험. 이론적 가능성을 따라 마치 실험을 한 것처럼 머릿속에서 결과를 유도한다. 실험실에서 실제로 하는 실험에는 여러 가지 오차가 포함되지만, 사고실험에서는 실험을 단순화하여 이상적인 결과를 얻을 수 있다. 대표적으로 관성의 개념을 처음으로 발견한 G.갈릴레이의 사고실험이 있다.

6_ 다중우주론(Multiverse)

우주의 관측 한계선 너머에 우리 우주와는 또 다른 우주가 셀 수 없을 정도로 존재한다는 이론이다. 다중우주론 지지자들이 주장하는 다중우주의 형태에는 거품 형태의 우주가 수없이 있고 서로 연이어 붙어 있다는 이론, 여러 개의 작은 거품 우주가 더 큰 거품 우주에 갇혀 있고 그런 큰 거품 우주가 수없이 존재한다는 이론 등이 있다. 다중우주이론을 주장하는 대표적인 학자는 미국 매사추세츠공과대(MIT) 물리학과 맥스 테그마크 교수, 영국 런던 유니버시티 칼리지(UCL) 천체물리학과 히라냐 페이리스 교수, 영국 케임브리지대학 데니스 시아마 교수 등이 있다. 한편, 평행우주론은 다중우주론의 한 부분으로, 현재 인류가 살고 있는 우리 우주와 같은 또 다른 우주가 존재할 것이라는 이론이다. (시사상식사전)

7_ 자기조직화

복잡성 과학의 이론을 토대로 하여 출현한 이론이다. 외부로부터의 압력이나 관련이 없이 스스로 혁신적인 방법으로 조직을 꾸려나가는 것을 말한다. 즉, 한 시스템 안에 있는 수많은 요소들이 얼기설기 얽혀 상호관계나 복잡한 관계를 통하여 끊임없이 재구성하고 환경에 적응해 나간다. 자기조직화의 대표적인 사례로 점균류 곰팡이는 영양분이 모자라게 되면 서로 신호를 보내어 수만 마리가 일제히 요동을 시작하여 한곳에 모여 어떤 수준에 도달하게 되면 그들은 응집 덩어리를 형성하고 하나의 유기체가 되어 기어다니며 영양을 섭취한다. 이 후에 환경이 다시 나아지면 다시 흩어져서 단세포 생물의 자리로 돌아가는 것이다. 이처럼 자기조직화 이론은 과학적인 측면에서뿐만 아니라 혁신을 주도하는 세계의 흐름 속에서 주목 받는 이론이라고 정의할 수 있다. (위키백과)

제3부

철학적 사고

인생에서 중요한 것은

∴ 선(線)에 대한 탐구

사람의 신체는 미세한 물질에 접촉되거나 미세한 작용일수록 그 대응에서 취약한 경향이 있다. 둔탁한 칼에 베이는 것보다는 예리한 면도날에 베이면 상처가 더 깊고 더 무섭고 더 아프게 느껴진다. 시각적인 구성으로 베인다는 현상 자체는 선과 면의 조합이다. 이 논리대로라면 바늘에 찔린다는 것은 이차원상의 어느 한 점과 삼차원상으로 확장되어가는 천공면의 조합이다. 여기서 면은 단면이다. 밑줄을 그은 부분은 베이거나 찔린다는 것에 대한 쓸데없는 말장난이다. 이러한 표현은 대체로 논문에서나 또는 어떤 설명이 이론적이거나 논리적임을 과시하고자 할 때 지향하는 표현방법이다. 뭔가 좀 있어 보인다고나 할까? 그러나 이러한 표현을 말장난이라고 치부해버릴 수는 없다. 실제로 학문이 깊어질수록 사유의 정밀도는 높아지는 경향이 있기 때문이다. 앞에서 이미 사고실험을 통하여 경험했듯이 지식을 탐구하다 보면 처음에는 사물이 뭉뚱그려 보이다가 그 입지가 높아질수록 세세한 부분이 보이게 되고 맨눈에서 돋보기로, 돋보기에서 현미경으로, 나아가서는 광학현미경에서 전자현미경으로, 자신도 모르는 사이에 시각의 배율이 높아져 가는 것을 느낄 수가 있다. 베인다는 것도 찔린다는 것도 단면의 확장 없이는 고통을 수반하지 않는다. 단면의 확장이 없다는 말은 선이나 점이 피부 내부로

침범하지 않는다는 뜻으로, 이를테면 피부조직이 훼손되지 않는다는 뜻이다. 한편, 선이나 점이 그 미세함에 있어서 궁극에 다다를수록 단면 깊숙이 작용을 하더라도 고통은 작아진다. 실력 있는 한의사의 침술에서 따끔함은 바늘에 찔려 피부가 훼손되는 아픔과는 확연히 구별이 된다. 그럼에도 불구하고 어떤 미세한 물질에 신체의 어느 부분이 노출되거나 호흡기를 통하여 흡입하게 되면 그것이 미세할수록 우리 신체는 치명적인 결함을 나타낸다. 물론 미세하다는 것에는 한계가 있고 느낌은 개인마다 다르다. 서로 유사한 광물성일지라도 섬유의 길이가 긴 유리 섬유보다는 섬유의 길이가 짧은 석면은 더 위험하다. 미세할수록 위험한 것은 전자기파도 마찬가지다. 적외선, 가시광선, 엑스선 등, 그 명칭만 보더라도 전자기파는 선으로 분류된다. 전자기파 중에서 파장이 비교적 긴 전파나 가시광선에는 신체가 노출된다고 해도 그토록 위험은 없다. 그러나 미세하게 짧은 파장의 전자기파에 신체가 노출되면 위험하다. 파장이 긴 적외선보다는 비교적 파장이 짧은 자외선이 위험하고 파장이 미세한 엑스선이나 감마선 등의 방사선은 특히 더 위험하다. 음파도 역시 파장이며 파장은 선으로 표현된다. 맥락이 상통할지는 모르겠으나 우리의 대화에서도 톤이 정상적인 목소리보다는 속삭임은 자칫 위험한 길로 유도되는 경향이 있다. 달콤한 말이 독이 된다는 속담으로도 설명되는 이 말은 결과적으로는 누군가가 위험에 노출될 수 있다는 뜻이다. 그러나 이 말도 한편으로는 예외가 있을 수는 있다. 누군가가 큰 소리로, 고함을 지른다는 것은 파괴라는 제2차적인 행동이 따를 수 있기 때문이다. 선은 아니지만 먼지 중에서는 입자가 큰 먼지보다는 입자가 작은 미세먼지가 특히 해롭다. 길이가 긴 섬유나 입경이 큰 먼지는 호흡기에서 여과가 되므로 신체 내부까지 침투되지 않으나 미세한 먼지나 석면은 여과가 되지 않고 폐 깊숙이 침투하므로 위험하다.

만물의 근원을 규명하기 위한 노력은 기원전으로 거슬러 올라간다. 철학의 아버지 탈레스는 만물의 근원을 자기 이름 그대로 탈less. 덜 타는 것, 타기 곤란한 것. 즉, 물이라고 했다. 여기서 탈less라는 단어는 한영합성의 몬데그린이다. 물론 웃어보자고 하는 농담이다. 참고로 탈레스의 영문은 Thales다. "만물은 흐른다!"라고 유명한 말을 남긴 헤라클레이토스는 정작 흐르는 것은 물이거늘 만물의 근본원리는 불이라고 했다. 데모크리토스는 원자라고 했고, 아낙시메네스는 공기라고 했다. 엠페도클레스는 조금 두루뭉술하게 물, 불, 흙, 공기라고 했다. 입자 이론과 끈 이론이 현시대에서 공존한다는 측면에서 만물의 근원은 아직도 밝혀지지 않은 상태다. 여기서도 선이 등장한다. 여러 가지 이론 중에 그나마 가장 최근에 관심을 받고 있는 이론이 기상천외하게도 만물은 꼬물꼬물한 어떤 線으로 구성되어있다는 끈 이론이다. 세상이 하필이면 왜 끈으로 이루어져야 하는지, 세상이 왜 입자로 이루어져야 하는지, 그 필요성을 우리는 느낄 수가 없다. 그런데도 과학자들은 세상이 오직 자신들이 수긍할 만한 어떤 형태를 이루고 시작되어야 한다는 강박관념을 가지고 있는듯하다. 필자의 생각에는 만물의 근원은 언제까지나 풀 수 없는 수수께끼로 남을 것이라는 게 지배적이다. 우리가 그것을 눈으로 확인할 수도 없거니와 우리의 상상력에 종점은 없기 때문이다.

점, 선, 면, 부피의 상호관계를 규명하는 행위는 기하학의 범주에 든다. 기하학은 고대 그리스에서 시작하여 피타고라스와 에우클레이데스(유클리드)를 거쳐오면서 그 유명한 유클리드기하학이 완성된다. 유클리드기하학이 유명하다는 것은 후대에 와서 비유클리드기하학이라는 학문이 등장한다는 것만으로도 이를 방증한다. 참고로 유클리드기하학에서 점과 선의 정의는 다음과 같다. "①점은 부분이 없는 것이다. ②선은 폭이 없는 길이이다. ③선의 끝은 점이다. ④직선은 고르게 놓인 점의 연장이다." 여기서 점에는 부분이 없다는 의미는 곧 폭을 가지지 않는다는 뜻이다. 또한, 선의 끝이 점이라는 의미는 선의 단면을 그 축의 방향에서 직시하는 것이라고 이해가 된다. 그러나 선은 폭이 없다고 하였으니 단면이 있을 수가 없다. 또한, 점은 부분이 없다고 하였으니 그것을 아무리 확대를 해도 확대되지 않는 오직 궁극의 점이라는 의미이다. 그렇다면 "④직선은 고르게 놓인 점의 연장이다."라는 정의는 문제가 있다. 우리가 일반적으로 생각하고 있는 점은 첫 시작점에서부터 점과 점의 주변끼리 연결하여 나간다면 각각 점의 지름을 폭으로 진행해 나갈 수가 있을 텐데 점에는 부분이 없다고 하였으니 이 논리대로라면 점으로부터 직선은 구현해낼 수가 없다. 유클리드기하학에서는 다음과 같은 공리도 있다. ①서로 다른 두 개의 점이 있을 때 그 두 점을 지나는 직선을 그릴 수 있다. ②임의의 선분은 더 연장할 수 있다. ③서로 다른 두 점 A, B에 대해 A를 중심으로 선분 AB를 반지름으로 하는 원을 그릴 수 있다.

위 공리 외에도 그 출처가 유클리드인지 피타고라스인지는 모르겠으나 삼각형이 원을 구성한다는 공리가 있다. "만약 세 개의 점이 한 직선 위에만 있지 않다면 이 세 개의 점을 지나는 원이 존재한다." 이 명제는 이미 공리라는 명칭이 부여되었으므로 참이다. 의심이 간다면, 이를 확인하기 위하여 2차원의 평면 위에 무작위로 점 세 개를 찍어보자.

점 사이의 간격이라든가, 위치는 어디에 찍든 자유다. 세 개의 점을 찍

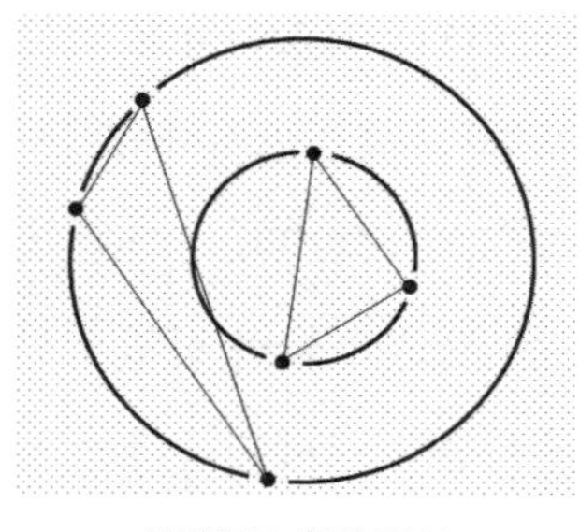
삼각형과 원의 구성

고 나서 점끼리 직선으로 연결하면 당연히 삼각형이 된다. 그러나 전체를 생각하면서 점 간격의 크기에 따라 요령 있게 원호를 그리고 서로 연결해보면 원이 구성된다는 것을 알 수가 있다. 다만 어떤 것은 원이 너무 커서 실제로 그리기에는 불가능할 수도 있다. 그런데 살펴보면 이 명제에는 '한 직선 위에만 있지 않다면'이라는 전제가 있다. 필자가 생각하기에는 이 전제 때문에 본 명제가 참일 리가 없다. 왜냐하면, 우주는 중심이 없기에, 또한 어느 곳이든 우주의 중심이기에 어느 한 방향으로 한없이 진행하면 마침내 출발점으로 되돌아오게 된다는 원리 때문이다. 이를테면 직선 위에 점 세 개가 찍혀있다면, 그 점 세 개가 연결되는 직선 방향으로 하염없이 진행하면 우주 크기의 원을 그리고는 언젠가는 출발점으로 되돌아오게 되는 것이다. 물론 이 논리에 현실성은 전무하다. 우주의 팽창 속도는 광속보다도 빠르고 아무리 빠른 속도로 내달린다고 하더라도 우주를 한 바퀴 돈다는 것은 발생할 수 없는 일이기 때문이다. 그러나 우리의 상상에서 속도 따위는 무관하다. 이 경우 멀리 갈 것까지도 없다. 지구만 한 바퀴 돌아와도 문제는 해결된다. 따라서 점이 직선 위에 있든, 그렇지 않든 상관없이 점 세 개가 있다면 언제나 원이 존재한다고 해야 맞다. 우주적 관점에서 본다면 직선이란 존재하지 않는 것이다.

수평선의 반대말은 수직선일까? 아니면 지평선일까? 둘 다 한편으로는 반대말일 수도 있고 한편으로는 비슷한 말일 수도 있다. 더욱이 선이라는 측면에서는 둘 다 반대말이 될 수는 없다. 선의 반대말은 선이 아닌 점이거나 면이거나 단면이어야 하기 때문이다. 수평선과 지평선은 사실상 선은 아니다. 우리 눈이 느끼는 착시일 뿐이다. 따라서 엄격히는 그것이 반대말이 될 수도 있다. 그러한 측면에서 우리 눈에 보이는 모든 선은 선이 아니다. 건축에서 선은 중요하다. 건축은 면과 선의 조합으로 이루어진다. 면과 면을 구분하는 것도 선이고, 재료와 재료를 구분하는 것도 선이다. 설계에서 수직 수평을 이루는 정해진 직선과 정해진 곡선이 시공결과에 나타나지 않으면 그것은 재시공의 대상이다. 그러나 그 선은 엄격하게는 선이 아니다. 어떤 구분이나 경계 또는 시각적인 효과나 착시일 뿐이며 그 나름의 실체가 아니다. 그 어떤 실체에 있어서 형상, 크기, 각도 등 정량적인 모든 결과는 확률이나 허용오차에 의존한다. 편차가 허용되지 않는다면 그 어떤 실체도 구성을 이룰 수 없다는 의미이다. 완전한 선, 완전한 경계, 완전한 형상이란 있을 수 없기 때문이다. 우리의 시각이 분자나 원자들을 구분한다고 가정해보자. 사물의 형상이 우리가 평소 알고 있는 그대로는 보이지 않을 것이다. 기둥(Column)이나 보(Girder)는 축소를 거듭해나가 어느 한계가 되면 단면이 없는 선으로 보일 것이다. 그러나 아무리 축소를 거듭하더라도 단면을 가지는 것은 분명하다. 한 올의 가늘고 긴 명주실도 단면은 있다. 단면이 있다면 그것은 하나의 선이라고 보기는 어렵다. 그것은 삼차원의 입체이거나 이차원의 이중선이다. 그렇다면 과연 무엇이 선이란 말인가? 엄격히 세상에는 그 실체를 이루는 고유의 선이란 없다. 다만 뭔가 축소되거나 맞닿거나 구분되거나 경계를 이룰 때 나타나는 현상일 뿐이다.

우리는 그 어떤 둘 사이의 경계를 표현할 때 이쪽도 아니고 저쪽도 아닌 공유 부분으로서의 폭이 존재하는 것처럼 생각할 수가 있다. 그러나 경계는 곧 선이며, 유클리드의 정의처럼 선에는 폭이 있을 수가 없다. 이와 비슷한 맥락으로서 시간적 개념인 순간이 있다. 순간은 시간과 시간 사이, 이를테면 '지금 이 순간'이라 함은 과거와 미래 사이의 경계일 뿐 여기에는 폭이나 길이가 주어지지 않는다. 엄격히 우리에게는 과거와 미래만 있을 뿐 현재란 존재하지 않는다. 유클리드가 직선은 고르게 놓인 점의 연장이라고 했으니, 선은 무수히 많은 점으로 연결되어 있다고 추측할 수도 있다. 그러나 점은 부분이 없으므로 무수히 많은 점을 연결한다고 해도 한자리에 머물 뿐 그 어떤 방향으로도 진행하지는 않는다. 아무리 많은 점을 연결하더라도 그것은 단 하나의 점일 뿐이지 선을 구현할 수는 없다. 실제로 우리가 직교좌표계 또는 여타의 그래프 위에서 임의의 점을 찍는다면 엄격히 우리는 점을 찍는 것이 아니라 어떤 면적과 두께를 가지는 원형의 도형을 원터치로 그리는 것이다. 여기서는 점을 대략 수만 배쯤 확대하여 생각할 필요가 있다. 무엇이든 크기가 있다면 동시에 형체를 가진다. 원자는 그 직경이 약 10^{-10}m로서 원자의 형체는 구다. 바탕이든 점이든 모든 것은 원자로 이루어진다. 원자로 이루어지는 종이 위에 원자로 이루어지는 잉크로 점을 찍는 것이다. 생물체의 세포나 광물체의 결정과 그것을 이루는 입방격자 등 모든 물질의 구성은 원자로 이루어진다. 수많은 원자로 이루어지는 세포나 결정일지라도 너무 작아서 우리의 시각으로는 보이지도 않는다. 하물며 점이 우리의 시각에 포착되는 한 그 어떤 형태로든 그것은 넓이가 있고 엄격히 부피가 있다. 그러나 우리가 좌표 위에 점을 찍는다면 우리에게 필요한 것은 점이지 점의 주변이나 점의 전체가 아니다. 점의 전체 중에서 궁극의 중심을 취하는 것이다. 유클리드의 점에 비하면 허용오차를 수용하는 우리의 점은 현실성이 있다.

가급적이면 주변의 사람들에게는 비밀로 해두고 싶은 이야기가 있다. 필자의 눈에는 곡선이 언제나 아름답게 느껴진다는 사실이다. 곡선은 그 자체로 예술일 수도 있고 과학일 수도 있다. 남성인 필자가 느끼는 여성의 신체 곡선, 얼굴과 목, 가슴과 배, 허리와 엉덩이, 종아리와 발, 특히 동적일 때의 신체 곡선은 필자로 하여금 전율을 느끼게 한다. 여기서 전율이라는 단어는 인간 각 개인의 감관에 따라 나타날 수 있는 그 어떤 신체적 또는 정신적 움직임까지도 포괄하고 있다. 물론 전율을 느낄 정도라면 어느 정도 이목구비를 갖춘 아름다운 신체일 것을 전제로 한다. 무용이라든가 예술성이 있는 체조나 율동은 그 움직임에 있어서 언제나 곡선을 지향한다. 최근 온 세상을 발칵 뒤집어 놓고 있는 성추행이라는 적나라한 사건들도 아마 그 원천은 곡선의 아름다움을 자각함으로써 비롯되는 것이 아닐까 하는 것이 필자의 추리이다. 신체가 곡선이 아니라 직선으로 이루어졌다고 상상해보자. 결과물은 삼각형이나 사각형이 아니라면 예각과 둔각의 조합으로 이루어진 복잡한 다각형쯤 될 것이다. 우리의 말초신경이 여기에 반응할 리가 없지 않겠는가?

∴ 술과 여자

동성애라든가 근친상간이라는 용어는 그 낱말로서는 우리의 대화에 끼어드는 데 문제가 없겠으나 이러한 것은 구체적으로 표현하기에는 점잖은 체면에 다소 무리가 따른다. 산부인과에서 남자 의사가 여성의 은밀한 신체 부위를 아무 감정 없이 들여다보는 것과 마찬가지로 성경이나 그리스신화에서는 동성애라든가 근친상간은 그리 낯 뜨겁거나 부끄러운 이야기가 아닌 것처럼 표현되고 있다. 정신분석학에서도 오이디푸스 콤플렉스와 같은 근친상간에 대한 적나라한 줄거리를 아무 감정 없이 늘어놓고 있다(감정이 있는지 없는지는 필자는 알 수가 없다!). 오이디푸스 콤플렉스란 그리스신화에서 부왕을 죽이고 자신의 어머니와 결혼을 했다는 오이디푸스 왕에 빗댄 이야기로, 유아는 어머니를 근친상간의 대상으로 보고 있다는 지그문트 프로이트가 제시한 개념이다. 오이디푸스 콤플렉스는 남녀 모두에게 적용되는 용어이지만 여기서는 남아에 대한 실례이다. 아이의 목적은 어머니를 자신의 소유에 두고자 한다. 어머니는 이성이고 사랑의 대상이다. 아이는 아버지와 같이 절대적인 존재가 되려는 강한 욕구가 일어난다. 그런데 어느 날 "요놈의 고추를 따 먹어야지!"하는 아버지의 위협에 아이는 무의식적으로 거세 불안을 느끼게 된다. 그로부터 어머니를 요구하면 음경은 거세된다는 생각에 딜레마에 빠지고 만다는 이야기이다. 분명한 것은, 그것이 정신질환으로서 정신분석학에서 다루어졌다는 사실이고, 누군가에게 발병했다면 우리에게 현재로서는 매우 드문 정신적 질환에 속하는 것으로서 당시 정신의학자로서 지그문트 프로이트가 연구 과정에서 도출한 사안이라는 점이다. 문제는 오이디푸스 콤플렉스를 비롯하여 동성애, 근친상간, 소아성애 기타 등등 인간이 범할 수 없다고 생각되는 그러한 정신질환으로서의 행위가 낱말로서 만들어져 입에 오르내리고 있다는 사실은 최근의 국내 사례를 보더라도 그것이 머잖아 우리 사회에서 수용되어 정착하거나 만연할 소지가 다분하다는 것이다.

여기서 필자가 자신에게 묻는다. 그런데 '동성애'가 뭐가 어떤가? '근친상간의 적나라한 줄거리'는 또 어떻다는 건가? 그것은 그냥 단어일 뿐이며, 세상 돌아가는 이야기 중에서 나와는 성격이 다른 어떤 사람들이 구사할 수 있는 한편의 줄거리일 뿐이다. 단어가 존재한다면 세상에는 어떠한 상황으로든 현상도 존재할 수 있다는 뜻이다. 세상은 무엇이든 존재할 수 있는 열려있는 공간이다. 인간의 반의어는 비인간이며, 선(善)이 있다면 반드시 악(惡)이 있는 것이다. 인간이 해야 할 일이 있다면 인간이 하지 말아야 할 일도 세상에는 존재하는 것이다. 어떤 개념이 존재한다면 그것은 어떤 형태로든 가동이 되어야 한다는 뜻이다. 그것이 누군가의 책에서 문자로 표현되고 있다면 세상의 원리에 따라 움직이고 있다는 의미이다. 은어나 사투리도 아니고 표준어로 구사되고 있는 단어를 두고 필자 스스로가 점잖은 체면 운운하면서 괜한 시비를 걸고 있는 것이 아닌가? 자라보고 놀란 가슴 솥뚜껑보고 놀란다는 속담이 여기에 맞는지는 모르겠으나 필자가 지금 그 꼴이다. '동성애', '근친상간'은 그 단어 고유의 품위를 지켜 깨끗한데 필자의 생각이 지저분한 것이다. 한때 장관 후보자의 청문회에 앞서 여당과 야당 사이에서 자위(自慰)라는 단어 하나로 마찰을 빚은 적이 있었듯이, 그들 말대로 자위(自慰)는 중의적 표현으로는 '스스로 위로 한다'는 뜻의 한자어로서 깨끗하지만, 한편으로는 수음(手淫)을 다르게 이르는 말일 수가 있다는 것이다. 여기서도 맥락이 같다. 문제를 제기한 그는 수음이란 단어를 혼자만 알고 있으면 될 일을 단어의 뜻도 모르는 사람에게 수음을 이야기할 필요도 없겠거니와 타인의 이야기를 경청하는 차원에서 그냥 다른 생각 없이 단어나 그 단어로 구성되는 화제의 줄거리만 맑은 정신으로 받아들이면 될 일을 필자나 문제를 제기한 그들은 단어나 줄거리로부터 도출이 가능한 온갖 상상력을 다 동원하고 있는 것이 아닌가. 그렇다면 방금 쓴 '상상력'이라는 단어에서도 또 다른 상상력을 동원할 수가 있을 것인즉, 필자와 그들은 산모의 분만 과정을 들여다보면서 아주, 곁눈질을 하고 앉았다는 뜻이 아니겠는가.

'술과 여자'라는 언어 또한 왠지 저질의 표현이라는 생각이 짙다. 여기에 비하면 '술과 남자'는 전혀 그렇지가 않다. 전자의 경우 여자는 여성을 비하하는 투인 데다가 술이 있는 곳에 여자가 있다는 지극히 전근대적 사고방식에서 나오는 이야기인데 여기서 여자는 섹스다. 후자에서 남자는 그냥 남자일 뿐이며 술과 남자는 떼려야 뗄 수 없는 관계라는 뜻의 문장 일부분일 뿐이다. 페미니즘이 사회 전반에서 호시탐탐 우리를 노려보고 있는 요즘 정서로 '술과 여자'는 금기어에 가깝다. 물론 단어가 각각 분리 독립된 상태에서는 그렇지가 않다. 인생을 살다 보면 술을 마지못해 마셔야 하는 때도 있을 수 있고 정말 마시고 싶어 마시는 때도 있다. 반가운 손님을 만나면 우선 술부터 생각이 난다. 어떤 시각에서 보면 술이 필요한 것 같기도 하고 또 어떤 시각에서 보면 술은 낭비일 뿐이다. 특히 과음은 백해무익한 것이다. 그동안 술로 인해 인생을 얼마나 낭비를 하면서 살았는지 반성이 된다. 방금 인생이라는 낱말을 썼지만 사실 인생도 아무 곳에서나, 또는 누구나 쓸 수 있는 낱말은 아니다. 예를 들어 초등학생의 나이로 인생 어쩌고 하면 우습듯이 아직 경륜이 들지 않았다거나 삶에서 산전수전을 겪어보지 않고서는 인생을 거론할 수가 없다.

한때 '미투 운동'이 온 나라를 접수해버릴 듯이 터져 나오다가 이제 진정이 되었는지 잠잠한 것 같다. 지금까지의 경험으로 보면 국내의 사회적 문제들은 지나고 보면 대부분 그렇게 싱겁게 끝나버리고 만다. 필자가 지금 이 중차대한 사건에 대하여 '싱겁게'라는 낱말을 사용하고 있다. 싱겁게 끝난다고 하지만, 그 결과는 절대 싱겁다고는 볼 수 없는 측면이 있다. 그 과정에서 사람의 목숨까지 바치게 되는 경우가 있는 것이다. '싱겁게'라는 뜻은 줄거리가 없고 역동적이지 않다는 뜻으로, 좀 더 극적이거나 역동적이기를 바라고 있었다는 뉘앙스를 풍긴다. 단어 선택에 있어서 각성이 요구되는 대목이기도 하다. 남녀 간의 문제도 과음처럼 과도하게 집착하면 백해무익한 것이며 나아가서는 사회 문제로까지 발전될 소지가 다분하다. 미투 운동에서 교훈을 얻었듯이 인생에서 중요한 것은 앞에 달린 물건, 즉 비교적 능동적으로 움직이는 문제의 신체기관들을 어떻게 운용하느냐에 달려있다. 미투 운동의 원인을 제공한 그 물건의 사용 경위는 물론이거니와 입이나 혀를 어떻게 놀리느냐, 눈으로 무엇을 어떻게 보고 이마로 그것을 어떻게 생각하느냐는 매우 중요하다.

'앞에 달린 물건'이라고 전제했으니 여기에 천착할 수밖에 없다. 도발이라는 단어 자체가 우리의 느낌으로 대체로 전방을 향한다는 어감을 가지듯이 전방을 향한 물건이 문제가 되고 있다. 입을 통하여 술을 마신다. 절대 항문으로는 술을 마실 수가 없다. 혀를 어떻게 놀리는가는 더 중요하다. 술을 마시는 것도 적당하게 마셔야지 고주망태가 되어 돌아가는 대로 혀를 놀렸다가는 "술을 똥짜바리로 마셨나?"라는 핀잔을 들을 수가 있는 것이다. 모든 결정은 전방에 위치한 전두엽이 결정한다. 우리가 뭔가를 골몰히 생각할 때 앞이마를 보듯이 눈동자를 위쪽으로 치켜뜨는 것은 어떻게 보면 그것은 시각기관인 눈이 의사결정 기관인 대뇌로부터 뭔가 결정해주기만을 기다리고 있는 것처럼 보인다. 전두엽의 뒤쪽에는 후두엽이 있으며 후두엽은 눈에서 보내준 시각정보를 처리한다. 이를테면 [시각정보→수정체→망막→후두엽]이라는 PROCESS를 거친다. 이 또한 전에서 후로의 방향성을 가진다. 사물을 어떻게 비추느냐는 그렇게 중요하지 않다. 사물을 보고 그것을 바르게 생각해내고 옳고 그름을 분별해내는 것이 중요한 것이다. 그런데 사람마다 다르지만 때로는 앞에 달린 물건이 그 스스로 생각을 주도할 때가 있다. 전두엽이 이를 도저히 통제할 수 없는 경우다. 술을 마시는 것도, 말을 하는 것도 전두엽의 통제를 벗어났을 때 문제가 된다.

앞에 달린 물건 중에서도 생식기와 성기는 엄연히 그 기능이 다르다. 대체로 의사결정 기관의 통제하에서는 생식기라는 표현을 쓰고 의사결정 기관의 통제를 벗어났을 경우 후자로 일컫는다. 남성의 성기는 기능이 발할 때 그것은 흉기로 취급되기도 한다. 우선 흉기는 그 행태가 도발적이다. 여성의 그것을 좀처럼 성기라고 부를 수 없는 것은 그것이 도발적이지 않으며, 흉기라고 부르기에는 부족함이 많기 때문이다. 최근의 문화적 조류로 보아 남녀의 성기를 빼고는 제대로 된 욕설이 성립할 수가 없다. '씨+발'을 육두문자라고 한다. 육두는 고기 肉, 머리 頭, 곧 음경을 의미한다. 조폭(조직폭력배)들의 대화는 강약이 있고 구성이 짧다. 강약의 조절은 육두문자에 의존하는 바가 크다. 따라서 그들은 육두문자를 빼고는 대화가 어려워진다. 최근의 국어는 센 발음과 쌍시옷을 뭉뚱그려 육두문자의 범주에 넣고 있다. 우선 이 육두문자(肉頭文字)의 한자 육(肉) 자에도 쌍시옷이 박혀있는 것을 보면 그들의 쌍시옷 의존성은 더욱 명징해진다. 육두문자에 대한 폐해는 성경에서도 예외는 아니다. 시옷을 쌍시옷으로 잘못 발음하는 바람에 죽은 사람이 4만 2천 명이나 된다고 한다. "그에게 이르기를, 십볼렛이라 하라하여 에브라임 사람이 능히 구음(口音)을 바로 하지 못하고 씹볼렛이라 하면 길르앗 사람이 곧 그를 잡아서 요단 나루턱에서 죽였더라. 그때에 에브라임 사람의 죽은 자가 사만 이천 명이었더라. (사사기 12장 6절)."

영어 '프레질'의 유래는 한글 '부러질'처럼 보인다. [프레질→브레질→부러질]. 프레질에 대한 어원의 변천 과정을 역으로 표현해본 것인데 어떤가? 참고로 시험 답안에 이렇게 쓰면 틀린 답이 된다. 한글 '부러질'은, 공학적으로 표현하자면 성질이 취성인 경질의 물체가 충격을 받게 되면 항복강도를 넘어 취성파괴를 일으킬 것이라는 의미의 외치는 소리로 품사는 형용사다. 영어 '프레질(fragile)'역시 부서지기 쉽다는 뜻으로 품사는 형용사다. 이들과 억양이 비슷한 단어가 또 하나 있다. '우라질!' 바로 기분이 나쁠 때 입에서 튀어나오는 욕이다. 우라질의 품사는 감탄사다. 우라질, 부러질, 프레질, 어감이 어째 비슷한 것 같지 않은가? 문제는 우라질로부터 전개되는 행동이다. 행동으로 옮겨지든, 생각으로 머물러 있든 우라질로부터 바로 이어지는 행위가 위의 '부러질'이나 '프레질'이다. 조폭인 상대방이 기분이 엄청 나쁘면 당신의 신체 중에서 취성의 성질을 가진 어느 한 부분에 문제가 생긴다는 뜻이다. 다만 조폭의 성질이 급한지 아닌지의 차이에서 약간의 변수는 있다. 그 변수가 곧 행동과 생각의 차이로 귀결되는 것이다.

신체의 움직임에서 그것이 걷거나 뛰는 행동 또는 헬스나 체조와 같이 신체단련 목적의 반복적인 동작이 아니라면 리드미컬한 움직임은 쾌락과 관계가 있다. 방금 이 리드미컬이라는 단어로부터 어떤 상상을 부지불식간에 떠올렸다면 당신은 상상력이 대단히 뛰어난 사람이다. 만약 여기서 야동을 떠올린다면 당신의 성향은 진보적이며, 항상 누군가의 생각보다는 자신이 앞서가려고 노력하고 있는 사람일 수 있다. "쓰레기통에서 체액을 발견하다!" 신문지상에서 위와 같은 문장의 헤드라인을 보았다면 당신은 일말의 망설임도 없이 체액을 남자의 정액으로 정의해놓고 마는 사람이다. 쫓고 쫓기는 그 긴박한 추격전을 떠올렸음에도 불구하고 이미 그것을 섹스로부터의 추출물이라고 단정한 당신이라면 또다시 당신에게 그러한 상황이 연출된다고 해도 능히 당신은 그 와중에서도 야동을 본다거나 이성을 품에 안을 수 있는 인격자일 것이라는 유추도 가능하다. 오해마시길, 여기서 당신이란 당시의 체액 운운 기사를 쓴 그 언론사의 기자를 지칭할 뿐이다. 당시 잠적한 세월호 선주에 대한 추격전을 다룬 신문 보도를 예로 들고 있지만, 쓰레기통 속의 체액은 정액이 아니고 콧물이었거나 가래침이었다. 내용으로 보아 당시의 기자는 정액의 순화어로서 체액이라는 단어를 사용했을 뿐이었다. 그 뒤 선주는 죽고 당신의 기억 속에서 그 체액은 끝내 정액으로 각인되어버렸겠지만 어쨌거나 오늘 당신의 상상력은 적중했다. 템포가 있는 춤과 음악과 섹스는 여러 가지 맥락으로 보아 쾌락의 범주에 든다. 음악의 3요소는 리듬, 멜로디, 하모니이다. 특히 아다지오(adagio)보다는 알레그로(Allegro)가, 느린 음악보다는 템포가 빠른 춤곡이 리드미컬하다. 음악이 적당한 리듬을 타면 흥이 나고 당신은 곧잘 노래를 따라 부르거나 리듬에 맞춰 어깨를 들썩이는 행동을 하게 된다. 리듬이 없이는 흥을 돋울 수가 없고 어깨가 들썩일 일이 없다. 당신이 율동을 아는 사람이라면 여기서 춤이 나올 수가 있다. 대체로 그러한 즉흥적인 행동은 쾌락에 빠져들고 싶다는 욕구에서부터 나온다. 여기서 '흥', '즉흥'이라는 낱말이 유사시에는 '흥분'이라는 단어로 대체될 수 있다는 이야기다. 흥분에 젖는다는 것은 정신이 육체를 통하여 리드미컬한 행동을 요구하고 있다는 의미이고 리드미컬한 움직임은 육체가 쾌락에 좀 더 가까이 다가가고자하는 노력의 일환이다. 우리의 신체 반응에서도 리듬이 있다. 성적으로 흥분을 하면 심장박동이 두드러진다. 타악기로서의 북소리, 피스톤의 왕복 운동이 그러하듯이 심장박동은 곧 리듬이다. 이성과의 성적 행위는 물리적인 접촉이며 마찰 행위이다. 이때의 쾌감은 대체로 마찰의 압력과 마찰 횟수에 지배된다. 더 깊고, 더 세고, 더 빠르기를 요구하게 되는 것이다. 역동적인 춤, 격정적인 음악, 당신의 그 체액이 방사되기 직전 당신의 하체는 리드미컬하다.

지각(知覺)한다는 것은

오감이란 시각, 청각, 후각, 미각, 촉각의 다섯 가지 감각을 말한다. 시각의 감각기관은 눈이고 청각은 귀, 후각은 코, 미각은 혀, 촉각은 피부이다. 오감 외에도 기쁨, 노여움, 슬픔, 즐거움의 네 가지 감정과 함께 공포, 놀람, 외로움, 그리움, 육감적 흥분, 짜릿함(전율), 역겨움, 괴로움 등의 느낌이 있으며, 공간, 온도, 평형, 시간적 길이 등을 의식할 수가 있고, 둘 이상의 복합적이거나 언어로서는 표현할 수 없는 미묘한 느낌이 있을 수도 있다. 위와 같이 모든 감각이나 느낌은 다양하지만, 각각 지칭하는 단어가 있다. 특별한 단어가 없다면 그것은 방금 사용했듯이 감각이나 느낌 앞에 '미묘한'이라는 형용사를 붙인다. 이러한 감각들은 뇌를 통하여 느끼는 것으로 알려져 있다. 뇌는 기호로서 감각을 특정한다. 우리에게 언어라는 기호가 없다면 감각을 외부로 표현하거나 객관적으로 특정할 방법이 없다. 여러분이 읽고 있는 이 글도 뇌를 통하여 생각하면서 읽는다. 아무 생각도 없이 이 글을 보고 있다면 그야말로 눈으로 보되 뇌를 통하지 않는다는 뜻이다. 뇌로 말미암지 않고는 그 어떤 것도 생각에 닿을 수가 없다. 생각이 없다면 방향 감각도 없고 살아 있다고 할 수도 없고 인간이라는 실체도 잃게 되니 뇌는 우리에게 곧 길이요 진리요 생명이다. 그런데 뇌를 통하지 않고도 느낄 수 있다고 생각되는 것이 있다. 뇌와는 원거리에 있는 팔과 다리 등의 신체 기관이 느끼는 감각이 그것이다. 모든 감각은 뇌를 통하여 느낀다고는 하지만 손가락이나 발가락이 가시에 찔리면 그 고통의 감각은 머리에서 느껴지는 것이 아니고 손가락이나 발가락에서 직접 느껴진다. 손가락에 상처가 나면 두뇌와 상관없이 손가락이 먼저 통증을 느끼고 발바닥을 간질이면 두뇌의 생각에 앞서 발바닥 자체가 간지럽다고 느껴진다. 손가락이나 발바닥 자체가 생각하지는 않을 텐데 말이다. 이때는 두뇌를 통하지 않고도 손이나 발에 직접 고통이라는 메커니즘이 작동하는 것으로 생각된다. 물론 그 직후 두뇌는 어떤 언어적 기호를 동원하여 느낌을 특정할 것이다. 간발의 차를 두고 말이다. 무엇보다도 발바닥을 간질이는데 머리 자체가 먼저 간지럽다고 느끼지는 않을 것이기 때문이다. 그러나 그것은 그 작동이 워낙 순간적이기 때문에 인지되는 필자만의 예단일지도 모른다. 실제 신체 각부의 모든 신경조직은 뇌와 연결이 되고, 의학계의 연구 결과로는 뇌의 기능 일부를 상실한 환자들에게서 일정 부위의 감각을 전혀 느낄 수가 없게 되는 경우가 나타나기 때문이다. 방금 감각의 작동 결과가 필자만의 예단일지도 모른다고 염려하였듯이 그 결과가 사실인지 여부는 논외로 하자. 사전 예고 없이 불시에 발가락에 자극을 주면 발가락이 통증을 감지함과 동시에 다리가 반사적으로 반응한다. 이때 반사적이라는 단어는 어떤 사건으로부터 시차를 두고 후발적으로 나타난다는 의미이다. 물론 반사는 신체 각 부위의 자체가 가지는 감각 기구이겠지만 이때 수반되는 감각은 뇌의 감지와 명령보다 우선하는 것으로 생각한다. 즉, 자극을 감지하는 순간의 고통은 발가락 자체 신경세포의 반응이고 자극에 반응하여 느끼는 생각은 두뇌 신경세포의 반응일 것이라는 의미이다. 우리의 감각으로는 이 둘이 거의 동시에 이루어지는 것으로 감지되지만 미세하게 분석하면 둘 사이에는 분명 상당한 시간적 차가 존재할 것이다.

원초부터 이야기하자면, 우주는 물론 이 책의 모든 시작이 그러하듯이 만물은 원자들로 이루어지고 원자들은 전기적으로 결합된다. 에너지와 질량은 서로 교환될 수 있는바 질량은 곧 물질이며, 물질이 전달되거나 변화하는 과정에서 에너지가 방출된다. 우리의 육체 역시도 물질로 이루어져 있다. 그러나 정신은 실체도 없고 독립적으로는 존재할 수가 없다. 특히 필자의 경우 정신은 가끔 유체를 이탈하기도 하고 두 가지 이상의 업무를 동시에 진행할 경우 어디에 숨어버렸는지 정신이 없을 때가 있다.^^ 정신(**의식과 영혼을 망라한다.**)은 그 기능으로 보아 에너지의 한 형태로서 물질인 육체의 작용으로 발현된다. 의식은 대뇌피질을 구성하고 있는 수많은 뉴런으로부터 전기적 신호가 창발적으로 조직되어 나타나는 현상이다. 뉴런은 나뭇가지 형태의 수상돌기와 뉴런과 뉴런을 연결하고 있는 축삭돌기로 구성되고 축삭의 말단부에 있는 시냅스를 통하여 신경전달물질이 전달된다. 이들 전달 과정에서 발생하는 전기적 신호가 각각의 화소를 이루어 어떤 화면처럼 구성하는 것이 곧 우리의 의식이며 생각이다. 신경전달물질은 글루타민산염, 세로토닌, 도파민, 옥시토신 등으로 대표되는데, 필자의 잔머리로는 논할 계제가 아니므로 그냥 넘어가자. 느낀다는 것은 곧 의식의 작동이다. 보는 것도, 말하는 것도, 듣는 것도, 생각하면서 이루어진다. 서두에서 열거한 오감은 기관 각각의 기능이지만 오감을 종합할 수 있는 것은 두뇌의 영역이다. 외람되지만 뇌가 머리에 들어있지 않고 다른 곳에 있다고 생각해보자. 예를 들어 눈과 입과 귀와 코는 머리에 그대로 두고 뇌만 장소를 옮겨 엉덩이에 들어있다고 가정해보자. 우리의 지각 경로는 엉덩이를 중심으로 이루어질 것이다. 그렇게 되면 머리가 생각하는 것이 아니고 엉덩이가 생각하게 되는 것이다. 우리의 지능지수는 엉덩이의 몫이 된다. 엉덩이 회전이 얼마나 빠르냐에 따라 지능지수가 결정되는 것이다.^^ 그렇다면 우리가 뭔가를 보고 듣고 느끼는 감각이나 방향 감각도 과연 그대로일까? 현재 상태에서 나라는 주체의 장소 감각은 머릿속에서 그대로 느껴진다. 발은 저 아래에 있고 코와 눈은 내가 있는 곳의 바로 앞에 붙어 있으며 귀는 나의 바로 옆 조금 아래에 있음을 느끼고 있다. 항문은 저 아래 뒤쪽에 있고 생식기는 저 아래 앞쪽에 붙어 축 늘어져 있다. 그런데 뇌가 엉덩이에 들어있다면, 나라는 존재는 엉덩이에서 느낄 것이다. 나는 나의 신체 중간쯤에 있다. 코와 눈은 저 위 머리에 붙어 있고 귀도 저 위에 있다. 항문은 나의 바로 아래에 위치하고 내가 성적으로 흥분하면 성기는 도발의 자세로 나의 바로 앞에서 끄덕이고 있다. 내가 변기에 걸터앉아 직장에 들어있는 변괴(便塊)를 항문 괄약근의 이완을 통해 밖으로 배출 중일지라도 코와 눈이 저 위에 있으니 이 얼마나 다행인가?

생각을 배제하고도 아픔을 느낄 수가 있을까? 엽기적인 비유겠지만 횟집에서 산낙지 회를 시켰을 때, 식칼을 사용하여 낙지다리를 토막토막 내면서 회를 써는 장면을 보면 낙지다리가 몸통에서 분리된 뒤에도 아픔을 느끼는 듯 행동한다. 물론 우리의 기준으로 그것들이 고통을 느껴서 그런 거동을 보이는 것은 아니라고 판단하고 있다. 그러나 식물도 아픔을 느낀다는 가설과 지렁이도 밟으면 꿈틀거린다는 속담에 비추어보면 낙지다리의 움직임도 그 어떤 고통의 감각에서 나오는 동작일 것으로 유추해볼 수도 있다. 그렇다면 토막 난 낙지다리에는 뇌가 없는데 과연 어느 부분이 고통을 느낄까? 조금 전에 손가락이나 발가락이 가시에 찔리면 그 고통의 감각은 머리에서 느껴지는 것이 아니고 손가락이나 발가락에서 직접 느껴진다고 하였듯이 떨어져 나간 토막 부분의 절단부 상처에서 그 자체로 고통이 느껴질까? 그런 경우 토막은 토막대로 몸통은 몸통대로 각각 고통을 느낄 것이다. 만약 그렇다면 누가 그것을 느끼고 있을까? 의식의 주체가 없는데 과연 고통을 느낄 수 있을까? 고통의 감각 소재라는 지금의 논점과는 다소 거리가 있을 수 있겠으나 1980년대 미국 캘리포니아대학의 생리학 교수인 벤자민 리벳(Benjamin Libet, 1916~2007) 실험에서는 손가락의 움직임은 인간의 자유의지보다 선행된다는 것을 실험으로 밝혀낸 적이 있다. 이 실험은 움직이고 싶다는 욕구(의지)를 나타낸 시간과 손가락이 실제 행동을 취한 시간, 운동 피질이 행동을 촉발하는 시간의 관계를 측정하는 것으로 실시되었는데 결과는 욕구가 실제 행동보다 200밀리 초 정도 앞섰고 행동을 촉발하는 시간은 실제 행동을 취한 시간보다 500밀리 초 정도 앞서는 것으로 나타났다. 이 말은 결국 행동하기로 결정을 내렸다는 사실을 두뇌가 인지하는 것보다 3분의 1초 정도 먼저 운동 피질이 그 임무를 수행하기 위해 준비했다는 뜻이다. 이러한 여러 사실에도 불구하고, 인간 생활에서 어떤 사고나 사건에 직면했을 때 자신의 고통이나 기쁨의 정도를 상대방에 견주어 판단하는 것은 부적절하다. 사람마다 신체 조건이 다르고 자신과의 관계에 따라 생각과 수준이 달라지기 때문이다. 미세한 먼지 입자를 손가락으로 느낄 수 있을 정도로 신경이 예민한 사람이 있는가 하면 모래 입자를 손가락 피부로는 도통 느낄 수 없을 정도로 신경이 무딘 사람이 있다. 시각, 청각, 후각 기능도 사람마다 범위가 다양하다. 청각이나 후각 등 특정 감각기능의 범위는 동물이 인간보다 넓으나 여타 동물에 비교하자면 인간이 느낄 수 있는 감각의 종류는 매우 광범위하다. 동물은 시각, 청각, 후각 등의 말초신경이 발달하였다면 인간은 대뇌피질 쪽의 신경세포가 발달한 것으로 보인다. 인간의 생각은 짐승보다는 깊으나 행동 면면은 짐승보다 오히려 비인간적인 측면이 있다. 짐승은 오직 슬퍼할 일은 슬퍼하고 자신과 관계없는 일은 무관심하지만, 인간은 슬퍼할 일에도 무관심하거나 희열을 느끼는 경우가 있고 기뻐할 일에는 비통해하거나 애써 무관심할 때가 있다. 인간은 우리의 생각보다는 꽤 복잡한 동물이다.

가끔 표절 시비가 우리의 지각기능을 자극할 때가 있다. 그럴 때마다 드는 의문은 우연히 자신이 생각하는 바가 이미 발표된 누군가의 작품과 내용 면에서 일치할 수도 있지 않을까 하는 것이다. 과연 자기의식으로부터 순수하게 창출되는 창작의 범위는 어디까지이고 표절은 어디부터 시작되는 것일까? 자기 내면에 체화되어있는 지식은 그 전부가 자신의 고유한 지식이며 그로부터 도출되는 정보가 창작인가? 우리 기억 속에 담겨있는 지식은 우리의 정신 속에 내재해있던 자아로부터 자연 발생적으로 생산되지는 않았을 것이다. 언젠가 또는 어디선가 그 누구로부터 전수했거나 학습을 통해 축적되어 있던 것을 자신의 논리를 첨가하고 약간의 각색을 통하여 재생산해내는 것이 아닐까 하는 생각이다. "우리의 영혼은 불멸할뿐더러, 거듭 태어나서 이 세상의 것이든 저승의 것이든 모든 것을 다 보았기에 혼(魂)이 배우지 못한 것은 아무것도 없다. 그러므로 어떤 문제의 답이든 자력으로 찾아내지 못할 이유가 없다.- (플라톤)" 인류의 스승 플라톤의 가르침으로 비추어본다면, 필자의 의문에는 오류가 있을 수 있다. 전생에서 습득한 잠재적인 지식을 자신의 머릿속에서 도출해낸다면 현생에서는 그것이 자연 발생적인 현상으로 비칠 수도 있기 때문이다. 그러나 억겁의 세월 속에서 태어나고 죽는 것을 반복하다 보면 플라톤의 말씀처럼 혼이 배우지 못한 것은 아무것도 없을 터, 전생에서 배운 지식이 현생의 누군가가 발표한 지식과 유사할 수도 있고, 전생은 나에게만 있는 것이 아니니 또 다른 전생이 나의 전생과 만났을 수도 있고, 현생에서 배운 지식이 그 누군가와 같은 책을 읽고 습득했거나 누군가로부터 유사한 교수법으로 가르침을 받았다면 우연히 유사한 문장을 구사할 수도 있지 않을까? 절대로 나의 머릿속에서 그 어려운 뭔가를 스스로 창조할 수는 없다. 떠도는 지식을 얄팍하게 모사하는 것일 뿐이다. 나의 지식이라고는 직업적인 것 외에는 우주에 관한 약간의 호기심과 학창시절에 심취했던 그림공부의 일천한 경험이 전부였고, 머릿속은 늘 안개가 낀 것처럼 흐리멍덩한 상태였다. 그러나 책을 접하고부터는 어느새 나의 머리는 안개가 걷히듯 맑아지는 것을 느낄 수가 있었다. 내가 읽은 책의 저자들마다 배어있는 수많은 노력의 결정들이 나의 정신에 스며드는 것이었다. 어쩌면 그렇게 체화된 지식으로부터 나는 인생을 표절하고 있는지도 모른다. 세상을 살면서 나는 중요한 부분을 독학으로 해결하고 있다. 고등학교 때 음악은 주로 당시의 유행가에만 귀가 뚫려있어서 클래식은 전혀 감정을 느낄 수가 없었다. 나는 그 이유를 나의 의식이 천박한 탓이라 생각했다. 그렇다면 자꾸만 듣다 보면 뭔가 느끼는 바가 있지 않을까 하고 억지로 클래식을 듣기 시작했다. 지금은 그토록 마니아는 아니지만, 뭐가 아름다운지는 느낄 수가 있고 거기에 심취하여 빠져들 수가 있다. 그것은 곧 작곡자의 정신이 필자에게 전해지고 있다는 뜻이다. 책도 마찬가지다. 철학! 참 난해한 부분이 많다. 무슨 뜻인지 알 수 없는 난해한 내용 앞에서 책을 읽다가 덮고 만 경우가 한두 번이 아니다. 그러나 읽고 또 읽기를 거듭하면 마침내 이해되는 부분이 나온다. 최근의 독서법에 대하여 특기할 사항은 책을 읽을 때 내용도 내용이지만 기교에 관심을 두고 읽는다는 점이다. 필자는 손자 볼 나이가 되었지만, 아직도『톰과 제리』같은 아동만화를 즐겨본다. 만화의 줄거리가 재미있어서가 아니라 만화가의 기발한 표현력에 빠져드는 것이다. 책에서도 그런 것을 느낀다. 필자가 즐겨 읽는 책은 주로 기초 과학이나 공학, 뜸하게는 철학과 관련한 서적들인데, 과학이나 철학에 무슨 줄거리가 있으랴마는 정말 기발한 표현이나 기발한 논리들이 많다. 젊은 날에는 책을 읽었던 것이고 지금은 글을 읽는다고 할 수가 있다.

앞서 고찰한 바에 따라 필자는 문헌을 통하든 인터넷을 통하든 또는 실제 사물의 관찰을 통하든 정보의 대부분을 시각적으로 받아들여 후두엽에서 이미지로 재구성하고는 이를 기억을 관장하는 장치 속에 저장해 둔다. 그러나 생각건대 무조건적으로 저장을 하는 것은 아니고 논리가 구성되는 것을 우선적으로 저장을 한다. 이를테면 문장은 물론이고 어떤 낱말을 부여할 수 없거나 심지어는 어떤 의문조차도 생성되지 않는 것은 두뇌를 통과하지 못한 것이라고 할 수가 있는 것이다. 물론 그 장치의 구체적인 기억프로세스에 대한 메커니즘을 필자는 설명할 수가 없다. 뉴런으로부터 시냅스를 통하여 신경전달물질이 전달되고 그것이 전달됨으로써 기억이 어디에 어떻게 저장되는지, 그것이 어떻게 기억으로 남아있는지, 그것이 어떻게 기억 속에서 의식으로 발현되는지 필자는 알지 못한다. 이 또한 문헌과 인터넷과 경험에 의한 얄팍한 모사일 뿐이다. 이러한 모사의 결과들을 적재적소에서 도출해내어 문자라는 기호로 이 책을 구성하는 것이다. 그리고 정말 중요한 것은 전체 내용 중에서 그나마 일부는 기억 속에 저장해둔 이미지와는 상관없이 필자가 임의대로 만들어낸 상상의 결과물이라는 것이다. 그러나 상상의 이미지도 기억 속의 이미지 없이는 도출이 불가능할 것이다. 이와 같은 일련의 과정을 통하여 하나의 줄거리가 대략 완성되면 필자는 매우 자발적으로 팩트 체크의 과정을 거친다. 필자의 기억 속에 저장된 생생한 정보라고 할지라도 필자가 오해를 하고 있거나 잘못 알고 있을 수 있기 때문이다. 썩 명쾌한 표현력은 아니겠지만, 나는 나를 표절하고 있는지도 모른다. 나는 인생의 거의 모든 중요한 시기를 나를 향해 달린다. 어떤 사람은 현실의 자신을 벗어나기 위하여 또는 하위 그룹에서부터 상위 그룹으로의 승급을 꾀하기 위하여 거의 모든 인생을 소비하는데 나는 이미 정해진 나를, 나보다 먼저 앞을 가고 있는 자신을 좇아가는 것으로 인생 대부분을 소진하고 있다. 얄팍하고 편협한 지식과 일천한 경험을 차치하고는 머릿속에 든 것이라고는 없는데, 이상은 높아 앞서가는 누군가의 뒤를 밟고 있는 자신을 따라서 가는 것이다. 지금 이 말이 무슨 말인지 이해가 가지 않을 수도 있다. 예를 들자면 필자는 문단에 오르지도 않은 상태에서 문학으로 분류되는 수필집을 출간했다. 자격도 갖추지 않고 작가가 되었다는 말이다. 그러고는 진정한 작가가 되기 위해 오늘도 글을 쓰고 있다. 이미 작가라는 타이틀을 얻은 자신을 향해 허겁지겁 따라서 가고 있는 사람이 곧 나라는 뜻이다. 내가 작가로서 자타가 공인하는 그날 나는 자신과 만날 수가 있다. 세상을 살다 보면 이상형이 있듯이 누군가 닮고 싶은 사람이 있다. 위인전기를 읽고 감명을 받은 나머지 그의 인생을 실천에 옮겨 성공하는 예는 자주 들리는 이야기다. 우리가 미리 정해둔 자신의 이상을 표절하고 있듯이 자신도 모르는 사이에 그 누군가의 인생을 표절하기 위해 오늘도 노심초사 하루를 살아가고 있는지도 모른다.

앞에서 우주의 구성 중에서 우리가 알 수 있는 부분은 고작 5%에 불과하지만, 관측되지 않는 부분은 95%나 된다고 한 적이 있다. 그것을 암흑물질과 암흑에너지라고 명명하여 놓았지만, 구성요소의 다양성과 여기에서 파생되는 어떤 현상이나 원리의 변수는 그 수를 헤아릴 수가 없을 것이다. 따라서 시간만 충분하다면 세상의 모든 허위나 날조된 거짓말, 심지어 마음 닿는 대로 산출되는 허황한 망상도 언젠가는 진리로 환원될 날이 도래할지도 모른다. 만물은 원자들의 조립과 분해의 연속이며, 우리의 신체가 원자로 이루어져 있듯이 세상의 모든 원리는 이미 결정되어 있고 흩어져 있는 편린들의 조합으로 그 어떤 것이라도 구성할 수 있다는 뜻이다. 지식의 습득이나 이론의 발견과 발명은 세상에 이미 존재하는 것을 우리가 발견하고 그것을 구체화하는 작업일 뿐이다. 우주는 모든 것을 상징하는 하나의 단어다. 유신론자들의 창조론에 편승할 뜻은 아니지만 '우주가 만들어졌다'라는 말은 '모든 것이 창조되었다'라는 말과도 같다. 바꾸어 말하면 진리는 이미 모든 것이 창조되어 세상에 현존하고 있다는 말이다. 우주가 아무리 변한다고 해도 그 질량은 불변이듯이 이미 모든 것이 결정되어 있으므로 현실에서 창조, 창의력, 발명이란 낱말은 참으로 무의미하며 우리에게 그것은 곧 불가능이다. 그러므로 뭔가를 만들어 낼 수 있다는 말은 세상에 이미 존재하는 뭔가를 활용한다는 뜻이다. 유신론자들의 말을 빌리더라도 세상에 없는 것을 만들어낸다는 것은 초월자의 능력이지 인간의 능력은 아니며 우리에게 초월자란 불가능의 또 다른 표현일 뿐이다.

전기의 발견은 말할 나위도 없고 전구의 발명은 에디슨에 의한 것이라고 하지만 그것 역시도 이미 가능성을 열어둔 채로 세상에 존재하는 것을 구체화시킨 하나의 행위였을 뿐이다. $E=mc^2$이라는 유명한 법칙은 아인슈타인이 발견을 했고 한글은 세종대왕이 발견을 했다. 얼핏 보면 발견과 발명이라는 낱말을 구분하지 못한다고 면박을 줄 수도 있겠으나 발견과 발명의 문제가 아니고 여기서는 그 어떠한 창의적 행위도 부정될 수밖에 없으며, 곧 발견이라는 하나의 낱말로 수렴된다. 참 허황한 논리로 들리겠지만 자음과 모음이 연결되어 하나의 글자가 된다는 법칙은 이미 우주에 존재하고 있었던 원리였다. 세종대왕이 우주의 원리를 활용하여 어떤 기호로서 구체화시킨 결과가 곧 한글이다. 세종대왕은 물론 신일지라도 우주라는 전체에 귀속되어 있는 한 세상에 없는 것을 만들어낼 수는 없다. "세종대왕 이전에 세상에 기역字가 있었나?"라고 반문할지도 모르겠다. 그 실체가 노출되지 않았을 뿐 현실에 존재하는 한 그 도래는 이미 결정되어 있었다는 말이다. 필자가 쓰고 있는 이 문장도 이미 어떤 형태로든 이 세상에 비치가 되어 있는 것을 필자가 하나하나 발견하고 조합하여 글을 만들고 있다. 이를테면 방금 쓴 "필자가 하나하나 발견하고 조합하여"라는 글도 '필자가-하나하나-발견하고-조합하여'와 같이 조각을 연결하여 만들어내는 것이다. 어릴 적에 집집마다 벽에 액자로 붙여 놓았던 유명한 시 "생활이 그대를 속일지라도 슬퍼하거나 노하지 말라. 설움의 날을 참고 견디면 언젠가는 기쁨의 날이 오리니, 현재는 언제나 슬픈 것 마음은 미래에 사는 것 모든 것은 순간이다. 그리고 지난 것은 그리워질 따름이니라." 차제에 소개하고 싶은 러시아의 문호 푸시킨의 '삶'이다. 이와 같은 글을 읽으면 우리는 공감을 한다. 틀린 말이 아니기 때문이다. 틀린 말이 아니라면 그것은 곧 진리다. 그러나 거듭 강조하건대 세상에 널려 있는 것이 변수의 조각이라면 틀린 말도 그 조각을 짜맞추다 보면 언젠가는 진리로 환원될 수가 있다. 시나 소설, 여타의 문학작품도 비록 지어내 만든 픽션이라고 할지라도 창작된 것이라고 볼 수가 없다. 그것은 이미 결정되어 허공에 공기처럼 존재하고 있는 최소 단위의 소재들을 조합하여 문자나 언어로서 구체화시킨 것일 뿐이다. 이를테면 생활이 그대를 속일 수도 있고 그렇지 않을 수도 있다. 그러한 논리는 누가 지어낸다고 만들어지는 것이 아니고 본래부터 존재하는 세상의 이치다. 요컨대 지식이란 세상에 존재하는 것, 곧 진리를 습득하여 자신의 정신 속에 정리해두는 행위를 일컫는 말이다. 내가 그것을 얼마나 숙지하고 있느냐의 문제일 뿐이라는 말이다. 창작은 자신의 정신 속에 정리해둔 지식을 자신의 신체 외부로 표현해내는 행위이다. 여기서 지식은 곧 진리이다. 이미 말했지만, 창작은 우리 능력의 범주가 아니고 우리는 오직 이미 결정된 원리를 활용할 뿐이다.

필자가 떠벌리고 있는 발견과 발명에 대한 낱말의 정의에도 불구하고 발견이나 발명의 의미는 다소 모호한 측면이 있다. 누구보다 앞서 맨 처음 생각으로 도출해내는 그 자체가 발견일 수도 있고 사고실험을 거쳐 수학적 계산으로 증명을 해내는 것이 발견일 수도 있으며, 완전한 실체의 시각적인 확인이 발견일 수도 있다. 모든 이론이나 원리의 발명도 마찬가지이다. 우리는 수학 실력만 받쳐 준다면 미래에 무슨 일이 일어날지 정확히 예측할 수가 있다. 프랑스의 수학자 피에르 시몽 라플라스에 따르면, 어느 한 시점에서 우주 안에 있는 모든 입자의 위치와 속도를 알고 있다면 과거 또는 미래 어느 한 시점에서 입자의 행동을 정확히 계산할 수가 있다는 것이다. 즉 우주를 지배하고 있는 법칙은 우리의 미래에 어떤 일이 일어날지를 정확히 예측한다거나 과거에는 어떤 일이 발생했는지 계산적으로 정확히 밝혀내는 것을 허용한다는 뜻이다. 다만 그것을 정확히 밝혀내기에는 현실적으로 계산이 너무 복잡할 뿐이라는 것이다. 따라서 문명의 발달사가 극에 달하면 마침내 모든 요소, 모든 사건, 모든 문제에 대하여는 물론이고 무엇이 옳다거나 그르다는 것을 수치적으로 계산이 가능하고 수학적으로 증명이 될 수 있는 날이 올지도 모른다. 논리를 좀 더 구체화한다면 축구 경기에서 축구 선수의 첫 동작이 축구공의 마지막 동작을 결정할 수도 있다는 뜻이다. 축구공이 처음 어느 방향으로 튕겨 날아갔느냐에 따라 뒤따르는 모든 동작과 행위가 결정되고 그것이 마지막 동작까지 이어짐으로써 이미 승부는 결정된다는 뜻이다. 다만 입자와 축구공이 다른 것은 입자는 그 추동이 강력, 약력, 전자기력, 중력에 따르고 이미 확보된 불확정성의 원리를 이용하면 그 동작의 예측이 가능하겠지만, 축구공은 물리법칙 외에도 선수들의 전략과 기량이 추가된다는 것이 다르다. 선수들의 전략과 기량에서 나타날 수 있는 변수는 물리법칙으로는 더더욱 계산 불가능하다는 것이 문제가 된다. 따라서 이 문제에 관한 한 우리의 수학 실력이 아무리 받쳐 준다고 해도 우리의 능력으로는 영원히 풀지 못할 수수께끼로 남게 될 것은 자명하다. 공은 어디로 튈지, 예측이 가능해도 인간의 행동이란 도통 알 수가 없다는 의미이다.

저명한 과학자의 저술 중에 "사람은 한순간이라도 숨을 쉬지 않으면 살 수가 없다. 숨을 쉰다는 것은 산소를 들이마시고 이산화탄소를 내뱉는 것이다."라는 내용이 있다. 이 문장의 내용은 사실일까? 이 문장들은 사실일 수도 있고 아닐 수도 있다. 필자가 보기에 이 문장들은 최소한 문맥상으로는 사실일 리가 없다. 한순간이라는 시간적 길이가 천차만별이며 산소의 농도가 정해지지 않았기 때문이다. 한순간이 5분, 10분처럼 길다면 이 말은 사실일 수가 있다. 그러나 한순간이 대략 1분 이내이거나 그보다 짧다면 이 말은 사실이 아니다. 또 산소의 농도가 순수하다면 위 문장은 사실이 아니다. 순수한 산소는 독극물로 분류될 정도로 우리의 생명에는 위해를 가할 수 있기 때문이다. 다만 숨을 쉴 때의 기체가 대략 21%의 산소에 질소 78%, 나머지 1%가 아르곤, 이산화탄소, 네온, 헬륨 등 불순물로 적당히 희석되어 있다면 이 말은 사실일 수도 있다. 위 과

학자의 저술에서도 나타나듯이 우리가 알고 있는 것이 전부는 아니다. 우리는 아무 생각도 없이 허구를 사실인 양 받아들이고는 종종 사실을 외면하면서 살아가고 있다. 그럼에도 불구하고 우리는 우리 스스로가 그 어느 때보다 현명하며, 우리가 비로소 문명을 이룩해 놓았다고 자만하고 있는지 모른다. 우리는 지동설을 처음 주장한 사람이 코페르니쿠스였고 갈릴레이가 망원경을 보면서 그것을 증명하였다고들 알고 있다. 그러니까 그것은 중세시대, 좀 더 정확히는 대략 16세기경이었다. 그러나 지동설을 처음 주창했던 사람은 지금으로부터 2300년 전 고대 그리스의 철학자 아리스타르코스였다. 만물의 근원을 원자라고 떠올린 데모크리토스도 이 시대의 사람이었다. 물론 우리는 교과서에서 배우기를 원자를 처음 발견한 사람은 18세기 영국의 화학자 존 돌턴이라고 알고 있다. 그러나 존 돌턴도 원자를 직접 발견한 것이 아니고 사유(思惟)에 의한 도출이었을 뿐이다. 고대의 사람들은 그 열악한 환경 속에서도 우리가 알고 있는 것보다는 훨씬 현명했을지 모른다. 우리가 모르고 있을 뿐이겠지만 어쩌면 그보다 훨씬 더 앞선 시대의 어떤 사람이 지구는 돌고 있고 물질을 구성하는 것은 어떤 입자일 것이라고 생각을 했던 사람이 있었을지도 모른다.

어떤 데이터를 비유적으로 나타낼 때, 넓이의 표현에서 '여의도 면적의 몇 배', 파괴 위력의 표현에서 '히로시마 원자폭탄의 몇 배'라는 표현을 쓴다. 그런데 그러한 표현은 그것을 직접 경험한 소수에게만 통하는 메시지다. 여의도가 얼마나 넓은지 여의도에 가보지 않은 사람은 알 수가 없을뿐더러 사실상 여의도에 가 봐도 그 땅이 얼마나 넓은지 선뜻 감이 오질 않는 것은 마찬가지다. 히로시마 원자폭탄의 경우 그 당시를 목격했거나 어떤 자료를 통해서만 그 규모를 알 수가 있을 것이다. 범상한 독자 또는 청자가 널리 이해할 수 있을 만한 비유는 아닐 것이다. 그런데 우리는 아무 계산이 없이도 그 수치를 잘 알고 있는 듯 고개를 끄덕인다. 여의도가 얼마나 넓은지, 원폭이 얼마나 센지도 모르면서 매우 넓다거나 매우 세다는 것 정도로 이해하는 것이다. 어떤 단체의 회장단 선거에 참석하다 보면 당선자가 연단에 올라 "부족한 제가 중책을 맡게 되었습니다."라고 인사를 하고는 그 직임을 수락하는 경우를 볼 수가 있다. 그의 말이 사실이라면 그의 행동은 표리부동하고 그를 중책에 맡긴 단체에는 위험천만한 일이 아닐 수가 없다. 자신의 부족함을 만방에 고하고도 중책을 맡게 된다면 그 단체에는 물론 경선에 참여한 경쟁자와의 사이에도 분명 문제의 소지가 있다. 그러나 우리는 그러한 행동을 부정적으로 생각하지는 않는다. 단언하건대 세상에서 완벽한 것이란 없다. 완벽은 곧 결함이 없이 완전함이다. 완전함은 인간세계에서 도모할 수는 있으나 구현해낼 수는 없다. 더욱이 인간의 구조 자체가 주체로서든 객체로서든 완벽할 수가 없다. 그러한 사실에도 불구하고 우리는 일상에서 '완벽주의'라든가 '완벽하게' 등 완벽이라는 낱말을 아무 생각도 없이 남발하고 있다. 절대온도라는 단어와 그 수치는 있어도 절대 저온이나 절대 고온을 절대 만들어낼 수 없듯이 우리는 세상에 없는 완전함을 추구하고 있고 또 그것이 존재하는 양 언어를 사용하고 있다. 완벽과 마찬가지로 우리의 지각으로 아무리 옳다고 생각되더라도 완전히 옳은 것은 없다. 내 생각은 옳고 당신 생각은 그르다거나 또 그 역의 상황도 당신과 내가 아무리 동조를 한다고 해도 완전히 옳다고 볼 수는 없다. 당신과 내가 합의를 이루어 그것을 결정했다고 하더라도 제삼자의 측면에서 보면 만에 하나 합의가 성립하지 않을 수도 있고 흠결이 발견될 수도 있다. 누군가가 뭔가를 최초로 발견했다면 또 다른 사람의 측면에서는 발견 이전의 상황이 다시 발생할 수도 있다. '1+1=2'라는 사실은 산술적으로는 더 이상의 정답이 존재하지 않는 것 같지만, 논리를 확장하면 여러 가지 해답을 얻어낼 수가 있다. 여기서 논리를 확장한다는 말은 철학이나 수사학적 논증을 떠나 인간 의식 세계를 벗어날 수도 있다는 이야기다. 무엇보다도 세상은 산술적으로 움직인다고 볼 수도 없다. 모든 것은 상황에 따라, 또한 주관에 따라 다른 것이다.

회전하는 물체에 동서남북이라든가 상하좌우의 방향을 부여할 때는 매우 신중해야만 한다. 회전자의 각도에 따라 방향이 달라지고 관측자의 관측 방향이나 물체가 수직면을 향하고 있는지 수평면을 향하고 있는지 그 여부에 따라 달라지기 때문이다. 오른나사와 왼나사가 있다. 오른나사는 말 그대로 오른쪽으로 돌리면 잠기는 나사이고 왼나사는 왼쪽으로 돌리면 잠기는 나사다. 그렇다면 오른쪽과 왼쪽으로 돌린다는 의미는 과연 무엇을 의미하는가? 원을 두고 설명을 하자. 내가 보는 방향을 기준으로 원의 왼쪽으로의 방향과 오른쪽으로의 방향 그리고 위와 아래로 구분하자. 원의 중심에 오른나사를 꽂고는 나사를 왼쪽에서 시작하여→위→오른쪽→아래→원위치의 순서로 돌려보자. 왼쪽에서 위를 통하여 오른쪽으로 돈다. 이번에는 왼나사를 원의 중심에 꽂고는 왼쪽에서 시작하여→아래→오른쪽→위→원위치의 순서로 돌려보자. 이번에는 왼쪽에서 아래를 통하여 오른쪽으로 돈다. 처음은 위쪽을 통했고 두 번째는 아래쪽을 통한 사실만 다를 뿐 둘 다 왼쪽에서 오른쪽으로, 또 오른쪽에서 왼쪽으로 돌고 있다. 그렇다면 과연 무엇이 오른나사이고 무엇이 왼나사인가? 한편, '다르지 않다, 엄청 비슷하다, 같다, 똑같다, 정확하다, 확실하다, 영락없다, 적확하다'라는 각각의 말뜻은 단어 그 자체만 놓고 본다면 전체가 서로 호환되는 동의어이다. 그러나 이 단어들이 적용되는 과정을 놓고 본다면 엄연히 차이가 존재한다. 크기나 형상이 똑같이 생긴 원이 두 개가 있다. 하나는 기존의 원이고 다른 하나는 기존의 원을 대체할 원이라고 하자. 이 두 개의 원을 비교하는 과정에서 위의 단어들을 사용해보자. '다르지 않다'는 두 원의 다른 면을 평가한 것이고, '엄청 비슷하다'는 두 원의 닮은 면을 평가한 것이다. 둘 다 '같다'로 귀착된다. 또 '같다'와 '영락없다'는 육안 관찰이고, '똑같다'와 '정확하다'는 돋보기로 본 경우라고 추정할 수 있다. '확실하다'는 재차 확인한 결과를 말하는 것이고, '적확하다'는 대체 사용해도 무방하다는 뜻이다. 위의 모든 단어가 우리의 일상생활에서는 분별없이 전부 '같다'라는 뜻으로 사용해도 나무랄 사람은 없다. 그러나 우리는 그 많은 단어를 각각 다르게 사용하고 있다.

세월이 흐를수록 세상은 복잡해지고 세상이 복잡해질수록 언어의 엔트로피가 높아진다는 매우 구체적인 증거가 있다. 요즘 우리의 대화는 추측이나 확률로 이루어지고 있다는 것이 그것이다. '그렇다', '아니다', '맛있다', '별로다'를 "그런 것 같아.", "아닌 것 같아.", "맛있는 것 같아.", 별로인 것 같아."라고 두루뭉술하거나 자신 없게 이야기들을 하는 것이다. 여기서 '별로인 것 같다'의 경우 '별로다'라는 단어 자체가 이미 많다, 적다와 같이 대체로 양적인 표현으로, 방금 사용한 '대체로'와 같이 어느 정도의 분포를 함의하고 있다. 이러한 현상은 자신의 말이 사실인지 허구인지, 정말 많은 것인지 적은 것인지 또는 객관적으로 평가하면 어떻게 될 것인지에 대하여 단정하기에는 자신이 없다거나 의심이 가는 관계로 여기에 대한 책임을 회피하려는 경향 때문인 것으로 보인다. 인간을 언어의 표현 능력 측면에서 나누어보면 교육을 제대로 받은 현대의 성인, 교육이라는 교육은 전혀 받지 않고 막무가내로 살아온 현대의 성인, 교육을 받았으나 듣지도 말하지도 못하는 후천성 농자, 현대에 태어나 교육을 전혀 받지 못한 상태로 무인도에서 혼자 성장한 성인이 제각각 정신적 기능이 다른 만큼 기호 표현도 다르게 작동할 것으로 보인다. 우리는 많고 적은 것을 구체적으로 얼마만큼의 숫자로 표현할 수도 있지만, 애초에 숫자가 발명되지 않았더라도 지금 정도의 지능이라면 손가락으로나 눈에 보이는 물건으로도 그것을 기준하여 표현은 가능하다. 또한, 수치적인 표현이 아니더라도 개략적이거나 정성적으로 표현할 수도 있다. “가만히 있어 보자. 그게 얼마였더라?” 하고 숫자를 생각하다가 생각이 나지 않는다면 “하여튼 많은 숫자다!”라고 얼버무릴 수도 있고, 하늘만큼 땅만큼이나 적당량, 대략적인 등의 단어로 대체하여 사용할 수도 있다. 원시에서도 의사소통이 가능했던 것은 이러한 기능 때문일 것이다. 이처럼 필요에 따라 활용할 수 있는 다양한 언어의 구사는 우리의 대화에 대단히 요긴하게 작용한다. 대표적인 예로 거시기라든가 아무개라는 단어가 있다. 위와 같은 대체언어의 사용은 지식이 짧을수록 또는 기억력이 나쁠수록 빈도는 상승하리라 생각한다. 바꿔 말하면 학력이 높다거나 지능이 높을수록 그때그때 마다 맞춤형의 정확한 단어를 구사할 수 있을 것이라는 뜻이다. 더 나아가서는 시간이 갈수록 그 의미가 흐린, 부정확한 단어의 사용이 잦아질 것이라는 생각이 든다. 위에서도 설명이 있었지만, 이 세계는 세월이 흐를수록 정보가 총체적으로 많아지고 있고 그 방향은 무질서한 쪽으로 흐르고 있기 때문이다.

이름이 '체이서'라는 보더콜리 종의 어떤 강아지는 1,000개 이상의 단어를 알고 있다고 한다. 대체적으로 똑똑하다고 생각되는 강아지가 200개 정도의 단어를 알 수 있다고 하는데, 체이서는 추론능력이 침팬지를 포함한 그 어느 동물보다도 뛰어나다는 것이다. 예를 들어 녀석이 알고 있는 각각 다르게 생긴 A, B, C, D, E라고 하는 인형들을 한 번도 보여주거나 가르쳐준 적이 없는 F라는 인형과 함께 섞어 두고서는 A나 B처럼 아는 인형을 두어 번 가져오라고 한 뒤 한 번도 가르쳐준 적이 없는 F라는 이름을 제시하면 그 나머지 인형 중에서 처음 보는 생소한 인형인 F를 가져오는 것이다. 체이서가 발음 연습만 제대로 한다면, 우리와 대화할 날도 머지않았다. 그러나 최근 우리 사회에서의 신조어 발생 추이를 고려해보면 동물이 우리의 언어를 밝혀내는 만큼 인간은 또 다른 어렵고 복잡한 언어를 양산해내어 어떻게 해서든지 동물과의 대화는 가능한 이룰 수 없도록 하려는 것이 목적인 것처럼 보인다. 인간의 이러한 행동은 성경의 가르침에 대한 실천인지도 모른다. 성경에서 가라사대, "이 무리가 한 족속이요 언어도 하나이므로 그대로 두면 이후로는 그 경영하는 일을 금지할 수 없으리로다. 자, 우리가 내려가서 그들의 언어를 혼잡하게 하여 서로 알아듣지 못하게 하자 하시고 그들을 온 지면에 흩어지게 하신 고로 그들이 성 쌓기를 그쳤더라. 그러므로 그 이름을 바벨이라 하니 온 땅의 언어를 혼잡하게 하셨음이라." **(창세기11장 1~9절)**

로또는 1부터 45까지의 숫자 중에서 6개를 알아맞히는 게임이다. 당첨확률은 대략 800만분의 1이다. 그런데 거의 매회 당첨자가 있다. 당첨확률이 800만분의 1의 상황에서 매회 당첨자가 발생한다는 것은 매회 그 확률을 포함할 수 있을 정도의 숫자가 판매된다는 이야기다. 여기서 우리의 지각은 800만분의 1보다는 거의 매회라는 확률에 매력을 느낀다. 800만분의 1은 1부터 45까지의 숫자 6개 조합이 대략 800만 개(정확히는 8,145,060개)라는 뜻이고 거의 매회는 복권 추첨 일정 중에서의 빈도라는 뜻이다. 또한, 800만분의 1은 전체를 보는 눈이고 거의 매회는 부분을 보는 눈이다. 전체 중에서 내가 부자가 될 확률은 800만분의 1이지만 내가 푼돈을 날려버릴 확률은 거의 매회라는 뜻이기도 하다. 그래도 우리는 복권을 산다. 우리의 의지가 거짓을 일부는 수용하기 때문이다. 동전을 던지면 앞면이 나올 확률과 뒷면이 나올 확률은 각각 50%로 같다. 그러나 그 확률은 동전을 던지기 전에 이미 결정된 것은 아니다. 이 논리는 나비효과와 비슷한 측면이 있지만 배경이 좀 더 정밀하고 결과는 명료하다. 나비효과는 어느 한 마리 나비의 날갯짓이 지구 반대편에 이르러 태풍으로 발전할 수 있다는 이야기다. 처음엔 나비의 날갯짓과도 같은 작고 미미한 사건일지라도 움직임 하나하나에서 시너지가 더해진다면 훗날 엄청난 사건으로 발전할 수 있다는 뜻이다. "너의 시작은 미약하였으나 그 결과는 창대하리라!"라는 성경 구절이 이를 잘 설명해주고 있다. 나비효과의 설명은 그 과정이 너무도 복잡하기에 과정은 생략되고 시작과 종료만 존재한다. 반면 동전 던지기는 과정을 망라할 수가 있다. 동전 던지기는 동전을 어떻게 던지느냐가 중요하다. 이를테면 오른손으로 던질 때와 왼손으로 던질 때가 다르다. 던지는 과정에서 동전의 왼쪽에 힘이 쏠리는지 오른쪽에 힘이 더 쏠리는지에 따라 결과가 달라질 수가 있다. 동전 던지기의 과정 하나하나가 확률로 구성된다. 동전을 던지는 사람의 손에서도 확률이 존재하고 심지어는 지나가는 바람이 변수로 작용할 수가 있다. 여기서 변수는 곧 확률이다. 미세하게 관찰해보면 모든 운동은 시작부터 종료까지 과정을 거치는 동안 각각 요소들의 확률이 조합하여 최종 결과가 만들어진다.

어떤 일이 닥치면 필자는 그 뒤에 도래할 수 있는 반대의 상황부터 먼저 생각을 한다. 내가 베푼 일에 대하여 반대급부를 생각한다는 뜻은 결코 아니다. 이를테면 기쁜 일이 생기고 나면 나쁜 일이 뒤 따를지도 모른다는 걱정 말이다. 복권에 당첨된다고 치자. 주거생활도 개선하고 여행도 가는 등 꿈에 부푼 계획을 세우다가는 문득 "이 돈을 다 써버리면 그 뒤에는 뭘 하지?" 하고 돈을 다 써버린 뒤를 떠 올리고는 여기에 골몰하는 것이다. 한참 동안은 기분이 좋아서 어쩔 줄 모르다가도 언제 그랬냐는 듯 냉정하게도 마음을 다잡아버리고 만다. 그래서 필자는 행복한 마음도 아주 잠깐뿐 오래는 지속할 수가 없다. 좋은 점도 있다. 슬프거나 괴로운 일이 닥치면 그 반대의 상황을 상정해보면 된다. 앞에서 말한 푸시킨의 삶처럼 여러 가지 긍정적인 생각을 떠올리게 되면 쉽게 거기서 탈피할 수도 있다. 재산상 약간의 손실이나 자그마한 사고 정도는 액땜으로 치부해버리고는 아무 일 없는 듯 덤덤해지고 만다. 우리가 수많은 선각자의 격언들을 주문처럼 외우고 다녔던 이유도 여기에 있을 것이다. 그렇게 사는 것이 어떻게 보면 세상을 편리하게 사는 방법일지도 모른다. 비슷한 예로, 허구를 진리로 둔갑시키는 기술은 곧 창의적 발상에서 나온다. 그것은 나쁘게 표현하면 괴변이고 좋게 표현하면 수사(Rhetoric)다. 소크라테스의 산파술은 꼬리에 꼬리를 물고 끝까지 왜라는 질문을 던지는 것으로 유명하다. 소크라테스는 반어법(反語法)을 사용하여 사람들에게 무지를 자각하게 하였고 산파술(産婆術)로서 무지의 자각으로부터 깨달음에 이르게 하였다. 또한, 그는 상대가 알고 있다고 주장하는 내용에 대해 모순이 되는 주장을 펼쳐 상대가 이를 승인하게 하여 말문이 막히게 하는, 이른바 아포리아(aporia)에 이르게 하는 방식을 취한다. 상대가 난처한 지경에 빠지게 하여 스스로 무지를 자각하게 만드는 것이다. 대개의 사람들이 자신의 무지를 자각하지 못하고 있는 데 대해 그것을 의식적으로 자각할 수 있도록 유도하기 위하여 끊임없이 질문을 던지는 것이다. '지나가던 강아지도 웃을 소리'겠지만 필자의 반어법도 궁극적으로는 소크라테스를 지향한다.

코페르니쿠스적 전환

:: 결벽증의 인간들

이 글은 우리에게 어떤 교훈이나 각성을 주지는 않을지도 모른다. 결벽증이란 단어가 부정적인 측면이 있지만, 이 글에서는 부정적으로 해석되지도 않는다. 다만 풍자일 뿐이다. 필자가 감히 엄두도 낼 수 없는 진리라는 소주제를 달고 있으나 진리와는 그토록 가까운 사이도 아니다. 그렇다고 글의 내용이 허구라거나 의미가 없다고도 할 수 없다. 필자라고 하는 어떤 존재가 그것을 생각하고 그러므로 그것이 존재하며, 마침내 필자의 정신 속에서 어떤 기호로서 정리되기 때문이다. 데카르트는 '코기토 에르고 숨!' 즉, 자신이 생각하므로 존재한다고 했다. 생각하지 않고서는 내가 이 세상에 왜 살고 있는지 또는 과연 존재나 하는지를 머릿속에 떠올릴 수도 없다. 생각이라는 기능이 없이는 피아(彼我)를 막론하고 존재 여부를 분간할 길이 없다. 우주의 원리를 규명하는 과학이론 중에서 그나마 최첨단으로 분류되는 양자이론은 확률로서 그 진위가 결정되는 이론이다. 여기에서 파생된 어떤 원리에 따르면 모든 것은 관측됨으로써 존재하는 것이라고 한다. 즉, 뭔가가 있다면 어떤 의식이 있는 존재가 그것을 관측하지 않고서는 존재를 확신할 수가 없다는 말이다. 필자는 글의 내용에는 어울리지 않는 단어로서 이 글에서는 '정리정돈'이라는 단어를 쓰기로 했다. 글의 구성으로 보아 약간은 현학적인 어투가 어울릴 것도 같으나 언뜻 생각나는 단어가 없기 때문이다. 아는 체를 한다는 것도 그 방면을 어느 정도의 깊이로 알지 않고서는 낱말조차도 구사할 수가 없음을 새삼 깨닫게 된다. 참고로 이 글의 대제목을 코페르니쿠스적 전환이라고 명명한다. 그러나 코페르니쿠스라는 인격체나 그의 사상, 또는 코페르니쿠스적 전환이라는 용어를 처음 사용한 칸트에 대한 언급이 아니고 이 글 자체가 발상의 전환을 시도하여 구성했다는 의미임을 밝혀둔다.

구름이 가로막지 않는다면 내일 아침 태양이 뜬다는 사실은 일부 철학자들의 의심에도 불구하고 이미 진리로 확립되어 있다. 거부할 수 없는 자연의 원리가 곧 진리다. 진리는 자연의 원리 중에서 우리의 의식이 그것을 완전히 파악하고 있는지의 여부로부터 결정된다. 얼핏 알고 있거나 전혀 모르고 있거나, '우주는 홀로그램이다.'라는 말과 같이 진위를 파악할 수 없는 것은 진리라고 할 수가 없다. 진리와 허구는 책상 서랍에 필기구처럼 개인의 정신 속에서 각각 양쪽으로 정리정돈이 된다. 내일 태양이 뜨지 아니하면 날씨가 흐릴지, 두 개의 대치되는 명제 사이에서 성립되는 배중원리(**排中原理**)[1]에도 불구하고 우리가 그것을 분명하게 파악하지 못한다는 것은 우리의 의식에서 아직 정리정돈이 되지 않은 상태라는 뜻이다. 만일 기상의 원리를 훤히 파악하여 내일 날씨를 미리 꿰뚫어볼 수 있다면 그 현상은 진리로서 확립되고 의식에서 정리가 완료된다는 뜻이다. 정리정돈은 곧 질서다. 진리로서의 현상과 의식에서의 질서가 동시에 이루어지는 것은 관찰됨으로써 존재가 확인된다는 뜻이다.

우리 의식으로 알 수 있는 것과 알 수 없는 것이 있다는 것은 의식에 있어서 정리정돈의 문제다. 우리가 진리를 파악한다는 것은 각자의 의식에서 정리정돈이 되고 있다는 의미이다. 우리가 수학, 과학, 철학과 같이 학문을 여러 갈래로 분류해놓고 있지만 모든 것은 철학으로 시작하여 철학으로 수렴된다. 굳이 고대의 어떤 이론이 철학으로 시작하여 현대에 이르러 과학으로 그 결과가 규명되고 있다는 사실을 들지 않더라도 철학과 과학 사이에는 어떤 종속관계가 성립되며 그것은 곧 정리정돈이 되고 있다는 의미이다. 우주가 무한히 크다는 사실은 다만 우리 의식이 만들어낸 척도의 결과로서 또 다른 한편에서 우주는 무한히 작은 한 점에서 인출된 Detail일 뿐이다. 따라서 우리 눈에 보이는 결과로서는 엄격히 그 규모를 크다거나 또는 작다고 표현할 수 없다. 하물며 우리가 존재하는지 그 의문조차도 우리 스스로 그것을 정의할 수가 없다. 과학과 철학을 종속관계라고 언급했는데, 그럼에도 불구하고 과학과 철학은 상호의존적인 학문이다. 이를테면 우리가 이 세상에 존재하는지 의문을 품는 것은 철학이고 그것을 규명하는 것은 과학이다. 더 세부적으로는 우리의 존재 여부를 증명해내는 것은 과학의 범주에 있는 수학이나 진화생물학이다. 진리는 우리가 존재한다는 결과로만 충족되지는 않는다. 왜 존재하는지와 더불어 존재하지 않을 수도 있다는 사실에 대한 규명도 요구되는 것이다. '나는 존재하는가?'라는 하나의 질문이 던져진다면 '나는 존재하지 않는가?'라는 질문이 동시에 던져지는 것이다. 우리가 생명체로서 존재한다는 사실에 대해서는 진화생물학이나 여타의 학문으로 이미 규명이 되고 있다. 그러나 우리가 이 세상에 존재하지 않는 것을 그들 학문이 증명해낼 수는 없다. '우주는 홀로그램이다.'라는 명제를 현재로서는 그 어떤 방법으로도 증명해낼 수 없듯이 우리가 이 세상에 존재하지 않음을 규명한다는 말 자체가 우리의 상식으로는 말 같지도 않은 소리로 들리겠지만 어쩌면 그것은 우리 의식과는 무관하기 때문이기도 하다. 데카르트가 평생을 의심에 바쳤듯이 다만 우리는 그것을 의심할 수 있을 뿐이다. "나라는 존재는 실재하고 있는 것인가? 과연 나는 누구인가?"라는 의심은 과학과는 무관하며 오직 철학의 범주에 있다.

세상은 점점 더 무질서한 방향으로 진행하고 있다. 바위가 으스러져 조약돌이 되고, 모래가 되고, 흙이 되듯이 자연은 하나의 개체가 수많은 개체로 나누어지기도 하고 한곳에 모여 있던 것이 각각 멀어지고 흩어지기도 한다. 자연은 그냥 내버려 두면 질서는 배제되고 모든 것이 무질서로 배치가 된다. 지금 배치라는 낱말을 쓰고 있지만 사실 배치는 무질서라는 단어로는 수식될 수 없다. 배치 그 자체가 이미 질서라는 의미를 함의하고 있기 때문이다. 우주는 하나의 점으로부터 시작하여 팽창을 거듭하고 있으며, 엔트로피는 증가일변도에 있다. 그러나 이 원리에도 모순이 있다. 우주종말론의 일설에 따르면 우주가 팽창하고 또 팽창하여 엔트로피가 임계 상황에 달하면 흩어져 있던 우주가 언젠가는 다시 모여 하나의 점으로 회귀할지도 모른다는 것이다. 밤하늘의 별은 모래를 쏟아부은 듯 무질서해 보이지만 전체를 보면 시간적으로나 공간적으로 분명 어떤 원리에 따라 움직이고 있으며, 원반의 형태로든 구형의 형태로든 뚜렷한 형체를 이루고 있다. 흩어져 있는 것이 모이거나 희미한 것이 뚜렷하게 바뀐다는 것은 무질서에서 질서로 환원된다는 뜻이다. 산과 들, 바다와 강, 구름과 우거진 수풀은 제각각 점과 선으로 자유롭게 형체를 이루고 있으나 카메라로 잡아보면 곳곳에서 잘 짜인 구도의 멋진 예술 작품이 발견된다. 구도는 곧 질서의 한 측면이다.

정리정돈에 온종일 정신을 쏟고 있다면 그 사람의 증세는 위험한 수준의 결벽증인지도 모른다. 사물이 무질서하게 흩어져 있는 것을 보고 참지 못하는 경우 그 증세를 결벽증이라고 한다. 결벽증은 집착의 정도에 따라 그 여부가 결정된다. 결벽증이 있는 사람은 모든 것이 가지런하게 정리정돈이 되어있어야만 마음을 놓게 된다. 어떤 개인의 이야기가 아니다. 인간의 전체적인 행동을 관찰해보면 정리정돈에 관한 한 아주 심각한 결벽증을 앓고 있는 것으로 보인다. 앞에서 설명과 같이 모든 것이 우리 의식의 결과라면 인간의 의식은 뭔가를 자연 그대로 두지 않고 여러 가지로 끊임없이 나누고 가르고 분류하고 정돈하고 있다. 인간은 태생부터가 그렇다. 공기 중에 무질서하게 떠돌던 탄소분자가 물속에 녹아 들어가더니 꼬물꼬물 움직이는 생명체가 되고 하나가 분열하여 수많은 개체를 이루고 개체가 결합하고 진화하여 마침내 인간이라는 이름을 부여받게 되었던 것이다. 이를테면 진화의 역사는 전체와 부분의 순환이요 시작과 종말의 순환이다.

원자가 모여 분자를 이루고 분자가 모여 세포를 이룬다. 세포는 곧 우리의 피부가 되고 근육이 된다. 흩어진 원소가 모이고 결합하여 하나의 물체를 이룬다. 정리정돈이 된다는 뜻이다. 이러한 현상은 우리의 육체에만 한정된 것이 아니다. 먼지와 구름, 동물과 식물, 지구의 자연은 물론이고 은하와 별이 멀어지거나 만나는 것도, 우주가 빅뱅으로 흩어져 팽창하고는 언젠가는 다시 모여 빅 크런치 되는 것도, 모든 것이 발산과 수렴, 분산과 집합의 연속이다. 우리가 알 수 있거나 알 수 없는 모든 것이 우주의 구성이다. 자연을 최소 규모로 분류하면 수소, 헬륨, 질소, 산소, 탄소, 네온 등등 수많은 원소로 구분이 되고 좀 더 거대 규모로 분류하면 동물, 식물, 광물로 구분이 된다. 자연이 전체라면 동물, 식물, 광물은 자연에서 파생된 좀 더 좁은 개념의 부분 집합 단위이다. 전일론적 세계관이 이를 설명해줄 수 있을지도 모르겠다. 인간은 자연을 떠나서 살 수 없다고 하는 고정관념이 곧 전일론이다. 즉, 전체를 이루는 각각의 요소들은 독자적으로 존재하는 것이 아니라 개별 요소끼리 유기적 관계를 이루고 전체가 내면적으로 이어져 있다는 것이다. 여기에 따르면 어떤 하나의 단위 자체는 각각 분리된 부분들의 집합이 아니라 전체가 통합되어 있는 하나라고 보아야 한다는 뜻이다. 그러나 인간은 자연을 전체인 채로 두지 않고 굳이 동물, 식물, 광물로 분류하기도 하고 유기물과 무기물로 구분하기도 한다. 심지어는 역(域)-계(界)-문(門)-강(綱)-목(目)-과(科)-속(屬)-종(種)이라는 난해한 문자들을 사용하여 각각 생물의 단계를 구성해놓기도 한다.

필자도 여기에 동조해본 사실이지만, 눈에 보이지도 않는 입자의 세계를 우주의 축소 모형으로 해석하려는 학문이 존재하는가 하면 분류와 탐색을 거듭하는 과정에서 우리의 계산으로는 분명 존재하여야 함에도 그것이 보이지 않는다면 암흑이라는 단어로, 우리의 상식선에서 어딘가에는 분명 존재할 것 같지만 도저히 찾을 수 없다면 그것은 불확정으로, 그 작동방식이나 원리가 우리의 상식으로는 도저히 이해할 수가 없다면 그것은 특이라는 단어로 무책임하게 포장해두기도 한다. 눈에 보이지도 않는 것까지 그 크기를 분자, 원자, 소립자로 분류하기도 하고 증세가 좀 더 중증인 사람은 원자를 더 세분해 놓기 위해 평생을 입자가속기라는 것을 돌려가며 찾아내고 있다. 이러한 인간의 행위는 전체 속에서 흩어져 있는 각각의 단위나 드러내 놓지도 않고 있는 자연의 무질서함을 정리 정돈하여야겠다는 집착의 발로이다. 눈에 보이는 모든 것, 무질서한 현상에 대하여 의식 속에서 질서를 부여하는 인간의 행위는 집착 정도로 보아 결벽증임에 틀림이 없다. 여기서 주의할 점은 무질서를 질서로 바꾸고자 하는 인간의식의 결과는 또 다른 측면에서는 엔트로피의 증가로 환원될 수가 있다는 점이다. 어떤 사람에게 질서의 행위는 또 어떤 사람에게는 무질서로 되돌아올 수가 있다는 뜻이다. 우스운 소리로 들리겠지만, 학문으로 정착한 난해한 공식이라든가 단어는 필자의 경우 그것을 이해하려고 해도 도저히 이해할 수가 없고 암기는 더더욱 어려울 수밖에 없다. 정리된 원어와 공식들을 의식 속에 저장하기 위해서는 긴 시간과 부단한 노력이 요구된다. 그들 결벽증의 결과가 필자에게는 엔트로피의 상승으로 귀착되고 있는 것이다.

'모든 것의 이론'은 자연계의 네 가지 힘인 중력, 전자기력, 강력, 약력을 하나로 통합하려는 이론이고, 통일장 이론은 이 힘들 사이에 작용하는 힘의 형태와 상호관계를 하나의 통일된 개념으로 보려는 이론이다. 이 이론들의 명칭조차도 벌써 필자에게는 혼동이 온다. 이처럼 불철주야 원리나 학문 또는 지식을 통일하고자 하는 과학자들의 노력은 그 어떤 경우라도 그것은 개인적으로는 정신에 대한 정리정돈의 일환이라고 볼 수가 있다. 논리가 정연하다는 말은 곧 그 사람의 지식체계가 정리정돈이 되어 있다는 말이다. 어떤 원리나 이론에 대해 무지한 사람과 그것을 얼핏 알고 있는 사람과 그 분야에 통달한 사람의 머릿속을 각각 들여다보면 아마 무지한 사람의 머리는 빈 필통처럼 텅 비어 있을 것이고 얼핏 알고 있는 사람의 머리는 볼펜과 연필이 여기저기 나뒹굴고 있는 반쯤 찬 필통과도 같을 것이며, 그 분야에 통달한 사람의 머리는 검정볼펜, 청색볼펜, 적색볼펜, 연필, 지우개, 칼이 가지런히 정돈되어 가득 채워진 필통과도 같을 것이다. 사람이 무게가 있거나 속이 꽉 차 있다는 말은 인격에 대한 비유가 된다. 밀도가 높다는 뜻이다. 물질은 밀도가 높을수록 질량이 크다. 빈 필통은 소리가 없으나 가볍고, 반쯤 찬 필통은 소리가 요란하다. 속이 꽉 찬 필통은 무거우며 소리가 나질 않는다. 빈 깡통이 요란하다는 속담은 어설프게 알고 있는 사람이 아는 체를 한다는 뜻의 비유로 차라리 모르고 가만히 있는 사람보다는 인격 면에서 비하된다는 뜻이다.

측두엽 간질환자의 증세는 크든 작든 모든 사건에 대하여 우주적 의미를 부여하는 경향을 보인다고 한다. 또한, 그들은 비전문가 수준에서 자신이 갖는 생각을 시, 편지, 소설 등의 문학적 형태로 표현하려는 강박증, 즉 과묘사증을 보이기도 한다는 것이다. 이 설명은 대충도 아니고 필자의 현재 증세와 완전히 같다. 차제에 고백할 것이 있다. 필자는 과학자가 아니면서도 물리학을 밥 먹듯이 이야기하고 있다. 철학자가 아니면서도 철학을 들먹이고 있다. 국어학자가 아니면서 신조어가 어떠니 사이시옷이 어떠니 하고 따져들고 있다. 또한, 필자는 하루도 우주를 떠난 적이 없고, 단상에 오른 사실도 없으면서 직업인 양 글을 쓰고 있다. 글을 쓰고 싶은 충동이 하루에도 수십 번씩 떠오른다. 아니, 글을 쓰고 싶은 정도가 아니라 글로부터 인생의 의미를 느끼고 있다. 먹고 싸고 걷거나 움직이는 모든 행동으로 보아 불편한 구석이 아직은 없다. 그런데도 과연 필자는 측두엽 간질이라는 병을 앓고 있으므로 건강하지 않은 것일까? 그렇다면, 앞에서 설명한 정리정돈의 결벽증에서부터, 저 오묘하기 짝이 없는 우주 현상의 궁금증. 끊임없이 떠오르는 이 창작적 발상들. 글을 쓰고자 하는 이 왕성한 의욕. 황혼은 저물어 가는데, 날 어쩌란 말이냐. 파도야 어쩌란 말이냐.

∷ 세상은 극한을 향한다

어떻게 보면 수학에서의 집합에 대한 설명 같기도 하고 또 어떻게 보면 다중우주의 설명 같기도 하고, 한편으로는 장자가 스승 노자에 맞서서 펼치는 존재와 무존재에 대한 논전과도 같은 논리로서 일본의 무카이 마사아키가 쓴 책에는 자크 라캉의 제자 밀레(Jaques-Alain Miller, 1944~)의 소논문 「모태(母胎, matrice)」를 인용하여 설명한 '전체와 무의 변증법'이라는 것이 있다. "전체를 파악한다는 것은 어떤 것도 남기지 않는다는 것을 의미한다. 전체의 외부는 無다. 전체는 자기 외부에 無를 남기는 것이 되며, 전체가 진짜 전체이기 위해서는 無를 포함하지 않으면 안 된다. 여기서 새로운 전체가 생긴다. 그러나 전체가 전체인한 반드시 외부에 無를 남긴다. 그리하여 전체를 파악하려는 운동은 하나의 과정에 불과하고 그것은 끝없이 계속된다." 필자의 생각을 여기에 보탠다면 전체는 극한으로 향하는 하나의 과정이다. 외부를 포함하고 또 포함하여 전체가 거듭되는 과정에서 전체가 성립할 뿐, 정적인 상태에서의 진정한 전체는 우주의 끝처럼 우리의 언어로는 표현할 길이 없다. 세상은 무의 세계, 즉 아무것도 존재하지 않는 곳으로부터 불현듯 발생했다지만 우리는 그 無를 경험할 수가 없다. 백분율을 나타내는 그래프는 0에서 시작하여 100에서 종료된다. 방향은 대체로 좌에서 우로 또한 아래에서 위로 진행이 된다. 그 내용은 극한과 극한 사이에서 벌어지는 어떤 작업이거나 활동이며, 수량적 증가이거나 위치적 상승이다. 이때 우리의 의식에서 전체는 0에서부터 100까지다. 0의 앞에 무엇이 있었는지, 100의 뒤에는 또 무엇이 어떻게 분포할 것인지에 대한 논의는 우리의 의식 바깥이다. 신이 있다면 그것은 신의 범주인 것이다. 0에서 불현듯 발생한 우주는 시작 자체가 극한이었다. 우주는 지금 0에서 100을 향해 나아가고 있다. 극한에서 다시 극한으로 나아가는 것이다. 전체의 경계가 곧 극한이다. 그런데 아무것도 존재하지 않는 상태에서는 극한이 있을 수가 없다. 無란 물질은 물론이고 물질을 포용할만한 공간 자체도 없는 상태를 일컫는 것이다. 그러한 환경에서는 극한을 대입할 수가 없다. 극한은 비교급의 일종이기에 반드시 어떤 비교환경이 존재해야만 성립한다. 다만 물질적으로는 존재하지 않더라도 어떤 현상이 표현될 수만 있다면 그것으로 극한은 성립할 수 있다. 거듭 확인해보지만 필자는 무신론자다. 그러나 이 책을 쓰면서 경험해본 바로는 신, 절대자, 초월자라는 단어를 배제하고는 어떤 이야기의 끝을 맺기가 어려울 때가 있다. 그러한 상황에서는 필자의 의식이 극한에 도달했다는 의미이다. 우리는 고립계의 내부만을 의식할 뿐, 0을 넘거나 100을 넘어서 우주 저편을 의식할 수가 없다. 그것은 우리의 의식을 초월하는 행위이므로 만약 그것을 초월하여야 한다면 그 존재 여부를 떠나 초월자라는 존재를 상정할 수밖에 없다. 그 순간만큼은 무신론을 유보할 수밖에 없다는 의미이다.

우리의 수치 단위에 대한 활용도를 보면 과거보다는 현재가, 현재보다는 미래가 정밀도는 높다. 또 시골보다는 도시가 정밀도가 높다. 정밀도를 따라가 보면 그 끝은 극한으로 귀결된다. 정밀도의 목적하는 바가 곧 극한인 것이다. 시골 장터는 도시에서는 찾아보기 어려운 광경들이 많다. 땅콩 한 됫박을 사면 고봉으로 퍼 담아 준다. 되에다 고봉으로 담아서 봉지로 옮기는 순간 주르륵 흘러내리기도 하니 퍼 담아지는 양이 천차만별이다. 장마당의 고봉이 과거의 시골 풍경이라면 그램까지 정확하게 포장된 대형마트의 진열 상품은 현재의 도시 풍경이다. 집을 지을 때, 또는 집의 규격을 이야기할 때 초가집의 척도는 간이다. '초가삼간'과 같이 몇 간이냐가 초가집의 규모가 된다. 몇 간이라는 규모가 결정되면 눈대중이 초가집을 짓는데 척도가 되었을 것이다. 그 뒤 한옥에서는 자(尺)가 척도가 되고 양옥에 와서는 센티미터와 밀리미터가 척도가 된다. 최근 빌딩 건축에서는 GPS의 지시가 척도가 되고 있다. 초가집이 기와집으로, 기와집은 양옥집으로, 양옥집은 빌딩으로, 시골이 도시로 변해가는 것은 극한으로 가는 과정이다.

'코리언 타임'은 이미 한물간 풍경으로서 약속 시간 30분쯤이 허용오차라는 뜻이다. 요즘은 그렇게 행동하면 주변에 아무도 없다. 옛날 시간 단위는 자, 축, 인, 묘, 진, 사, 오, 미, 신, 유, 술, 해의 12지간으로 구성되고, 가령 '자시'는 밤 11시~새벽 1시로서 매시간단위는 현재의 시간 길이로는 2시간인바 분, 초의 개념이 없이 세부적으로는 반시간이나 1/4시간 정도로 세분되는 것이 고작이었을 것이다. 요즘은 분 단위를 넘어 초 단위, 어떤 경우에는 플랑크 시간 단위도 있다. 플랑크 단위는 곧 극한의 단위로서 우리에게는 보편화가 되지 않았으니 여기서는 미래의 단위라고 하자. 과거에서 미래로의 변천 또한 극한으로 가는 과정에 지나지 않는다. '가슴앓이'는 가슴 속에 혼자 넣어두고 끙끙 앓으면서 참아낸다는 뜻이다. 가슴앓이도 7080시대에나 쓰던 언어다. 그것은 자신의 정신력으로 내부를 통제하여 영(0)의 상태를 유지한다는 뜻이다. 가슴앓이에서 정신력을 잃으면 그 작용은 외부를 향하게 된다. 그렇게 될 경우 이제 1에서 100까지의 자연수를 획득하거나 획득할 수 있는 조건을 갖추게 되는 것이다. 비로소 극한(100)을 향할 것이라는 뜻이다. 극한에서는 무엇이 어떻게 전개될지 알 수가 없다. 7080을 떠 올리니 봄처녀, 섬 처녀 같은 아름다운 낱말이 떠오른다. 요즘의 정서로 봄처녀, 섬 처녀는 왠지 낯설다. 봄처녀와 섬 처녀는 청순하고 낭만이 물씬 풍기는 단어다. 요즘의 언어로 섬에서 사는 젊은 여성을 7080시절 때의 모습 그대로 구사해내기란 쉽지가 않다. 또 한편으로는 섬 처녀, 봄처녀라는 단어를 허공에 던져놓기에는 환경이 너무나 오염되어 있다. 섬 처녀라는 단어의 시니피앙(기표: 언어를 이루는 기호)은 같을지라도 사람마다 그 느끼는 감정은 다르다. 정신적으로 여유가 있는 사람은 그것을 한 편의 시구(詩句)로 떠올리고 정신이 각박한 사람은 단지 한 사람의 미혼 여성으로 보는 것이다.

각박한 인간은 정밀한 기계와 닮은 측면이 있다. 기계의 정밀도가 인간에게는 곧 여유와 각박함의 정도다. 사람에게 있어서 여유는 인격을 좌우하고 기계는 정밀도가 곧 생명이다. 백년대계를 내다보며 모든 것이 계획에 따라 움직이고 있다는 측면에서 인간은 점점 기계화되고 있다는 느낌을 받는다. 대체로 편향된 시각의 결과겠지만 최소한 요즘은 가슴앓이처럼 스스로를 희생하는 청년은 없는 것으로 보인다. 일부 정규직 노조원이나 행동이 과격한 시위 군중은 대부분 젊은 층으로서 그들의 행동 일면에는 고령층을 '꼰대'라는 비아냥으로 배격하는 기색이 역력하다. 젊은 날을 겪지 않고서는 늙어질 수가 없고 젊음도 언젠가는 늙어지기 마련인 것을. 임금을 올리라는 노조의 행동을 보면 바늘구멍만큼도 빈틈이 없다. 물론 노조의 행동에 빈틈이 없다는 것은 회사 측의 반론에도 빈틈이 없으므로 발생하는 현상이다. 나이를 먹는다는 것은 인생의 종점을 향한다는 뜻이고, 젊은이들의 행동 또한 극한을 향하고 있다는 의미에서 그 지향점은 같다. 그들의 회사가 존재한다는 것은 아직 극한에는 도달하지 않았다는 뜻이다. 여기서 '아직'이라는 단어는 머지않아 극한이 실현될 수도 있다는 것을 암시한다.

난생처음 머리 염색을 했다. 머리 염색을 한다는 것은 진실을 숨기기 위해서다. 더 정확하게는 육십을 오십으로 남의 셈법을 혼동시키기 위해서다. 그리하여 나의 자격을 자의적으로 변조한다는 뜻이다. 어쩌면 얼굴 화장을 한다는 것도 자신이 가지고 있는 그대로를 감추는 행위다. 더 정확히는 화장은 자신의 못생긴 부분이나 신체적인 약점을 선택적으로 감추어 변조하는 행위다. 배우가 슬픈 연기를 하면서 흘리는 눈물이나 눈물이 헤픈 여성이 흘리는 눈물도 그것이 연기라는 관점에서 기만의 행위라고 볼 수가 있다. 그러나 한편으로 그것이 애매한 것은, 배우들은 연기 중에 실제로 눈물을 흘린다는 것이다. 그들이 눈물을 자아낼 때는 실제로 경험했던 슬픈 과거를 떠올린다거나 주변의 누군가가 슬픔에 처하게 되는 장면을 떠올려 눈물을 흘린다. 연기 중이지만 그 자신이 실제로 슬픔에 젖어 드는 것이다. 슬프지도 않은데 눈물을 흘린다면 그것은 거짓일지언정 비록 연기로 자아내어 흘리는 눈물이라고 할지라도 자신의 감정이 슬픔에 도달하였다면 그것은 거짓 눈물이라고 할 수가 없다. 논리를 좀 더 비약하면 게으른 사람이 남에게 부지런하게 보이는 것도 본래의 모습을 은폐하는 행위로 간주할 수 있다. 자기 스스로는 전혀 부지런하지 않은데도 그 피곤함을 무릅쓰고라도 자신의 게으름을 숨기고는 부지런한 사람인 양 행세를 하는 것이다. 그러다가 행동이 체질화되면 주어진 일로부터 즐거움과 보람을 느낄 수가 있고 비로소 그것이 일상의 모습으로 귀납되는 것이다. 정직하지 않거나 부도덕한 사람도 그러한 자신의 행동을 숨기고 정직하거나 도덕적인 사람인 양 행세를 하면서 몸소 체험하다보면 그것이 체질화될 수가 있다. 그러한 경우는 매우 긍정적이다. 우리가 살아가는 데 있어서 긍정적인 요소요소의 과정이 이와 맥락이 같다. 반면에 부정적인 경우로서 남을 기만하는 행위는 우리나라 형법으로만 따져 보더라도 불의한 행동이다. 동물의 보호색도 기만의 술수에 해당한다. 다만 동물은 자연이며 동물이 보호색을 띠는 행위는 자연적이고 사람이 신체에 치장하는 것은 사람의 손이 가기에 인위적이다. 그러므로 머리카락이 성장하는 것은 자연적이고 머리의 염색은 인위적이다. 자연적임을 추구하는 한 모든 인위적인 변조는 기만 행위라고 볼 수가 있다. 나아가서는 잘난체하는 것은 물론이고 지금 필자처럼 글을 쓰고 있는 행위도 그것이 분에 넘치고 주제가 넘는다면 그 자체로 일종의 기만 행위라고 볼 수가 있다. 지금 이야기는 맞는 말일 수도 있고 틀린 말일 수도 있다. 무엇보다도 지금 이야기는 그 논리가 극단적이다. 논리를 전개하다 보면 자신도 모르게 이처럼 극한을 향할 수도 있다.

어떤 상대가 너무 비슷하거나 같으면 비교가 어려워진다. 즉, 비교를 할 수 없게 되는 것이다. 이러한 경우에 우리는 '비교가 안 된다.'라고 표현할 수 있다. 그런데 우리는 그것을 반대의 의미로 사용하고 있다. 즉, 비교가 안 된다는 표현은 비교할 수가 없다는 뜻이라기보다는 비교가 확실히 된다는 뜻으로 사용하고 있다. 이를테면 A라는 회사 상품은 그 성능과 디자인이 최고의 수준이고 여기에 비하면 B라는 회사 상품은 성능은 물론 디자인이 매우 조악하여 두 상품 간에 수준의 격차가 너무 심할 때 우리는 "에이, 비교가 안 돼!"라고 하는 것이다. 즉, 비교가 안 되는 것이 아니라 차이가 너무 커서 극명하게 비교가 된다는 뜻이다. 정녕 비교가 안 되는 경우란 다음과 같은 경우를 두고 하는 말일 것이다. 비교를 할 수 없어 굶어 죽기까지 했었다는 이야기다. 그 옛날 프랑스에 소금장수가 살았는데 그에게는 짐수레를 끄는 당나귀가 한 마리 있었단다. 당나귀는 짐승치고는 생각이 많았었는데 이 책을 쓰고 있는 필자보다도 더 생각이 많았던 모양이다. 당나귀가 하루는 일을 마치고 집에 돌아왔는데, 온종일 무거운 짐수레를 끌었던 탓에 목이 타고 배가 고파 도저히 견딜 수가 없을 정도였다. 그것을 본 주인은 당나귀의 품삯으로 가장 시원한 물과 가장 맛있는 건초를 외양간에다 가져다 줬다. 그때부터 당나귀는 생각하기 시작했다. "건초를 먼저 먹을까? 물을 먼저 마실까?" 당나귀는 배도 엄청 고프고 동시에 갈증도 엄청나서 무엇을 먼저 먹어야 할지 아무리 생각해도 답이 나오질 않았다. 무엇을 먹지? 무엇을 먹지? 하다가 당나귀는 끝내 굶어 죽고야 말았다는 이야기다. 필자가 지금 쓰고 있는 '세상은 극한을 향한다.'라는 논리보다도 더 터무니없어 보이는 이 이야기가 경제학의 효용이론에서 자주 인용되는 이야기로서 14세기 프랑스의 철학자 장 뷔리당(Jean Buridan)이 설파한 '뷔리당의 당나귀(Buridan's Ass)'이다.

⁖ 대칭 파괴를 논하다

'대칭성 깨짐'이라는 단어는 물리학 용어이다. 지금으로부터 138억 년 전, 우주가 시작되기도 전에 모든 것은 대칭을 이루고 있었다. 물질과 反물질, 입자와 反입자, 에너지와 反에너지가 대칭을 이루고 있었는데, 산술적으로 이를테면 +100과 -100이 대칭을 이루고 있었다는 뜻이다. 그 값은 0이다. 우리가 태초의 우주를 논할 때 흔히 無라는 1음절의 단어를 사용한다. 우주가 시작되기 직전에는 모든 것이 대칭을 이루고 있었으며, 그 값은 0이요. 0은 곧 無의 상황이었다는 뜻이다. 그런데 불현듯 반물질, 반입자, 반에너지가 사라지고 대칭성이 깨져버렸다. 우주는 +요소만 남게 되고 100이 되어버린 것이다. 그 사건이 빅뱅이다. 그러나 우주가 시작되기 직전에는 시간이 흐르지 않았으므로 무의 상태를 상정할 수도 없거니와 대칭도 우연도 존재할 수 없을 것이므로 대칭성은 어디까지나 빅뱅 이후부터 존재할 수 있는 개념이다. 이야기는 원점으로 돌아오게 된다. 한편, 어휘상으로만 보면 대칭 파괴도 대칭성 깨짐과 유사한 의미를 지닐 것이라고 짐작되지만 대칭 파괴는 다소 다른 논리로 설명이 되고 그 활용은 다양하다. 인터넷에서 검색해보면 대칭 파괴는 창의적 사고기법(ASIT)의 한 방법이기도 하고 건축이나 토목 구조 분야에서 분기좌굴이라는 파괴형태의 일종이기도 하다. 건축전문가인 필자가 방금 아는 체를 하면서 쓴 분기좌굴이라는 단어는 필자의 위치로 보아 능히 학문적으로 이해하고 있을 것이라고 짐작하겠지만 그건 오산이다. 필자는 분기좌굴이라는 하나의 복합적인 단어, 즉 공학적인 언어로는 그 의미를 설명할 수가 없고 분기와 좌굴을 분리한 상태에서의 문법적 의미로만 이해가 가능하다. 이 글에서 대칭 파괴의 의미는 오히려 대칭성 깨짐과 유사성이 있다. 그러나 그 의미는 학문적 의미와는 다소 차이가 있을 수 있고 이 책이 지향하는 바가 그러하듯이 단순히 비유법으로의 활용이나 풍자에 그칠 수 있음을 주지하기 바란다.

필자가 무지한 소치이겠지만, 과학자들은 우주를 두고 평탄하다거나 휘어져 있다고 표현을 한다. 우리에게 평탄이란 2차원상에서 나타날 수 있는 그 어떤 현상의 표현쯤으로 들린다. 표현에 있어서 과학자들은 우리와는 사뭇 다른 시각을 가지고 있는 듯하다. 그들은 어떤 이론을 평가할 때도 "그 이론은 참으로 아름다운 이론이다."라고 표현하기도 한다. 이론이 무슨 생일날 밤도 아니고 더군다나 이론 그 자체가 시각적 요소도 아닐 텐데 말이다. 단언하건대 대칭파괴가 없다면 세상에는 아무 일도 일어나지 않는다. 우주 어디에서 재든 삼각형에서 세 각의 합은 180도이고, 사각형에서 네 각의 합은 360도라는 사실이 우주가 평탄하다는 증거라고 한다. 그것은 곧 어느 방향으로든 균일하다는 의미이고, 균일의 이분법적인 개념이 대칭이다. 따라서 만약 모든 것이 대칭을 이루고 있고 우주가 마냥 평탄하기만 했다면 우주는 허공으로 존재할 뿐, 그 무엇도 발생할 수가 없었을 것이다. 물질의 발생은 물론 우리가 태어난 기원으로서 생명의 탄생은 대칭이 파괴됨으로써 나타나는 현상이다. 사건과 사고는 대칭 파괴의 또 다른 별칭이다. 대칭이 파괴되는 현상을 우리는 사건, 사고라고 일컫는 것이다. 당신과 내가 아무 별 볼일 없이 만나는 것은 둘 사이로 보면 대칭을 이루고 있다고 보아야 한다. 아무 관계도 없는 당신과 내가 헤어져 있는 것도, 둘 사이로 보면 대칭을 이루고 있다. 만났을 때도 헤어졌을 때도 우리 둘 사이에는 아무런 사건 사고가 발생하지 않았기 때문이다. 그러나 당신과 내가 어떤 이해관계를 가지는 상태라면 상황이 달라질 수가 있다. 우리 사이가 한때 잘 나가던 연인 관계였다면 우리가 헤어지는 것은 하나의 사건이다. 즉, 헤어진다는 것은 양쪽의 힘이 어느 방향으로 쏠려 대칭이 깨진다는 뜻이다. 사건과 사고는 일상에서부터 발생하지만 어떤 조건에서 간헐적으로 발생하므로 엄격히 일상이라고는 할 수가 없다. 그러나 일상이다. 모든 역사는 사건과 사고로만 성립되고 또 연결되기 때문이다. 엄격히 보면 사건과 사고의 발생은 비록 그것이 다만 시각적이거나 논리에 그칠지라도 기압이 어느 한쪽으로 쏠려 바람이 부는 것처럼 대칭 파괴라는 물리적 힘의 불균형으로부터 발생하는 현상 일반에 지나지 않는다. 이들은 네트워크 프로세스상에서 활동(Activity, Job)이면서 결합점(Event, Node)을 이룬다. 자연현상에서 우리에게 의식되는 모든 것을 구성하고 있다는 말이기도 하다.

일상은 한적함과 분주함, 시끄러움과 고요함의 대칭이다. 고요한 상태가 유지된다는 것은 대칭이 유지되고 있다는 뜻이다. 적막 속의 트럼펫 소리, 조용한 독서실에서 누군가의 기침 소리는 고요함을 깨뜨린다. 이 또한 대칭이 파괴되는 것이다. 한적함과 분주함은 그것을 구성하는 요소들로 각각 대칭을 이룬다. 시장의 소음이나 시가지의 높은 데시벨은 단속적(斷續的)이나마 계속성을 가지며 그 자체의 요소들로 대칭을 이루고 있다. 지각을 구성하는 맨틀은 내부의 압력과 중력이 대칭을 이루고, 지표면을 떠받치고 있는 판과 판이 서로 대칭을 이루므로 안정성을 유지한다. 2017년 지열발전에 따른 촉발지진이 그 원인이라고 밝혀진 포항지진도 궁극으로는 대칭이 파괴됨으로 나타나는 현상이다. 크기가 같은 두 개의 힘이 대칭으로 작용하면 힘과 힘 사이에서는 잠재력(potential)이 작용할 뿐 어떤 사건이 발생하지는 않는다. 이때 작용하는 힘이 불균형을 이루게 되면 대칭이 파괴되는 것이다. 좀 더 극단적인 표현으로는 가스통을 들 수가 있다. 가스통 내부에는 고압의 가스가 들어있고 외부에는 대기압의 공기만 작용하고 있다. 내부와 외부의 압력 차는 엄청난 불균형을 이루고 있다. 그러나 가스통을 구성하는 철판이 이 둘의 압력 차를 구속하고 있다. 그 구속력은 긴장이다. 긴장은 무언가가 대칭의 상태를 강제하고 있다는 뜻이다. 긴장(緊張)의 끈을 놓지 말라는 말이 있듯이 긴장은 줄다리기의 형태로 유추된다. 흙막이나 거푸집에서의 Strut는 본체에서 전달되는 하중을 받아 지반이나 구조부에 안전하게 전달하는 역할을 한다. 이때의 하중 전달 메커니즘은 긴장이다. PC판의 강선, 현수교의 케이블, 건축물을 형성하고 있는 구조부재도 마찬가지로 그 기능을 유지하는 한 항상 긴장의 상태에 있다. 파괴되는 방향의 힘에 대하여 파괴되지 않도록 떠받치는 반대 방향의 힘을 응력이라고 한다. 응력을 받고 있는 부재가 힘이 한쪽에 과도하게 쏠리거나, 국부 하중을 받게 되면 파괴되거나 붕괴하고 만다. 이때를 두고 응력이 항복했다고 표현한다. 재료의 내면에는 작용력과 반력이 대칭 상태에 있고, 국부 하중이나 과대 하중으로 응력이 항복하면 파괴나 이완의 과정을 거쳐 긴장은 해제된다. 대칭이 파괴되는 것이다.

생각이 바뀐다는 것, 성격이 바뀐다는 것도 대칭이라는 단어로 그 설명이 가능하다. 마음의 평정이란 긍정과 부정, 기쁨과 슬픔, 증오와 연민, 생각을 구성하는 모든 요소가 대칭의 상태를 이루고 있다는 뜻이다. 잔잔한 호수, 또는 호수의 잔잔함은 그것을 구성하는 요소들의 합이다. 전자(잔잔한 호수)는 물리적 실체이고, 후자(호수의 잔잔함)는 물리적 현상이다. 공히 대류작용이나 소용돌이를 일으키는 힘들이 전후, 좌우, 상하로

서로 대칭을 이루기에 성립하는 것이다. 잔잔한 호수에 돌을 던지면 대칭이 파괴되면서 파문이 발생한다. 물론 분자나 원자 단위에서부터 시작이 되겠지만 우리는 시각적인 요소까지만 생각하기로 하자. 물이 0도에서 대칭을 이룬다면 물이 증발하는 것도, 물이 결빙되는 것도 하나의 사건이다. 그 역시 대칭이 파괴됨으로써 나타나는 것이다. 이분법적으로, 또한 다만 어휘상으로만 구분한다면 늙거나 낡은 것은 보수적이고 젊거나 새로운 것은 진보적이다. 진보와 보수, 南과 北, 東과 西, 男과 女는 서로 대칭의 관계이면서 상호 보완적인 관계다. 보완적인 관계라고는 하지만 그것이 정치적이라면 동시에 같은 방향을 갈 수는 없다. 병존하되 동시에 한곳을 목적할 수 없고, 병존하지 않고서는 성립할 수가 없다. 즉, 한쪽이 존재한다면 다른 한쪽도 존재하여야 하고, 한쪽이 동쪽으로 가면 다른 한쪽은 서쪽으로 가야만 한다. 한쪽이 존재하지 않는다면 다른 한쪽도 존재할 수가 없고, 양쪽이 목적이 같다면 존재할 이유가 없다. 보수와 진보가 공통점이 있다면 그것이 정치적일 때 둘 다 널리 인간을 이롭게 한다는 공통 목적을 가진다는 것이다. 아이러니한 것은 그것이 또한 정치적일 때 가장 극명하게 대립하고 반목한다는 것이다. 자유주의와 공산주의, 남한과 북한을 아우르는 세계의 평화는 대칭을 이룸으로써 가능해진다. 의회민주주의 국가에서 여당과 야당의 대칭은 중요하다. 최근 대한민국은 대칭의 측면에서 안정성이 위험한 수준에까지 도달해 있다. 거대 여당의 연합세력과 비교해 견제세력이 너무나 빈약해져 있기 때문이다. 이처럼 대칭이 위배 되는 경우 법치나 도덕성이 변수로 작용하여 이를 보정 할 수가 있는데 법치나 도덕성이 왜곡되거나 방향을 잃게 되면 그 또한 작용이 어려울 것이다.

'진보와 보수의 가치'는 문맥상 편협하다. 보수에만 '가치'가 있고 진보에는 '가치'가 없기 때문이다. '진보의 가치와 보수의 가치'로 고쳐 써야 한다. 그러나 한편으로는 이것도 편향적이다. 진보가 앞에 있고 보수가 뒤에 있기 때문이다. 남과 북, 북과 남은 다르다. 남한에서 두 곳을 이야기할 때는 남북이라 하고, 북조선에서 두 곳을 이야기할 때는 북남이라 한다. 나침반을 읽을 때 북쪽과 서쪽의 중간을 북서쪽이라고 읽고 남쪽과 동쪽의 중간을 남동쪽이라고 읽는다. 좀 더 상세하게 읽는다면, 정북과 북서의 중간을 북북서라고 읽고, 정서와 북서의 중간을 서북서라고 읽는다. 남자와 여자, 여자와 남자를 동시에 읽을 때는 읽는 사람이 남자인지 여자인지를 불문하고 남녀라고 읽는다. 페미니즘이 창궐하고 있는 이 시대에서 '여남'이라는 단어가 아직은 없는 걸 보니 이 문제는 그녀들의 인식체계에 포착되지 않은 듯하다. 우리가 세상을 살아가는 데 이 문제는 그리 중요하지 않을 수도 있다. 그러나 대칭의 관계에서는 중요하다. 진보주의의 반의어는 보수주의이다. 그러나 엄격한 의미로 진보의 반의어는 보수가 아니라 퇴보다. 보수(保守)는 전통적인 것을 보전하여 지키는 것을 말한다. 진보(進步)는 한층 발전되어가는 과정을 일컫는다. 그렇다면 엄격한 의미에서 보수(保守)의 반의어는? 옛것을 보전하지 않는 것? 옛것을 보전하지 않는다는 것은 곧 새것으로 바꾸는 것을 일컫는 말로 신설(新設)을 뜻한다. 건축에서 신설(新設)의 반의어는 보수(補修)다. 보수(保守)와 보수(補修)는 동음이의어다. 이미 확인했듯이, 역으로 추적해나가면 반의어는 둘 다 진보(進步)로 귀착된다. 좋은 냄새를 향기라고 하고 나쁜 냄새는 악취라고 한다. 냄새는 순우리말이고 향기와 악취는 한자다. 한자로 구성된 단어 중에 이항 대립적 관계를 갖는 대개의 단어가 구조적으로도 대칭의 관계에 있다. 그러나 향기와 악취, 보수와 진보는 반의어일 뿐 대칭의 관계라고 볼 수가 없다. 악(惡)취의 대칭은 선(善)취, 진보의 대칭은 퇴보이기 때문이다. 무슨 일을 진행하다가 그르치고는 "내가 생각이 짧았다"라고 말하는 경우가 있다. 생각이 신중하지 못했다, 또는 배려심이 없었다는 뜻으로, 직역하자면 생각이 소홀했다는 뜻이다. '소홀하다'의 반의어는 신중하다가 된다. 신중하다는 표현은 조심성이 있다, 깊게 생각하다 등으로 바꿀 수가 있다. 생각이 깊다는 표현은 생각이 강이나 호수에 담겨있는 물처럼 의제된다. 물의 수심은 깊거나 얕다. 그렇다면 '생각이 깊었다'의 반의어는 '생각이 얕았다'일 것이다. 한편, 생각이 짧았다고 표현했다면, 그 행위는 물이 아니고 어떤 선으로 유추된다. 선은 길거나 짧다. 따라서 '생각이 짧았다'의 반의어는 '생각이 길었다'가 된다. 생각이 길다는 것은 생각하는데, 시간이 너무 지체된다는 뜻이다. 그렇다면 '생각이 짧았다'라는 표현은 생각하는 데 시간이 길지 않았다, 즉 '생각이 빨랐다'로 치환할 수가 있다. 즉, '내가 생각이 짧았다'는 곧 '내가 생각이 빨랐다'가 되는데, 생각이 짧았다는 것은 생각에 소홀했다는 뜻이고 생각이 빨랐다는 것은 생각하는 데 시간이 길지 않았다는 뜻으로 각각의 의미로 보아 등식이 성립하기에는 분명 문제가 있다. 필자는 생활에 아무런 보탬도 없는 단어 하나로 이처럼 복잡하게 생각하면서 오늘도 하루해를 넘기고 있다.

인격을 구성하는 요소

"그대가 모른다는 것을 아는 것, 그것이 진정으로 아는 것이다." 그리 특별할 것 같지 않은 일상적인 수준의 말이지만 소크라테스라는 위인으로부터 발했기에 우리에게는 특별한 격언이 되고 있다. 그러나 이 말이 한낱 문장으로서 남아있을 때는 평범하지만 분해하여 그 속내를 알게 되면 더욱 특별해진다. 모른다는 것은 안다는 것보다 훨씬 수준이 높다. 일상에서는 오만한 자와 겸손한 자의 차이가 여기에서부터 나타난다. 다만 무지 또는 무식한 것과 모른다는 것에는 차이가 있음에 주의하자. 무지는 방관자의 자세 그 자체이지만, 모른다는 것은 모든 사실을 탐구한 후에야 비로소 그 결과가 도출된다. 안다는 것은 학습을 통하면 도달할 수도 있는 일이지만, 모른다는 것은 그것을 스스로 깨우치지 않고는 도달할 수가 없다. 즉 내가 알거나 알 수 있는 것은 논리나 계산으로 증명해낼 수가 있지만, 모른다는 것은 자각하지 않고서는 딱히 증명할 길이 없다는 뜻이다. 진실은 거짓에 대한 상대적인 언어이고, 지식은 모르는 것에 대한 상대적인 언어이며, 진리는 밝혀지지 않은 것에 대한 상대적인 언어이다. 이 말이 명제로서 성립될 수 있을지는 모르겠지만, 만약 이 세상의 진리가 다 밝혀지는 날이 온다면, 우리가 아직 모르고 있는 지식이 모조리 다 밝혀져 더는 배울 것이라고는 없는 날이 온다면 우리는 무척 무료하게 시간을 보내야 할지도 모른다. 사는 게 무료할 정도로 이제 모든 것을 알고 있다면 우리는 앞으로 무엇을 희망하면서 살아야 할까? '왜?'라는 의문문과 의문부호, 이 세상의 모든 궁금증은 사라질 것이고, '잠정적인', '아마 그것은', '대략적' 등 데이터의 추정치 같은 것은 이제 필요가 없을 것이다. 모든 미래는 정해져 있고, 나의 앞길을 훤히 내다볼 수가 있다면 우리에게 이제 희망이란 없다. 그런데 과연 모든 것을 안다는 것의 한계는 어디까지일까? 이를테면 정확하게 삼천만 년 후에 나를 이루고 있던 육신은 모든 것의 원자가 되어 흩어져 존재할 터인데 이 육신이 바람과 함께, 강물처럼 흘러, 어디로 퍼져서 어떻게 분포해 있는지도 알 수가 있을까?

우리의 신체에서 지각을 담당하는 부분은 대뇌피질인데 우리 몸에는 약 1,000억 개의 뉴런(신경세포)이 분포하고 있고, 뉴런과 뉴런 사이에 시냅스라는 회로를 통하여 전기적 신호가 전달됨으로써 지각체계가 형성되고 있다. 대뇌피질의 뉴런 수는 대략 140억 개로 이루어져 있는데, 사람마다 조금씩 다르겠지만, 보통 사람의 경우 이 중에서 고작 5%인 7억 개만 사용하고 있다고 한다. 따라서 우리에게는 95% 지능의 잠재력이 지금도 남아있다는 뜻이다. 만약 필자의 경우가 전체지능의 5%를 사용하는 경우라고 가정하고, 현재 지능이 100이라고 한다면 필자가 잠재력을 전부 발휘할 경우 지능은 2천이 된다. 아이큐 2천! 과연 신의 경지가 아니겠는가? 참고로 여기서 대뇌피질의 세포수가 140억 개라는 숫자와 지능의 잠재력이 95%라는 수치는 필자의 지식 데이터에 포착된 시기로만 따져본다면 반세기를 넘긴 매우 진부한 정보에 해당한다. 과학의 발견은 전자현미경의 개발이라든가 여타 실험장비의 발달과 함께 좀 더 디테일(detail)한 수치로 경신을 거듭하는 것이 일반적인 경향이다. 반세기 동안 이론과 함께 실험장비는 엄청난 발전을 거듭했음에도 불구하고 아직까지 수치가 경신되지 않고 있는 것은 처음 발견했을 때의 실험 데이터가 완벽한 수준이었다는 의미다. 그게 아니라면 필자가 알고 있는 지식

정보가 이미 용도 폐기하여야 할 수준의 정보이거나 어쩌면 그것은 계산상 더는 변화될 수 없는 상수일지도 모른다. 이와 유사한 수치는 또 하나 있다. 우주의 암흑물질과 암흑에너지가 우주 전체 질량과 에너지의 95%라는 설이 그것이다. 이를테면 우주 물질과 에너지의 구성 중에서 우리가 알 수 있는 것은 5%이고, 우리가 알 수 없는 것이 95%라는 것이다. 물론 이들 데이터는 비교적 엄중한 계산으로부터 얻어낸 결과겠지만 잠재되어 있거나 확인되지 않는 부분이 95%라는 가정은 과학이라고 하기에는 어딘가 모르게 의심이 간다.

3년을 읽어도 못다 읽은 책이 있다. 일본의 철학자 미키 기요시가 쓴 『인생론 노트』(1988, 李英朝 역)라는 고작 130쪽짜리 얇은 책이다. 이 책을 접하다 보면 어릴 적에 읽었던 만화가 생각난다. 때는 바야흐로 무림고수들이 서슬 퍼런 칼날을 휘두르며 천하를 주름잡던 고려 중엽의 어느 깊은 산중. 한 사람의 무사 지망생이 칼 쓰는 법을 배우기 위해 당대 최고의 무림고수를 찾아가 검법을 배우기 시작한다. 스승은 깎아지른 절벽 위에서 제자를 옆에 앉혀놓고 가부좌를 튼 채로 정신 통일의 방법을 제자에게 가르친 다음 검술을 가르치기로 한다. 그러나 스승은 어찌된 영문인지, 칼 쓰는 법은 가르쳐주지는 않고 허구한 날 하늘로 치솟은 전나무 한 그루를 뚫어지게 쳐다보고만 있으라고 한다. 정신통일을 이루고 나무를 하염없이 바라보고 있으면 나무는 마침내 젓가락처럼 가늘어진다고 한다. 그때는 젓가락 베는 힘만으로도 나무는 베어질 것이라고 했다. 참 허황된 내용 같지만, 무릇 철학의 탐구가 이러한 경지가 아닐까 생각해본다. 포부는 굳건하고 가방끈은 턱없이 짧았던 필자는 젊은 시절부터 가끔 아무 할 일도 없이 서점에 들러보곤 했었는데, 어느 날 문득 눈에 띄는 책을 발견하고 언젠가는 읽어야겠다고, 오직 욕심만으로 구입하여 책장에 꽂아두고는 이십여 년을 잊고 있던 그 책을 비로소 꺼내 든 건 대략 칠팔 년 전, 그동안 책장 속에서 색까지 바래진 미키 기요시의 철학책을 처음 접했을 때 나에게는 그야말로 누런 것은 종이요, 검은 것은 글씨였다. 읽고 또 읽고, 생각하고 또 생각해봐도 도무지 무슨 말인지 이해를 할 수가 없었다. 그러나 세월이 가니 전나무가 젓가락으로 가늘어져 보이듯이 띄엄띄엄, 그것도 어렴풋이 이해가 가는 문장들이 생기기도 하는 것이었다.

필자는 생각이 너무나 많다. 생각이 꼬리에 꼬리를 물고 온통 걷잡을 수 없이 공격을 멈추지 않다 보니 생각을 한곳에다 집중할 수가 없다. 집중력이란 자신의 생각을 이리저리 돌아다니지 않고 한곳에다 머물 수 있도록 강제하는 능력이다. 집중력은 생각이 깊은 것과는 별개다. 생각이 많다는 것은 넓이의 표현이고 생각이 깊다는 것은 말 그대로 깊이의 표현이다. 생각이 깊다는 것은 사려가 깊다, 우정이 깊다 등과 같이 깊이를 이야기하는 것이고 집중력은 넓이에서 분포하고 있는 생각을 하나의 점으로 모을 수 있는 능력이라는 것이다. 표준편차에서 정밀도가 곧 집중력이라고 할 수가 있다. 정확도가 위치 중심이라면 정밀도는 산포 중심이다. 곧 필자의 생각은 매우 산만하다는 뜻이다. 한편, 생각의 깊이에는 흙이나 모래와 같이 안식각이 존재하는 것으로 유추된다. 안식각이란 흙이나 모래를 수직으로 올려 쌓거나 파 내려가면 어느 한계에 도달하여 무너져 내리는데, 이때 무너져 내려 사면을 이루고 있는 경사 각도를 말

[그림] 모래의 안식각

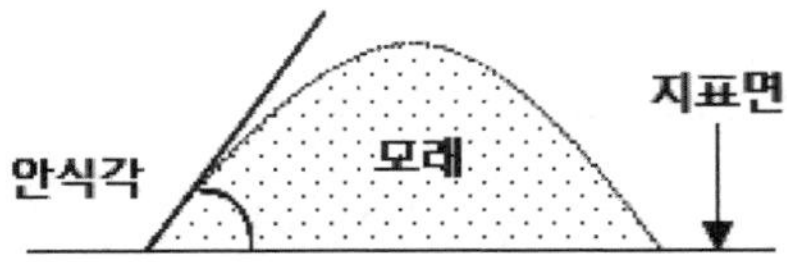

안식각
모래
지표면

한다. 안식각을 다른 말로는 휴식각(休息角)이라고도 한다. 휴식이라는 말속에는 긴장이 해제된다는 뜻을 함의하고 있다. 즉, 위치에너지와 운동에너지가 서로 교환되고 에너지의 값이 마침내 평정된다는 뜻이다. 여기서 흙 입자 간의 점착력과 내부마찰각의 합으로 무너짐에 저항하려는 힘이 생기는데, 이때의 저항력이 곧 전단강도이다. 참고로 점토지반에서는 점착력, 사질지반에서는 내부마찰각이 전단강도를 좌우한다. 전단강도를 산식으로 나타내면 $\tau=C+\sigma\tan\cdot\varphi$이다. 안식각이란 점착력은 무시되고 내부마찰각만으로 사면을 이루는 각도이다. 모래지반을 깊숙이 파 내려가면 어느 깊이에서부터 붕괴의 위험이 내재하다가 어느 한계에 도달하면 마침내 무너져 내려 안식각을 이루게 된다. 지식을 탐구하는 행위는 정신을 수양해가기 위한 준비 행위의 한 단면이다. 비록 그것이 자신의 입신양명을 위하여 시도했을지라도 지식을 탐구하다 보면 어느 깊이까지는 사람이 교만해지다가 어느 깊이에 도달하게 되면 비로소 벼가 익어 고개를 숙이듯이 또한 물이 아래로 흐르듯이 자신을 낮추게 된다. 흙을 파 내려갈 때는 휴식각을 고려하여 깊이에 따라 더 넓게 여유를 주면서 파 내려간다. 인생을 탐구하는 것도 깊이로만 열심히 파 내려갈 것이 아니라 깊어질수록 주변도 내다보면서 폭넓게 성찰하는 것이 중요하다. 생각이 넓고 비범한 사람은 이미 안식각을 이루고 모든 것을 포용하여 물처럼 자세를 낮추고 있지만, 옹졸한 사람은 자기의 고집대로만 꼿꼿하므로 한곳으로만 파 내려가다 보면 언젠가는 무너져 내릴 수가 있다. 안식각은 이미 물처럼 내려앉아 이루는 사면 각도이다. 내부마찰각에 따라 안식각이 변하듯이 상황에 따라 자신을 한없이 낮출 수 있는 자세, 안식각은 곧 포용이요 융통성이다.

생각은 두뇌를 통하여 구체화되고 입을 통하여 발현된다. 두뇌로부터 생성된 생각이나 가슴속에 축적된 오래된 관념이 입을 통하여 기호로서 발현될 때 우리는 그것을 말이라고 하는데, 말에는 '무겁다', '가볍다' 등의 표현과 같이 질량이 존재한다. 말은 침묵에 가까울수록, 또한 가슴 깊숙한 곳으로부터 나올수록 질량은 크다. 오랜 침묵 끝에 나오는 말일수록 무겁고 침묵을 깨고 나오는 한숨은 그 자체로도 '땅이 꺼질듯이 한숨을 쉰다.'라고 표현될 정도이니 가히 그 질량을 짐작할 수 있다. 침묵은 쓰라린 아픔도, 북받쳐 오르는 설움도, 불같은 노여움도, 인내라는 이름으로 가둬두고 있다. 모든 정보를 함축하고 있으나 그것을 드러내지 않고 있는 것이 곧 침묵이다. '오랜 침묵을 깨고', '침묵이 길어지니', '침묵이 흐르니' 등은 침묵의 성질을 잘 묘사한 경우다. 침묵은 말과 함께 질량이 있고 동시에 취성(깨고)이면서도 연신율(길어지니)을 가지며 때로는 유체(흐르니)로 거동한다. "웅변은 은이요, 침묵은 금이다."라는 명제가 있다. 웅변과 침묵의 가치를 나타낸 것으로 금이 은보다 훨씬 더 값진 귀금속이라는 뜻에서 웅변과 침묵을 비교한 경우이다. 위에서 언급했듯이 말에는 질량이 존재하며, 웅변보다는 침묵이 질량이 크다. 이 명제의 물리·화학적 증명 방법은 다음과 같다. 은의 원자량은 108이고 비중은 10.5, 금의 원자량은 197이고 비중은 19.3으로 금이 훨씬 더 질량이 크고 비중이 높다는 것을 알 수 있다. 따라서 웅변은 은이요, 침묵은 금이라고 했으니 웅변에 대한 침묵의 질량 관계는 197/108=1.82로 침묵이 웅변보다 약 1.8배 무거운 것이다. 따라서 가벼운 것은 웅변이요, 무거운 것은 침묵이니 위 명제는 참이다.

인생은 빠르거나 느리거나, 길거나 짧거나, 넓거나 좁거나, 쓰거나 달거나, 또는 위대하거나 무의미한 그 무엇으로 종종 표현되므로 분명 물리적인 실체로 해석이 가능할 것으로 생각한다. 주지하는 바와 같이 여기서 물리적인 실체란 우리의 육신을 뜻하는 바가 아니다. 다만 공학적이거나 물리학적인 시각으로 고찰해본다면 인생은 선(線)이거나 면(面)이거나 공간이거나 또는 어떤 현상이나 환경 속에서 시간적 길이로서 산출해낼 수가 있을 것이다. 우주는 무(無)에서 시작한다는 말은 그 출발점이 ±0이라는 뜻이다. 에너지보존법칙[2]에 근거하여, 우주가 0으로부터 출발했으니 물질과 反물질, 에너지와 反에너지, 생성된 우주의 모든 것의 합은 또한 0일 것으로 가정이 가능하다. 正과 反으로 合을 이룬다고 한다면 삶과 죽음의 합은 0이 된다는 뜻이다. 그렇다면 단지 시간으로만 대비해본다면 죽음에도 살아온 만큼의 길이가 필요하다. 어떤 형태로든 사후 세계가 존재한다고 생각되는 대목이다. 어떤 사람은 임사 체험을 경험한 사람들의 말을 믿고 사후 세계가 존재할지도 모른다는 생각을 한다. 물론 가능성을 배제할 수는 없다. 육신과 의식이 독립하여 존재할 수 있다는 가정하에서는 가능한 생각이다. 그러나 우리의 신체를 구성하는 뉴런과 대략 100조(10^{14}) 개의 시냅스 연결이라는 미세한 기관을 통하여 의식이 전달된다는 관점에서 비추어보면, 매우 비관적이다. 임사 체험을 한 사람의 대다수는 의식이 신체로부터 분리되는 과정을 겪는다고 한다. 그 체험의 순간이 시간적으로 얼마나 긴지는 알 수가 없지만, 의식이 신체로 다시 돌아와서 임사 체험담을 우리에게 전해주려면 우선은 신체가 부패하지 않고 신선한 상태로 유지되고 있어야 함은 물론이다. 신체가 죽어 부패한다는 것은 신체를 이루고 있는 각각의 원소가 각각의 특성대로 분해된다는 뜻이다. 뚜렷한 우리의 모습이 흐물흐물 찌부러지고 마침내 한 줌의 먼지, 한 통의 물, 그리고 흩어져 날아오르는 공기가 되어 더는 고유한 형체로 재생할 수 없는 상태가 되어간다는 말이다. 반면 임사 체험 중인 사람의 신체는 신체를 이루고 있는 분자나 원자가 그 물질의 고유 특성대로 분해되거나 정제되지 않고 직전의 배열을 유지하고 있어야 한다는 뜻이다. 그러나 속도의 차이만 있을 뿐 세포나 원자 측면에서 우리의 신체는 지금 이 시간에도 끊임없이 교체되고 변화하고 있다. 필자가 조금 전에 '의식이 신체로 다시 돌아와서'라는 표현을 썼는데, 의식이 그 어떤 물체처럼 거동하는지 그 여부도 궁금하거니와 우리가 가끔 앉은 채로 졸다가 시간 적으로 매우 길다고 생각되는 꿈을 꾸었는데 깨어보면 몇 초에 불과한 짧은 순간의 꿈인 경우가 있듯이 숨이 멎는 순간의 길이가 어떤 분포를 가지는지도 검토해볼 필요가 있다. 필자는 어느 날 밀려오는 피로에 잠을 청했으나 도통 잠은 오지 않아 글이나 쓸까 하고 다시 일어나 의자 등받이에 몸을 기대고 앉았다가 눈을 뜬 채로 꿈을 꾼 적이 있다. 꿈속에서 누구를 만나고 이야기를 하는 등 나름 긴 꿈을 꾸었다고 생각되는데 정신을 차리고 보면 그것은 단 몇 초에 불과한 시간이었다. 단 수초 안에서 수많은 사건이 줄거리로 연결되어 전개된 것이다. 우리가 어떤 경향을 이야기할 때 그것이 시대적 흐름에 따르는 것인지의 구분으로 통시와 공시로 구분하고 있다. 통시는 시대적으로 종적인 상황을 말하고 공시는 횡적인 상황을 이르는 것이다. 단 몇 초 안에서 수많은 사건이 전개될 수 있다면 꿈속에서의 시간은 필시 단위 시간 안에서 통시적으로만 흐르는 것이 아니고 공시적인 방향으로 지속이 될 수 있다는 가정을 해볼 수도 있다. 삶과 죽음의 가장 정확한 구분은 그 주체에게 있어서 생존의 상태에서는 시간이 흐르지만 죽음의 상태에서는 시간이 흐르지 않는다는 것이다. 육체는 생존해 있으나 의식은 죽음의 상태에 있는 뇌사자의 경우 육체는 시간이 흐르고 있지만 의식은 시간이 멈춘 상태이다. 어떤 사고로 인하여 기나긴 날을 뇌사상태로 있다가 어느 날 갑자기 뇌기능이 회복된다면 뇌사 직후부터 회복 직전까지의 시간은 그에게는 없다. 만약 회복기가 없고 갑자기 정상의 상태가 된다면 아마 뇌사 직전의 사고는 좀 전에 발생한 사고로 기억할 것이다. 다만 사고 직후에 뇌의 기능이 미약하게나마 앞에서 말한 꿈과도 같이 상당한 길이로 남아있을 수가 있고 어쩌면 삶과 죽음의 시차로 인하여 극히 짧은 한순간이 회복 후에는 기나긴 줄거리로 기억될지도 모른다. 우리의 의식구조로는 용인될 수 없는 시간 단위이겠지만 여기서 우리는 흐르지 않는 시간, 곧 앞에서 말한 공시적 시간을 상정해볼 수도 있다. 삶에서는 모든 사건과 사건이 통시적으로 연결되어 나타난다면, 죽음에서는 모든 사건이 일순간에 갇힌 채 그 속에서 어떤 체계와 논리를 구성함으로써 기나긴 줄거리로 번역될지도 모른다.

우리의 신체는 혈관을 따라 혈액이 순환하면서 신체 각 기관에 영양분을 공급하고 각각의 기관에서 대사를 진행함으로써 생명이 유지된다. 사람의 몸은 대략 100조 개의 세포로 구성된다고 하니 우리는 각각 100조 개의 생명이 군집하고 있는 생명의 집합체인 셈이다. 그렇다면 과연 나의 생명은 어디까지일까? 시냇물이 흘러 대지(大地)에 영양분을 공급함으로써 산천초목이 생장하고 그것이 계속 순환하여 대자연이 생명을 얻고 있다면, 자연과 우리의 신체는 그토록 다를 것은 없다. 생명의 정의에 대해서는 이미 앞장에서도 고찰해보았으나 아직도 결론을 찾지 못하고 미궁을 헤매고 있다. 이렇듯 생명을 단언하기에도 첨예한 대립이 있고 사후 세계도 선뜻 긍정할 수 있는 논리가 부족해 보인다. 만약 사후 세계의 존재를 인정할 수 없고 생명도 우리의 목숨이 그 전부라고 한다면, 삶에는 시간적으로 길이가 있지만, 죽음은 그 자체로서 모든 것이 멈추니 길이가 없고 그 크기를 특정할 수도 없다. 흔히들 삶과 죽음의 격차를 차원으로 이해하기도 한다. 이때 합을 도출해내는 방법은 삶의 궤적을 죽음의 차원으로 상쇄하는 것이다. 계산상 더욱 문제가 되는 것은 삶은 개시와 종료가 대체로 뚜렷하지만 죽음은 시작과 종료가 불분명하다는 점이다. 이 문제는 우리 의식의 편견일 수 있다. 만약 사건의 지평선(블랙홀의 경계)을 넘는 존재가 있다면 그 주체는 시간의 흐름을 느끼지만 제삼의 관찰자에게는 무한대의 시간으로 비추어질 수가 있다는 사실이다. 삶에서의 한정된 시간과 죽음에서의 무한한 시간을 여기에 대입해볼 수 있을 것이다. 시공간의 논리 구조로 본다면 이 이야기는 특수상대성원리($E=mc^2$)와 관련이 없지 않아 보인다. 이를테면 죽음은 수치상의 무한대, 곧 공간상에서 광속에 도달하는 것과 시간상에서 죽음에 도달하는 것은 시간이 정지된다는 측면에서 서로 다르지 않다. 우리는 질량을 가진 존재로서 살아 숨 쉬고 있는 한 언제나 빛의 속도로 시공간 속을 질주하고 있다. 허블의 법칙은 허블 상수에 의해 거리가 먼 은하일수록 더 빨리 멀어지고 있다는 우주 법칙이다. 우주의 팽창은 가속되고 있고 미래로 갈수록 팽창 속도는 빨라지고 있다. 필자의 경험으로 보건대 우리의 인생 역시도 나이가 저물어 갈수록 세월은 더 빨리 흐르고 있다. 혹자는 60대는 시속 60km의 속도로, 70대는 시속 70km의 속도로, 80대는 시속 80km의 속도로, 연식에 비례하여 세월이 흐른다고 한다. 어쩌면 우리의 인생에도 허블 상수가 작용하고 있는지도 모른다.

우주는 중심에서부터 변방까지 공간이 워낙 넓고 시작에서부터 끝까지의 시간 단위 또한 한계가 모호하므로 인간의 셈법으로는 무리가 있다. 따라서 그 최소 단위가 억이다. 그러나 작은 것의 한계는 큰 것과는 달라서 막스 플랑크는 인간임에도 플랑크 단위로서 작은 것의 한계를 규정하고 있다. 플랑크 길이는 10^{-35}m이고 플랑크 시간은 10^{-44}초이다. 그렇다면 플랑크 단위를 끌어다가 삶과 죽음의 경계에다 초점을 맞춰보자. 정상적인 의식에서부터 혼수상태를 거쳐 완전히 의식이 멎는 그 순간까지 의식의 변화 과정을 10^{-44}초 단위로 관찰해보면 어느 순간이 진정한 경계인지 아주 짧은 순간이 명확하게 드러날 것이다. 아울러 그렇게 미세한 단위로 시간을 나누어서 살아갈 수 있다면 우리는 거의 영원하게 죽지 않고 살 수 있을지도 모른다. 아마 그렇게 되려면 우리의 몸은 원자가 되어야 할지도 모른다. 참고로 원자의 지름이 60피코미터, 대략 70kg 정도의 몸무게를 가진 사람은 7×10^{27}개의 원자로 이루어져 있다고 했으니 만약 원자 하나의 크기가 우리 눈에 보일락 말락 하는 작은 모래알 만하다고 가정할 때 사람 1인당 몸의 크기는 지구 5개와 맞먹는다고 한다. 원자가 얼마나 작은지, 또한 7×10^{27}개라는 숫자가 얼마나 많은 양인지 상상이나 가는가? 우리의 몸이 원자만큼 작고 시간의 개념을 10^{-44}초 정도로 나누어서 살아갈 수 있다면 영원히 죽지 않을 것이라는, 필자의 생각과 비슷한 생각을 한 사람이 지금으로부터 2,400년 전 고대 그리스에도 있었다. 어떤 다리가 있는데 그 다리를 건너기 위해서는 무수하게도 많은 단위의 시간이 필요하다. 그런데 시간을 무한히 소비하는데도 절대 다리를 건널 수가 없다는 것이다. 이유인즉, 다리의 출발점에서 시작해서 다리의 중간지점까지 가는 데 1초가 걸린다면 남은 거리의 절반까지 가는 데는 1/2초가 걸릴 것이며, 또 남은 거리의 절반까지 가는 데 1/4초, 또 절반까지 1/8초…. 이런 식으로 영원히 절반의 시간을 소비하므로 다리를 건널 수가 없다는 것이다. 이른바 제논의 역설이다. 이 역설에 비하면 필자의 논리는 현실성이 있다. 10^{-44}초라는 시간개념이 프랑크 단위라는 이름으로 현실로서 존재할 뿐만 아니라 원자보다도 몸집이 거대한 미생물의 일생은 우리의 시간으로 분 단위에 불과하다. 우리 인간의 일생은 연(年) 단위다. 일례로 대장균을 배양하면 20분 뒤에는 두 마리로 분열하는데, 그것이 우리로 따지면 일생인 것이다. 우리의 일생이 80년이라고 한다면 그것들은 20분을 우리의 80년 정도로 의식할 것이다. 따라서 우리의 일생 80년은 그들에게 있어서 1억 6,819만 2천 년이라는 계산이 나온다. 즉, (60분×24시간×365일×80년)÷20분은 2,102,400번의 누적 일생이 된다. 여기서 미생물의 일생이 인간의 개념으로 20분이라고 하였으니, 인간과 동일하게 80년을 산다고 한다면 그들의 길이로는 1억 6,819만 2천 년을 사는 셈이 되는 것이다. 지구상에 인간인지 원숭이인지 거의 구별이 없는 상태인 오스트랄로피테쿠스의 출현이 지금으로부터 300만 년 전이었고, 인간의 직계 조상으로 분류되는 호모사피엔스의 출현이 고작 30만 년 전이다. 고대 인류의 유적이라고 해봐야 아무리 오래된 것도 1만 년을 넘지 않는다. 그렇다고 한다면 1억 6,819만 2천 년이라는 세월은 가히 영원의 시간에 해당하는 것이다.

"세상은 넓고 할 일은 많다." 이제는 고인이 된 대우 김우중 회장의 어록이다. 김우중 회장은 젊은 시절 대단한 활동가였던 것으로 알려져 있다. 위 어록에서 보이듯이, 그가 일을 벌이고자 했던 목표는 세상! 둥글고 넓은 세상이었다. 우리는 3차원의 공간에 시간의 차원을 더한 4차원의 시공간에 존재한다. 세상이 넓다는 것은 시공간의 규모를 뜻한다. "할 일은 많다."에서 할 일이란 시간이 추가된다는 뜻이고 많다는 것은 시간의 길이가 늘어난다는 뜻이다. 우리는 흔히 인생은 짧다고 이야기하는데 이 어록으로 본다면 우리의 인생은 단지 "많다."에만 국한되어 비교될 뿐이다. 우리는 인생을 1차원의 선으로만 표현하는데 그것도 길지 않고 짧은 것이다. 여기에 비하면 넓고 많은 시공간을 가진 그의 차원은 얼마나 높은 수준인가? "인간을 단지 수단으로만 대하지 말고, 동시에 목적으로 대우하라!"라는 대철학자 칸트의 충고에도 그를 수단으로 이용했더라면 진작 대한민국은 세계 경제를 제패했을지도 모른다. 세계를 무대로 활동했던 그의 시각은 인생을 선(線)이나 길이로 보는 것이 아니고 면(面)과 공간과 시간으로 보는 경우다. 공간에 시간을 더하여 세상은 4차원이다. 선이나 길이로 본다는 것은 1차원적인 시각이고 시간과 공간으로 본다는 것은 4차원의 시각으로써 여기서 상당한 차원의 격차가 발생하고 있다. 잠깐, 1차원으로 오해할 수 있는 다차원의 인생이 또 하나 있다. "굵고 짧게 살자!" 구르는 수류탄을 몸으로 덮어 부하들은 살려내고 자신은 장렬히 산화해간 강재구 소령이 생전에 생활신조로 쓰고는 짧게 남긴 말이다. 굵고 짧다는 것에는 어떤 형상이 주어진다. 하나의 물체이자 길이가 주어지니 그것은 곧 선(線)으로 유추된다. 선(線)은 분명 면(面)이나 공간이 아니다. 그러나 강재구 소령의 선은 단지 짧은 것이 아니고 굵고 짧다. 위의 경구를 자세히 들여다보면 짧을수록 굵어진다는 가변성도 존재한다. 따라서 선의 단면이차반경에 주의할 필요가 있다. 즉, 굵고 짧은 선에는 단면이 있고 일차원의 진정한 선은 유클리드의 정의에 따르더라도 단면이 없다. 단면이 있다는 것은 그 자체 회전 반경의 모멘트를 가지며 또 하나의 차원이 추가된다는 뜻이다. 여기서 잠깐 글쓰기를 멈추고 반성을 해본다. 과연 인생은 짧은가? 이 물음에 짧다고 생각하거나 이제 환갑을 넘겼으니 백세가 되려면 아직은 여유가 있다고 생각하게 되는데, 그 생각과 동시에 나는 일차원의 인생인 것이다. 짧다거나 길다는 것은 곧 선으로 유추되기 때문이다. "나는 왜 이렇게 빨리 달리고 있을까?" 이건 아마 총알 탄 사나이 우사인 볼트의 '작업 중의 생각'일 것이다. 우리가 볼트가 아닌 이상 인생을 빠르다고 평가할 이유가 없다. 빠르다는 것은 곧 짧다는 것을 의미하기 때문이다. 세월이 빠르다고 생각함과 동시에 우리의 인생은 그만큼 짧고 인생이 짧다고 생각함과 동시에 우리는 일차원의 인생인 것이다.

어떤 식물 같은 인생을 일러 "그 인생은 싹수가 노랗다!"고 표현을 한다. 노란색은 일차색이다. 다른 색과 섞지 않았으므로 원색이라고도 한다. 또한, 아름답다거나 성공적이거나 미래가 밝다고 지칭되는 인생에는 '장밋빛 인생' 또는 '보랏빛 인생'이라는 표현을 쓴다. 장밋빛이나 보랏빛의 색상은 두 가지 이상의 색상들끼리 섞어 만든 다차원의 색상들이다. 물론 이러한 수식은 인생의 전 과정에 대한 수식일 수도 있고 어느 기간에 한정된 수식일 수도 있다. 사진은 서울의 어느 길가 보도블록의 비좁은 틈 사이에서 최소한의 생명력을 유지하고 있는 가녀린 들풀들을 담아본 것이다. 빌딩 숲 서울 도심에서도 자연을 느낄 수 있다는 것이 신기하지만, 자세히 들여다보면 클로버, 잔디, 질경이, 민들레인데 내기라도 하듯 저마다

[들풀] 클로버, 잔디, 질경이, 민들레

이파리가 장난감처럼 작고 귀엽다. 자신의 신체를 가장 경제적으로 환경에 적응시킨 것이다. 여기에 비하면 몸이 남산만 한 거구에 식탐이 있는 필자는 다분히 배울 점이 있다. 가끔 우리의 인생에 은유되는 들풀은 녹색으로 그나마 2차색이다. 파랑에 노랑을 섞으면 녹색이 된다. 그림을 그리거나 페인트를 칠할 때 원색을 1차색이라고 하고 원색에 원색을 두 번 섞는다고 하여 2차색, 세 번 섞어 만든 색상을 3차색이라 일컫는다. 인생에서 느낀 바를 표현할 때에는 '달콤한 생활이었다.', '쓰디쓴 맛을 경험했다.', '무미건조한 나날이었다.' 등과 같이 행복한 경우 달콤하다고 표현을 하고, 불행은 쓴맛으로, 허무함을 느꼈을 경우에는 무미건조함으로 인생을 미각에 유비시키는 경우도 있다. 지금까지의 설명을 종합해보면 색상이 고상할수록 차원이 높고 차원이 높을수록 달콤한 인생이며, 색상이 원색에 가까울수록 차원이 낮고 차원이 낮을수록 무미건조하거나 맛이 쓴 인생이라는 등식의 배치가 가능해진다. 또한, 차원이 높은 인생일수록 그 길이가 갖는 표면적은 크고 가치는 항상 높게 평가된다. 우주는 無(0)에서 시작한다고 했고, 에너지보존의 법칙에 따르면 에너지의 총량은 변하지 않는 것이라고 했다. 여기에 세상의 모든 현상이 제로섬(Zero sum)으로 구성되어 있다면, 음과 양의 합은 언제나 0이다. 한 사람의 일생에는 행복과 불행이 공존하며 평생에서 겪는 행복과 불행의 차는 ±0일 것이다. 긴 불행 중에 맛보는 짧은 행복은 긴 불행의 길이에 비례하여 행복감은 크다. 불행의 길이와 행복의 높이가 상쇄되는 것이다. "선(善)이 부재하므로 악이 존재하는 것이니라." 조금 비약하자면, 선(善)이 있으면 그 반대편에는 분명 악(惡)도 존재하고 선이 없다면 악도 없는 것이다. 즉, 선이 +100이라면 악은 -100이요 선이 0이라면 악도 0인 것이다. 문득 선과 악이 각각 0인 상황을 떠올려본다. 우리가 살아가고 있는 이 세상에 선이 없다거나 악이 없다면, 또는 선과 악이 동시에 없어진다면 어떻게 될까? 선과 악이 완전히 없어진다면 그야말로 '멍 때리는' 상황이 연출되고 말 것이다. '필요악'이라는 낱말은 이러한 상황에서 유래된 것이 아닐까?

이념적인 것에 대한 고찰

:: 자연으로 돌아가다

요즘의 사회적 경향, 특히 국가나 사회단체가 지향하고 있는 정치적 트렌드에 입각해서 보면 모든 분야, 모든 곳에서 자연으로 돌아가려는 경향이 다분하다. 우선 "자연으로 돌아가라!"라는 장 자크 루소의 메시지가 이를 대변해주고 있다. 참고로 이 글에서의 자연은 정작 자연뿐만이 아니라 현재에 비해 좀 더 근원적이거나 원시적임과 같이 시간적으로 과거 시대를 수식하는 낱말을 포함할 수가 있고 특히 완곡어로써 수식될 수 있음을 유의하기 바란다. 원시 시대의 인간은 옷을 걸치지 않은 채 벌거벗고 생활했으며 매사에 아무런 구속 없이 개인의 자유의사에 따라 내키는 대로 행동해 왔음은 두말할 나위가 없다. 우리의 신체는 물론이거니와 오늘날 문화와 예술을 포함한 눈부신 문명의 발전은 시간과 공간의 작용으로 나타난 진화의 결과물이다. 만약 아담과 이브가 인간의 시조라고 한다면 아담은 남편으로서, 이브는 아내로서 각자의 직분을 담당했을 것이고, 둘 사이에서 자식이 태어나고 그의 후손이 또 자식을 낳아 종족을 구성하여 오늘에 이르고 있을 것이다. 여기서 중요한 것은 남성으로서의 아담과 여성으로서의 이브가 그 직분을 생리적으로 서로 바꿀 수는 없다는 것이다. 구성원의 수가 많아지면 역할을 분담하는 방법도 복잡해진다. 개인이 해야 할 일이 있는가 하면 공동으로 해야 할 일도 생길 것이다. 개인은 자신의 양심에 따라 자발적으로 행동하는 것이 정의로울 수 있으나 전체 이익의 관점에서는 그렇지 않은 부분도 있을 것이다. 오늘날 법과 관습은 우리가 인간이기 때문에 필요한 장치로 곧 인간이 동물과 다름을 규정하고 있는 것이라고 본다. 현대사회에서 어떤 구성을 이루고 있다는 것은 각자가 그 구성의 틀을 지켜 현상을 유지하고 있다는 뜻이다. 만약에 그 구성이 자연이 아닌 인위적으로 이루어지는 것이라면 자연으로 돌아간다는 것은 구성이 와해가 됨을 뜻한다. 장 자크 루소는 1753년 자신의 논문「인간 불평등 기원론」에서 문명사회가 등장하기 전 자연의 상태에서 인간은 한 그루 떡갈나무 밑에서 비를 피하고 잠을 청하며, 수렵으로 배를 채우고 시냇물로 갈증을 해소하는 상태였으며 약간의 육체적 능력 차이가 있을 뿐 개체 사이에 불평등은 없었다고 역설하고 있다. 그러나 인간은 혹독한 자연에 맞서 홀로 살아갈 수는 없었으므로 살아남기 위해 집단을 이루게 되고 사회집단을 구성하는 순간 불평등이라는 요소에 직면하게 되는 것이라고 했다. 곧 자연으로 돌아가되 자연에 맞설 수 있는 지혜가 필요하다는 뜻이다. 자연으로 돌아간다는 것은 단지 이 글의 목적으로만 보면 옛날로 되돌아간다는 뜻으로서 곧 구태를 답습한다는 뜻이 될 수가 있음에 주목하기 바란다. 루소의 활동 배경은 18세기 유럽이다. 르네상스를 거쳐 산업혁명에 이르기까지 중세 문명의 꽃을 피우던 시절이었지만 현대에 비하면 비교적 자연의 상태라고 할 수가 있다. 현대에 들어 자연으로 돌아가려는 뚜렷한 실천 노력이 엿보인다는 측면에서 루소의 메시지는 어리석은 현대인에게는 좌우명으로 작용하고 있는 것으로 생각이 든다. 여기에는 모처의 공무원들도 예외는 아니다. 매년 여름만 되면 그 수장이 나서서 일반 공무원을 상대로 반바지 입기 캠페인을 벌이고 있는 곳이 그곳이다. 구두에 반바지는 현대인(**더 정확히는 교양인**)이 보기에 정말 꼴불견이다. 벌거벗거나 옷을 입거나 간에 차림에도 격식이 있을 것이다. 구두는 정장에나 어울리고, 벌거벗은 상태에서는 맨발이, 반바지 차림에는 슬리퍼나 샌들이 좀 더 어울릴 것이다. 아담과 이브가 벌거벗은 상태로 자연에서 출발했다는 측면에서 반바지 입기 캠페인은 자연으로 회귀하기 위한 행위의 실천이라 아니할 수가 없다.

인간은 의식을 가진 존재다. 의식은 진화의 산물이다. 의식의 진화 과정이 비록 자연의 원리에 따른다고 하더라도 의식이 있는 행동은 본능적인 행동에 견주어 인위적이며 동물적 행동이라기보다는 인간적 행동범주에 든다. 반면에 무의식적인 행동이나 돌발 행동은 지극히 동물적이고 자연적이며 인간 외적인 행동으로 분류할 수가 있다. '충주 티팬티 남성'이 화제가 된 적이 있다. 어떤 40대 남성이 엉덩이가 드러날 정도의 이른바 '하의 실종'의 복장으로 도심에 출몰해 논란이 된 것이다. 경찰 수사 결과 남성이 입었던 문제의 그 하의는 속옷이 아니라 핫팬츠였으며, 따라서 아무리 짧아도 그것이 외투이므로 공연음란죄의 적용은 어렵다고 했다. 법규에 외투인지 속옷인지의 구분만 있었을 뿐 수치상의 규정이 미흡했던 것으로 보인다. 공연음란죄라는 어려운 죄목이 아니더라도 고등학교 선도부 규율만으로도 문제가 해결될 수 있었을 텐데 말이다. 의복은 의식 진화의 산물이며, 문화생활의 근간이 된다. 점잖은 스타일일수록 인간에 가깝고 노출이 심할수록 동물에 가깝다는 등식은 성립한다. 형벌의 적용을 차치하고 티팬티 사건은 인간 이하의 돌출 행위이며 노출이라는 측면에서 지극히 동물적인 행동이라 아니할 수 없다. 어떤 인간이 동물적이라면 그 사람은 단지 비인격자로 분류되지만 비인격자가 동물적이라면 그 자체로 자연스럽다거나, 자연적이라고 표현할 수가 있다. '자연적'의 반의어는 '인위적'이다. 수풀이 우거지고 시냇물이 흐르는 풍경은 자연적이고 빌딩 숲, 매캐한 미세먼지는 인위적이다. 유인원의 행위는 자연적이고 인간의 행위는 인위적이다. 범위를 좀 더 확장하여 본다면, 친일 논쟁은 일종의 종족주의와 범세계주의의 분쟁으로서 참으로 어리석고 부질없는 짓이지만 종족주의가 원시 사회의 일면이라는 점에서 그 또한 자연으로 회귀하기 위한 하나의 방법에 다름이 없다. 독일의 나치즘이나 이탈리아의 파시즘을 비롯하여 미국의 KKK단 등 세계적인 추세로 보아 민족주의는 극우 보수주의의 범주에 든다. 그러나 대한민국의 경우 민족주의는 극우가 아니라 진보주의라고 자처하고 있는 극좌에서 선점하고 있다. 태초에 인간 행동이 그러했듯이 우리의 행동으로는 자유분방한 것이 곧 자연적이다. 원시 상태일수록, 진화가 덜 된 개체일수록, 자기 스스로의 통제는 물론 자신에게 가해진 외적 속박에 대해 이를 무시하는 경향이 크다고 본다. 이를테면 기분 내키는 대로 행동하고 절제할 줄 모르는 행동 습관은 지극히 자연적이라는 뜻이다. 동성애를 위시하여 동물 지향적 성문화는 말 그대로 동물에게 주어진 교배 행위이며, 인간 사회에서 문란한 성문화의 도래는 대체로 자연으로 회귀하고 있는 현상이라 아니할 수가 없다. 그와는 반대로 그것을 절제할 수 있는 능력을 배워 습득함으로써 인간은 성적으로 동물과 구분되는 것이다. 각성을 통하여 자신의 정신을 강화하고 교육을 통하여 심신을 단련하며 교양을 쌓아가는 능력과 함께 건전한 성문화의 정착은 자연 상태로부터 진화를 거듭한 결과이며 그 메커니즘 자체는 다분히 인위적이다.

도시보다는 농촌이 자연적이다. 그러한 의미에서 추억을 회상하고 동경하는 행위는 자연으로 회귀하고 싶다는 의지의 표현일 수 있다. 농촌의 풍경에는 소를 빼놓을 수 없다. 여름방학 중에는 오후가 되면 소를 몰고 온종일 산자락을 돌면서 풀 뜯는 소와 함께 행동해야 했던 경험을 차치하고라도 소를 배제한다면 필자에게 어릴 적 추억은 많지가 않다. 요즘도 가끔 소를 보면 가던 걸음을 멈추고 생각에 잠긴다. 어느 날, 우리 집에 소 장수가 와서 부리던 소를 팔았던 적이 있다. 아버지와 소 장수가 금액을 흥정하고는 돈을 주고받은 뒤 소 장수가 우리 소를 몰고 사립문을 나서려는 순간, 그 큰 눈은 나와의 시선을 놓치지 않으려고 몸부림치면서 나로부터 떨어지기를 완강히도 거부했던 소. 그때 그 모습은 오십 년이 흐른 지금도 눈에 어른거린다. 아련히 떠오르는 소와의 아름다운 추억에도 불구하고 탱글탱글한 육질의 쇠고기 식품 광고는 나의 미각을 자극시키고 있다. 한우전문점에는 초원에서 한가로이 풀을 뜯고 있는 소의 전신 초상을 출입구에도 붙이고 벽에도 대문짝만하게 붙여놓는데 우리는 그 그림을 보면서 불판 위에 고기를 올려놓는다. 비록 소를 두고서도 필자 한 사람의 정신세계에서는 양쪽이 대립하고 있다. 하나의 실체에 대하여 소와 한우가 다르다. 소는 살아있는 생명의 지칭이고 한우는 음식의 재료다. 소를 도살하여 한우라는 쇠고기로 만드는 행위와 개를 도살하여 개고기로 만드는 행위가 우리의 기준으로는 엄연히 그 도덕적 가치가 다르다. 여기에는 몇 가지 견해가 양립할 수 있다. 첫째는 어느 쪽이 사람과 더 친숙하냐의 정도에 있다. 소는 가축일 뿐 반려라는 단어로는 수식되지 않는다. 필자의 경험으로 보더라도 소에게는 '누렁이'쯤 되는 보통 명사 말고는 개체 고유의 이름을 잘 쓰지 않는다. 그러나 개는 '멍멍이', '복실이', '댕댕이' 말고도 각각의 개체에는 고유의 이름이 지어지고 가축이라기보다는 인격이 부여되며, 반려견이라고 하여 가족의 일원으로 분류되고 있을 정도이니 개와 사람 사이에서 친숙의 정도는 사람과 사람 사이와는 차별이 별로 없다. 또 한 가지는 개든 소든 식용으로써 사용될 때는 기꺼이 희생될 수 있다는 논리이다. 무엇보다도 그것은 예로부터 전해 내려오는 식문화였으므로 식용견이나 한우가 도덕적으로 다를 수 없고 대신 반려견과 식용견은 다르게 이해해야 한다는 것이다. 논리상 다소 초점이 맞지는 않겠지만, 佛家에서 의미 없는 살생을 금기하는 것을 또 하나의 예로 들 수가 있다. 들꽃이 고통을 느낄 리가 만무할진대 길을 가다가 무심코 잎사귀를 잘라 입에 무는 행위는 죄악이라는 것이다. 뒤집어보면 의미가 있는 살생에는 면죄부를 줄 수 있다는 뜻이다. 임진왜란 때 승려인 사명대사가 왜군을 토벌했던 역사를 예로 들 수 있을 것이다. 또 하나는 살생이 죄악으로 성립하기 위해서는 그 대상이 느끼는 고통의 정도에 지배된다는 것이다. 여기서는 지능이 높을수록 고통도 크다고 보는 것이다. 그러나 그 대상이 고통을 얼마나 느끼는지를 우리는 알 수가 없다. 자신에게 가해지는 고통은 자신의 주관에 따라 느낄 수가 있으나 타자인 어떤 대상이 느끼는 고통은 우리의 상상력에 의존할 뿐이다. 간접적으로 느끼는 감정이 자신의 체험처럼 와 닿게 되고 비로소 측은지심으로 발동하게 되는 것이다. 이러한 경우에는 자신의 주관뿐만이 아니라 여러 가지 객관적인 요소가 결부될 수가 있다. 객관적인 요소에는 시대적 경향은 물론이거니와 유행이나 시시각각 변할 수 있는 사회 풍조, 심지어는 주변의 의견이나 동향도 포함이 된다. 어릴 적에 친구와 내기를 한 적이 있다. '꼬집기'라는 것이었는데 서로 왼팔을 내주고 오른손 엄지와 검지를 사용하여 상대방의 왼팔에다 꼬집기로 최대한 고통을 주는 것이었다. 이때 표정을 찡그리거나 입을 열게 되면 지게 되는 규칙이었다. 아무리 고통스럽더라도 그냥 무표정을 지어야만 한다. 이상한 것은 실제로 온 팔뚝에 피멍이 시퍼렇게 들 때까지도 우리는 빙긋이 미소를 짓고 있었다는 사실이다. 이 얼마나 표리부동한 행동이었던가. 더 신기한 것은 꼬집기를 시작하고 얼마만큼의 시간이 지나면 그 감각이 클수록 고통을 느끼는 것이 아니라 재미가 있다는 생각만 들 뿐이었다. 자신이 직접 느끼는 고통조차도 스스로 그것을 컨트롤하여 경우에 따라서는 그것을 즐거움으로 환원시킬 수가 있다는 뜻이 아닐까?

국제포경위원회라는 국제기구가 있다. 포경은 고래를 포획한다는 뜻이다. 여기에서 발효된 「상업포경금지조약」에 따라 전 세계 회원국 간에 상업적 포경이 금지되고 있다. 물론 회원국이 아니라면 포경이라는 단어에서는 자유로울 수도 있겠으나 최소한 환경주의자들의 비판으로부터는 자유로울 수가 없다. 예로부터 포경은 우리의 생활과 밀접한 관계에 있었다. 울산의 그 유명한 반구대암각화만 보더라도 포경 이야기는 석기 시대까지 거슬러 올라간다. 인간은 원시 시대부터 고래를 연료와 식용으로 사용하면서 지금까지 이어져 내려왔던 것으로 짐작된다. 단언하건대, 역사의 중간에 현재의 상업 포경 금지와 같은 인간의 자각적 포경

금지 행위는 시도한 적이 없었을 것이다. 물론 그때는 인구도 지금에 비하면 적었고, 포획 장비도 변변치 않았을 것이다. 반면에 지금은 일본과 같이 조사 포경이라는 명분의 이기적인 행동으로부터 야기되는 포획 숫자만 하더라도 우려할 만한 수준에 이르고 있다. 그만큼 수요가 폭발적인 것이다. 포경이 오래전부터 내려오는 인간들의 일상이었다는 측면에서 외람되지만, 포경 이야기는 정치적 이념으로써 보수와 진보의 좋은 비교가 될 수 있을 것이다. 오래된 것을 선호하고 유지하려는 자들을 보수주의자라고 한다면 오래된 것을 폐기하고 새로운 것을 받아들이자는 자들은 진보주의자다. 자연에 순응해간다는 것은 역사가 깊었기에 참으로 보수적인 행위다. 고래를 잡아 기름을 짜내고 식용으로 사용했던 것은 유구한 역사를 지니고 있다. 고래는 바다에서 몇 안 되는 젖먹이동물로 지능이 대단히 높은 편에 속한다. 동물 관련 다큐멘터리를 보면 고래의 모성애라든가, 동물로서의 인간적인 면이 우리로 하여금 깊은 생각에 잠기게 한다. 가끔 TV에서 사자나 호랑이와 같은 맹수와 사람이 우정을 나누는 장면을 보고 우리는 감격을 한다. 사자나 호랑이도 우리와 교감을 가질 수 있다는 발견만으로도 우리는 가슴이 벅차오른다. 인간이든 맹수든 이 세상에 존재한다면 그것은 곧 자연이다. 자연은 항상 개선될 여지를 남겨 두고 있다. 인간이 태어나서 유아기 교육으로부터 시작하여 평생을 교육과 자기반성을 통하여 인격체로 성장해 나가는 것을 보면 인간은 그 자체로 흠결의 결정체이며 자연과 더불어 개선되어야 할 대상이다. 인간이 정녕 인간다워지려면 아직도 갈 길이 멀다는 이야기다. 탄소동화작용을 일으키는 식물과 질소동화작용을 일으키는 식물이 공존하듯이 인간의 자연에 대한 행위는 나름의 어떤 동화작용에 참여하고 있는 행위인지도 모른다. 그러한 측면에서 자연에 대한 인간의 행위 자체는 그것이 보수적이든 진보적이든 하나의 자연현상이라고 볼 수가 있다. 우리가 정치적 이념으로서 보수와 진보라는 단어를 사용하는데 있어서 재고해야 할 것은 앞서 상호 보완적인 관계라고 천명했음에도 불구하고 보수와 진보는 그 위치가 항상 가변적이며 상대적이라는 것이다. 환경주의자는 자연 위의 모든 것은 자연 그대로 놓여 있을 것을 추구하고 있다. 환경을 있는 그대로 지켜야 한다는 측면에서 환경주의자는 철저하게도 보수적이다. 그러나 우리나라에서 환경주의는 진보주의의 범주에 든다. 반면 자연은 보호하되 인간의 목적에 따라 조정되고 개선해 나갈 수 있다는 것이 보수주의의 입장이다. 그러한 측면에서 보수주의는 진보적이다. 환경주의가 보수주의에 개입되고 진보주의가 환경주의에 대응하는 순간 보수주의와 진보주의의 구별이 모호해진다.

정직과 부정직의 차이는 상대방의 판단을 흐릴 목적으로 숨겨야 할 것이 있느냐 없느냐의 차이다. 또한, 자신이 알 수 없는 불확정적인 부분에 대하여 확증을 갖는 행위나 그것을 전달하는 행위도 부정직한 행동의 일면이라고 본다. 완전히 알고 나면 결과가 달라질 수가 있기 때문이다. 그렇다면 궁극에 도달하는 그날까지 우리의 무지를 인정하거나 여운을 남겨 둘 필요가 있다. 과학은 현재 진행형이다. 모든 것이 밝혀져 가는 과정일 뿐 그 어떤 것도 완전히 밝혀졌다고는 할 수가 없다. 우리에게는 이념적인 사안으로 비추어질 수 있는 원자력도 마찬가지다. 현재의 과학으로 핵물질의 모든 것이 밝혀졌다고는 볼 수가 없다. 우리가 그것을 완전히 알지 못하는 한 핵을 위험한 물질로만 치부해버릴 수도 없다. 위험성을 감수하면서라도 얻을 수 있는 이익이 그만큼 크기 때문이다. 현재로서는 핵물질의 원리는 물론이고 그 취급방법도 개척할 분야가 무궁무진할 것이다. 그것을 완전히 아는 날이 온다면 우리에게 핵물질은 더욱 친숙해질지도 모른다. 우리에게 핵이 위험한 것은 핵의 파괴력보다는 방사선에 있다. 방사선 노출 정도를 나타내는 단위를 밀리시버트(mSv)라고 하는데 보통 병원에서 흉부 X-ray 검사에서의 피폭량이 1회당 0.1mSv, CT 촬영 시에는 그 양이 대폭 늘어 1회당 10mSv에 달한다고 한다. 또 특정 건축자재나 심지어는 하늘을 날고 있는 여객기에서도 발생하며, 공사현장에서의 비파괴 검사, 핵을 연료로 하는 잠수함이나 항공모함에서는 물론이고 원자력시설의 사고나 핵실험과 폭발에서 다량 발생할 수가 있다. 그 외에도 방사선은 지구상의 모든 물질로부터 자연적으로 발생하고 있다. 참고로 우리나라 자연에서 방출되는 방사선량은 대략 연간 3mSv이고, 미국 어느 도시의 경우 연간 11.8mSv에 달한다고 한다. 우라늄의 반감기는 동위원소에 따라 다른데 보통 수억 년에서 수십억 년이나 된다. 그것이 자연으로 존재하든 인공으로 존재하든 또는 폐기물로 존재하든 지구에서 거주하는 한 우리는 방사선을 피할 수가 없다. 현재까지 인간의 발견과 발명이라는 여타의 동물과는 다른 끈질긴 습성으로 보아 우리가 지구상에 존재하는 한 우리는 그것을 미확정의 상태로 묻어 둘 수만은 없을 것이다. 보고에 의하면 원자로에서 발견한 어떤 미생물은 실제로 방사선에 내성을 가지고 심지어는 방사선으로 대사를 진행하기도 한다는데, 이 생물체들도 처음부터 내성을 가지지는 않았을 테고 그 열악한 환경 속에서도 증식과 분열을 거듭해나가면서 내성을 습득한 것으로 보인다. 따라서 핵물질에 관한 한 아직도 미개한 우리는 미생물에게서 교훈을 얻고 원리를 습득하여야 할지도 모른다. 이와 같은 여러 가지 상황을 떠올려 보더라도 정작 지하자원으로서 우리를 위협하고 있는 것은 원자력보다는 환경 파괴와 함께 우리의 건강에 동시에 영향을 미치고 있는 화석연료가 아닐까 생각한다. 자연이 과거라면 문명은 미래라고 할 수가 있다. 탈문명 정책으로서 원전폐기는 자연으로 회귀하기 위한 지름길에 해당한다. 우라늄을 발견한 독일의 화학자 클라프로트에서부터 방사능의 소재를 밝혀낸 퀴리부인을 거쳐 원자력의 구체적인 활용방법을 알아낸 아인슈타인까지, 그 후 무수히 진행되어온 원자력의 발견과 발명, 심지어는 우리의 생활에서 전기료를 낮추기 위한 수많은 노력과 결실까지도 그 하나하나가 자연으로부터 멀어져가기 위한 일련의 과정에 불과한 사건들이었다. 참고로 우리나라의 전력공급은 1930년 당시 경성전기 주식회사에서 최초로 건설한 10MW급 석탄화력발전소인 당인리 화력발전소(현 서울화력발전소)를 필두로 크고 작은 화력발전소와 수력발전소 및 최근의 신고리원전 5, 6호기로 이어져 왔다. 발전소 건설 추이만 보더라도 그나마 자연에서 벗어나고 있는 최후의 에너지원이 원자력이라는 뜻이다.

미국의 사우스다코타주 러시모어산에는 거대한 바위산을 깎아서 만든 그 유명한 네 명의 대통령 얼굴 조각상이 있다. 그 아래에는 조각 파편의 폐기물들이 하나의 언덕을 이루고 있다. 동화같이 아름다운 성 독일의 노이슈반슈타인 성도 자연이 만들어 놓은 기암절벽 위에 지어져 있다. 자기중심의 확증편향과 선택적 지각에 매몰된 소위 국내외 환경론자들에게는 산을 깎거나 자연을 변형하는 행위는 일종의 사치이자 훼손일 뿐이다. 설악산에는 해발 873m의 거대한 화강암이 하나의 산을 이루고 있다. 울산바위다. 단언컨대 그 거대한 울산바위도 언젠가는 소멸이라는 과정을 거친다. 앞에서도 몇 번 언급한 단어로 불교 용어 중에는 겁이라는 단어가 있다. 신의 하루라고도 하고 인간의 시간 단위로는 43억 2천만 년으로도 표현되는 시간이다. 사방 15km의 바위산에 100년에 한 번씩 천사가 내려오는 데 그 바위산이 천사의 무명옷에 닳아 없어져도 끝나지 않는 긴 시간이라고 했다. 길고 긴 시간의 추상적인 표현에 불과하지만 하나의 원리가 성립되는 말이다. 실제로 자연은 긴 시간에 걸쳐서 풍화와 침식, 퇴적과 고화, 화산폭발과 지각활동의 순환과정을 통하여 거대한 바위산이 소멸하기도 하고 생성되기도 한다. 풍화와 침식과 마모작용으로 100년에 1밀리미터씩만 닳아 없어진다고 해도 높이가 873m인 울산바위가 다 닳아서 소멸이 되기까지는 1억 년도 채 걸리지 않는다. 지각작용을 고려한다면 실제로는 훨씬 더 빠르게 소멸이 될 것이다. 인간이 자연을 아무리 존속시키려 해도 자연 그 스스로의 파괴를 막을 수 없다는 이야기다. 여기에는 인간이 애써 환경을 보전하는 행위 즉, 무분별한 쓰레기 소각 행위라든가 인간 기준의 자연보호, 인간 기준의 치산치수, 어쩌면 신선한 공기를 들이마시고 지저분한 가스를 내뿜는 우리의 호흡도 일조하고 있을지도 모른다. 더욱 문제는 우리가 양서류의 미래를 걱정하여 국가 기간산업을 온몸으로 저지하였듯이 동식물의 생태계를 걱정하는 행위 자체가 이율배반적이며 부정직한 행동의 일면이라는 것이다. 우리의 행동은 오직 인간 스스로의 존재를 영속시키는 데 목적을 두고 있을 뿐만 아니라 우리가 오직 존재함으로써 파괴되는 자연은 우리의 적극적인 행위로부터 파괴되는 범위보다 훨씬 넓을지도 모른다. 매우 극단적인 비약일지는 모르겠으나 진정 지구의 환경만을 생각한다면 그것을 깨닫고 있는 당신과 내가 가장 먼저 사라져야 할 존재인지도 모른다.

:: 평등과 양심에 대하여

한국리서치 설문조사에 따르면 서울 시민 10명 중 7명은 우리 사회에서 불평등이 심각하다고 생각하는 것으로 나타났으며, 사회 불평등을 만드는 가장 큰 원인으로는 부동산 등 자산 형성을 지목했다고 한다. 이와 함께 불평등의 심각성을 가장 크게 느끼는 연령대는 51.7%의 분포를 가지는 30대인 것으로 나타났다고 한다. 즉, 전체 인구 중에서 대체로 젊은 세대일수록 불평등을 많이 느끼고 있는 것으로 유추해볼 수가 있다. 사회를 불평등한 시각으로 본다는 것은 현재의 사회 구조가 응답자 자신의 마음에는 들지 않는다는 뜻으로서 다르게 표현하자면 그것은 궁극적으로 사회주의를 갈구하고 있다는 의미이다. 필자의 생각으로는 현시점에서 사회의 불평등을 국가에 호소한다거나 그것을 이유로 사회주의를 동경한다는 자체는 인생의 경험이 부족한 탓이거나, 이기적인 마음으로부터 야기되는 것이라고 볼 수가 있다. 불평등을 호소하고 있는 그들의 요구를 현실에 대입해보면 가난한 자는 좀 더 부자가 되어야 하고, 부자는 좀 더 가난해져야 한다. 인과율의 관점에서 그렇게 되려면 게으른 자는 좀 더 부지런해져야 하고 부지런한 자는 좀 더 게을러져야만 한다. 좀 더 비약하자면, 자신처럼 가난한 자는 하루아침에 일확천금을 벌어 강남의 아파트에서 살았으면 좋겠고, 지금의 강남 부자는 하루아침에 폭삭 망해버려 빌딩은 다 날려 보내고 자신이 사는 아파트 아래층에 세를 들어 살고 있었으면 좋겠다는 뜻이다. 평등한 사회란 게으른 자는 부지런히 벌어서 가난으로부터 탈피하여야 하고 부자는 좀 더 나태해져서 가난한 자와 차별을 줄여야 성립한다는 뜻이 된다. 가난한 자가 삶에 대하여 소극적일 때 부자가 나태해지지 않는다면 서로의 격차는 더욱 벌어지게 될 것이다. 참고로 사회주의 체제하에서 격차는 논리상 용인될 수가 없다.

자산형성이 불평등의 원인이라면, 이를테면 주택을 국가로부터 배당을 받는다고 하자. 누구는 권력자라 크고 비싼 저택을, 누구는 서민이라 작고 허름한 옥탑방을 배당받았다면 그것은 불평등하다고 해야 할 것이다. 그러나 자유 시장경제 체제하에 있는 우리의 현실에서는 아직까지는 그렇지가 않다. 부자가 되거나 빈자가 되는 것은 국가나 사회가 개입하는 것이 아니고 순전히 자신의 노력 여하에 따른다. "백만장자는 자연선택의 산물이다. 자연 선택은 수많은 사람 중에서 일정한 일을 수행할 능력이 있는 사람을 골라낸다." 미국의 사회학자 '윌리엄 그레이엄 섬너'의 말이다. 빈부격차는 불평등이 아니라 단순한 생물학적 결과라는 뜻이다. 자연 선택의 수혜자가 되기 위해서는 남들이 편히 쉴 때 열심히 공부를 하고 남들이 빈둥빈둥 놀 때 열심히 일을 하는 등 부단한 노력과 운도 따라야 하는 것이다. 설령 부모가 물려준 재산이라고 할지라도 그 재산을 형성하기까지는 자신의 부모가 그만큼 열심히 노력한 결실이었거나 누군가의 노력이 없이는 가능하지가 않다. 그럼에도 불구하고 타인의 부동산에 나의 부동산을 견주어 불평등하다고 호소한다면 그 사람의 심리 상태가 문제가 있다고 볼 수밖에 없다. 빈부격차에 의한 불평등은 여러 가지 원인으로 말미암을 수 있다. 제도적 모순에 의할 수도 있고 개개인의 역량이 원인일 수도 있다. 일을 하고 싶지만 일자리가 없어서 경제 활동에서 배제될 수도 있고, 자신의 눈높이가 높아서 일자리를 배척해버림으로써 경제 활동에서 배제될 수도 있다. 개중에 더러는 약삭빠른 사람이 있기 마련이므로 부동산 투자나 주식 투자로 하루아침에 떼돈을 벌어 졸부 행세를 함으로써 오늘처럼 불평등의 비교 대상이 되기도 한다. 불평등을 해소하는 방법이 있다면 그것은 사회적 모순을 제거하는 것과 개인 사이의 능력을 평준화하는 방법이 있을 것이다. 따라서 국가는 사회적 모순을 해소하기 위한 정책을 끊임없이 시도하여야 하고 개인은 평등 그 기준선의 하부로 침잠되지 않도록 자신의 역량을 키워나가는 데 열중하여야 할 것이다. 될성부른 나무는 떡잎부터 다르다는 속담이 있듯이 부자가 될 사람은 항상 능동적이며, 굳이 타인을 의식할 이유가 없겠으나 가난이 문제가 될 사람은 타인과의 불평등을 해소하기 위한 끊임없는 자기 노력이 필요하다.

우리에게는 고통이 없는 상태나 만족감을 느낄 수 있는 상태를 실현할 수 있는 권리가 있다. 곧 행복추구권이다. 그것은 헌법으로 정해져 있으며 대한민국 국민이라면 누구에게나 동등하게 작용한다. 그러나 누구에게나 동등하지 않을 수도 있다. 가끔 국가나 타인의 행위가 우리의 행복추구권을 제약함으로써 심기가 불편한 경우가 있기 때문이다. 싫은 것과 미운 것의 단어 뜻이 다르듯이 불편함도 소극적이거나 적극적인 측면이 있다. 정전으로 에어컨을 켤 수가 없어 무더위에 고생한다거나, 중국발 미세먼지가 시야를 가리고 건강상에 위협을 가한다거나, 아파트 단지 주변을 떠돌며 질러대던 트럭상점의 확성기 소리, 아파트 위층에서 쿵쾅거리는 층간 소음처럼 나의 의지와는 관계없이 국가나 사회 또는 누군가의 행위로 인하여 정신적으로 또는 육체적으로 나에게 가해져 그것이 나의 건강에 위협을 준다면 그것은 적극적인 불편이라고 할 수가 있다. 반면에 지하철역이 집과 거리가 멀다거나 식료품 마트가 멀어 불편한 것은 소극적 불편이다. 급하면 내가 알아서 택시를 탈 수도 있고 버스를 이용할 수도 있고 마트에 가기가 싫으면 가지 않을 수도 있기 때문이다. 다소 이론이 있겠지만 당초에 집을 매입할 때 자신의 판단력도 불편함을 겪을 수 있는 변수로 작용한다. 다만 그것이 소극적인지 적극적인지는 자신에게 가해지는 정신적 또는 육체적 부담이 어느 정도인지와 함께 그것을 어느 정도로 적극성을 띠고 대응하여 해소할 수 있는지 그 여부에 따라 구분할 필요가 있다. 프랑스의 노벨생리의학상 수상자인 알렉시스 카렐은 자신의 저서 『인간의 조건』에서 인간이라고 할 때의 개념과 개인이라고 할 때의 개념을 혼동해서 일으키는 또 하나의 과오는 민주주의적 평등이라고 했다. 이와 함께 현대 사회에는 위대한 사람도 열등한 사람도, 표준적인 사람도 비범한 사람도 모두가 필요하기에 지적장애인과 천재가 법 앞에서 평등할 수 없으며 남녀 또한 똑같을 수가 없다고 역설하고 있다. 전체를 구성하는 개인으로서 그 위치를 점하고 있다는 측면에서는 모두가 평등하다. 그러나 각자의 기능이나 생각까지도 평등할 수는 없다는 것이 오늘 논점의 요지다. 누구나 평등하다면 그것을 공명정대하다고 할 수가 없고 누구에게나 공정하다면 그것을 정의롭다고 할 수도 없다. 즉, 평등하되 모든 것이 평등할 수는 없다는 이야기다. 존재하는 것은 존재하므로 가치를 지닌다. 존재나 현상 자체가 곧 당위라는 뜻이다. 이른바 자연주의적 오류의 한 단면이다. 여기에 반하여 당위가 곧 현상의 개념으로서 도덕주의적 오류가 있다. 모든 사람은 동등하게 태어났으므로 동등하게 대우받아야 한다는 것이다. 최근에 국내에서 전개되고 있는 페미니즘의 바람도, 여성가족부가 설치된 것도 엄격하게는 도덕주의적 오류가 그 인자라고 볼 수가 있다. 우리는 오늘날 평등 그 자체를 여러 각도로 구분하지는 않는다. 자신이 생각하는 대로 그것을 구분할 뿐이다. 평등이란 어떻게 보면 물리법칙과도 같은 것이다. 열역학 제2법칙이란 엔트로피는 높아질 뿐 낮아지지는 않는다는 법칙이다. 즉, 시간이 갈수록 모든 구분이 없어진다는 의미이기도 하다. 어떤 고유의 성분들이 서로 교반되고 희석이 되어 그 고유성을 상실해 간다는 의미다. 우주는 팽창하고 있으나 같은 원리 속에서도 먼 별끼리는 팽창의 범주에 들어 멀어지고, 가까운 별들끼리는 중력의 범주에 들어 가까워지듯이 사안 중에 어떤 것은 평등과 거리가 점점 좁혀지고 있는 반면에 어떤 것은 평등에서 거리가 점점 멀어지는 것도 있다. 이를테면 남녀평등, 상하평등, 성 평등, '법 앞에서 평등'과 같은 사회적 요구 사항이나 사회에 대하여 자신이 열등한 부분은 그들 자신의 실력 행사로 인하여 점점 평등 그 자체로 좁혀나가고 있다. 반면에 사회나 어떤 대상에 대하여 자신이 기득권을 가진 부분은 점점 평등과는 멀어지려 하고 있다. 자신의 빈(貧)을 타인의 부(富)에 견주는 것과 자신의 부를 타인의 빈과 견주는 것이 다른 것이다. 그것이야말로 인간이 여타 동물과 다른 속된 근성인 것이다.

도덕과 신앙과 윤리와 법은 각각 별개라고 본다. 양심적 병역거부는 법과 신앙의 충돌 사례다. 필자는 양심적이거나 비양심적이거나 간에 국법을 어기면서까지 병역을 거부하는 행위를 그토록 좋은 시선으로는 보지 않는 편이다. 양심적 병역거부는 기독교도 중에서도 특정 계파에서 나타나는 현상이다. 필자는 무신론자지만 신앙을 존중한다. 하늘이 세상을 창조한 것이 사실이라면 우리는 모두가 하늘의 아들임은 거역할 수가 없다. 주변의 기독교인들을 보면 집안의 조사나 선대 어른의 기제에서 절을 하는 사람이 있는가 하면 그렇지 않은 사람이 있다. 기독교인 중에서도 각각 계파에 따라 또는 자신의 신념에 따라 행동을 달리하는 것을 보면 분명 성경도 해석에 따라 차이가 있겠구나 하는 생각을 가지게 된다. 사람마다 생각이 다르고 깊이 들어가 보면 도덕심이나 윤리관도 사람마다 달라진다. 성경의 창세기에는 다음과 같은 내용이 있다. "하느님의 아들들이 사람의 딸들을 보고는 생긴 것이 아름다워 아내로 삼는지라 하느님은 죄악이 사람에게 있다고 보고 이를 한탄하면서 가라사대 내가 창조한 사람을 내가 지면에서 쓸어버리되 사람으로부터 움직이는 모든 동물까지 그리하리니 이는 내가 그것을 지었음을 한탄함이라!" 필자는 후회란 인간만이 갖는 특성인 줄 알았는데 그건 아닌 모양이다. 배경은 천지가 개벽하고 대략 1,500년쯤 후에 하느님의 아들들이 인간들과 뒤섞여 생활하고 있을 때다. 하느님은 자신이 창조한 인간에게 쓸어버린다는 표현을 썼다. 살아있는 생명 하나하나가 자신의 자손일진대, 자신의 친아들들이 별도로 존재하고 사람의 자식과는 차별을 두고 있다. 전지전능한 존재가 10세대를 내다보지 못한다. 위 내용에는 없으나 성경에는 하느님이 자신의 이름을 더럽힌 자에게 회중들로 하여금 돌로 쳐 죽이라는 내용도 있다. 이러한 일련의 모습은 극악무도한 독재자를 연상케 한다. 아이는 어른을 보고 배우고 인간은 하늘을 우러러 가르침을 받는다면 인간들의 그 악랄함과 독재자의 출현에는 분명 하늘의 가르침이 그 원인으로 작용했을 수가 있다. 물론 성경의 그 많은 내용과 긴 역사 속에서 필자가 꼬집는 하나의 단편적인 내용이 성경의 전부일 수는 없다. 인간을 어느 한 시기만 보고 그 인격을 평가할 수 없듯이 이 내용으로 오늘의 주제인 양심을 재단하기에는 인간의 역사는 너무나 짧다. 여호와의 증인과 개신교와 천주교는 성경이라는 동일한 교리 속에서도 서로를 이단이라고 규정하고 있다. 성경이 보편적이라면 각각 해석을 달리하거나 각자가 선택적으로 어느 부분만을 취하고 있는 결과일 수도 있다. 이를테면 양심적 병역거부자는 하느님의 그 쓸어버린다는 말씀에 트라우마가 있는지도 모른다. 오늘 필자가 아직 다 읽지도 않은 성경을 참으로 꼴값을 떨며 경망스럽게 들먹이고 있지만 정작 필자가 궁금한 것은 사회적 질서와 개인의 양심이 충돌할 경우 우리가 좇아야 할 가치가 과연 어디에 있는가라는 것이다. 인권이란 절대적이지는 않다고 본다. 어떤 비교 대상이 있거나 전체 속에서만 떠올릴 수 있는 것이 인권이라고 본다. 무인도에서 홀로 표류하고 있는 사람에게 인권은 무의미하다. 인권은 양심에 대한 외적 작용이다. 결국, 인권이 그 권능을 발하려면 개인의 양심이 확립되어야 하고 동시에 사회적 질서가 전제되어야 할 것으로 본다. 세계 속에 살고 있다면 개인의 양심은 세계의 질서 속에서 추출해내는 것이 아닐까. 그리하여 인권은 누구에게나 한결같고 보편타당한 것이어야 한다. 누군가가 양심적 병역거부를 행동으로 관철시켜 자신의 인권을 쟁취한다면 그렇게 행동하지 못한 사람의 인권은 우리가 그것을 수용하지 않는 만큼 유린될 것이다.

술을 마시고 대리운전을 했다. 대리운전기사는 사정에 따라 픽업차가 따라오는 때도 있고 손님을 태워주고는 택시를 잡아타고 가야 하는 경우도 있다. 필자의 집이 산어귀라 후자의 경우에는 대리운전기사가 술을 마신 필자를 태워다주고는 큰길까지 수백 미터의 어두운 길을 혼자서 걸어 내려가야 한다. 그래서 필자는 동네에 들어서기 전에 대리기사에게 묻는다. “픽업차가 따라옵니까?” 여기에 대한 대답이 “아닙니다. 택시를 잡아타야죠.”라고 한다면 술이 과하게 취하지 않은 이상 집 앞까지 가지 않고 300미터 쯤 전에 어둡지 않은 곳에서 차를 세워 기사를 보내주고는 직접 운전대를 잡고야 만다. 주변에 누가 지켜보지 않는 한 말이다. 주변을 살펴야 한다면 뭔가 떳떳하지 못한 행동을 하고 있다는 뜻이다. 참고로 이 고백으로 인하여 필자는 국가에서 선발하는 선출직 공인으로의 진출은 이제 물 건너갔다.^^ 어떤 행위가 도덕적으로 성립되려면 추호도 부끄럽지 않은 행동이어야 한다. 대리기사를 보내버린 필자는 분명 법을 어겼으며 눈치를 살펴야 할 정도로 도덕적, 윤리적으로 어긋난 행동을 했다. 대리기사에게 미안함을 느끼는 건 필자의 성격 문제일 뿐이다. 무엇보다도 음주운전은 그 어떤 당위성을 내세워도 그것이 실천의 문제로는 환원될 수가 없다. 그러나 양심적 병역거부는 자신의 양심에서 우러나오는 거부 행위일 것이다. 즉 누가 보고 있다고 거부하는 것이 아니라 그들에게는 윤리나 법보다도 중요한 가치로서 자신의 신앙에 위배되기 때문에 그것을 실천에 옮기는 것일 뿐이다. 그것은 법을 어겨야만 실천할 수 있고 실천함으로써 양심을 지키는 것이므로 필자의 음주운전과는 차원이 다르다. 앞에서 말한 인권의 보편타당성 여부에도 불구하고 그것은 그들의 가치이고 양심이기 때문에 그것을 실천하는 것이라고 본다. 법이 법관의 재량에 의존하는 바가 크고 윤리가 모든 사람에게 그 가치가 절대적이지 않으며 진정 신앙이 그들 행동의 동력이라면 적어도 그들의 행동은, 얄팍한 동정심으로 법과 윤리를 어겨가면서까지 음주운전을 자행하고 있는 필자의 행동보다는 가치가 있다.

언어도단술(言語道斷術)

:: 곤충과 벌레의 의미

곤충과 벌레는 동의어이다. 곤충은 한자말이고 벌레는 순 한글이다. 여기서 순 한글이라는 낱말은 그냥 한글이라는 낱말로 바꿔 써도 문제는 없다. 그러나 한글이라 하지 않고 순 한글이라고 하는 것은 한글은 뭔가 좀 부족해 보인다거나 불신하고 있다는 의미일 것이다. 또한, 불순물이 섞이거나 순도가 낮은 한글이 우리의 언어를 지배하고 있기 때문일 것이다. 순 한글이라는 단어는 우리가 자주 쓰지만 순 한자라는 말을 들어봤는가? 우리는 대체로 한자말은 긍정적으로 보고 있는 반면에 한글은 부정적으로 보는 경향이 있다. 한글이 한자에 비추어 그 역사도 짧은데다 규정이 너무 자주 바뀌고 변형된 한글이 우리 사회에 만연하고 있기에 이토록 경시되고 있는 것은 아닐까?

한자인 곤충(昆蟲)은 긍정적인 반면에 한글인 벌레는 부정적이다. 벌레는 지네처럼 징그럽다거나 우리에게 해악을 미치는 것이고, 곤충은 장수풍뎅이처럼 손으로 만질 수 있을 정도로 친근한 것이라는 측면이 강하다. 그렇다면 징그럽다거나 손으로 만질 수 있다는 이유로 곤충과 벌레가 분류되는 것일까? 익충은 곤충이고 해충은 벌레일까? 그런데 무당벌레도 벌레고 사슴벌레도 벌레고 바퀴벌레도 벌레다. 심지어는 원생생물로서 미생물군에 속하는 짚신벌레도 벌레다. 한편으로는 장수풍뎅이, 메뚜기, 개미, 벼룩도 곤충이고 무당벌레, 사슴벌레, 바퀴벌레도 곤충이다. 그러나 짚신벌레는 벌레이거나 미생물일 뿐 곤충으로 분류되지는 않는다. 너무 하찮아서 그런 것일까?

대체적으로 무당벌레와 장수풍뎅이, 메뚜기, 개미는 곤충으로, 바퀴벌레와 거미, 전갈, 지네는 벌레로 취급하는 경향이 있다. 우리가 흔히 표현하는 대로 곤충을 나열하자면, 위의 장수풍뎅이나 메뚜기, 개미 말고도 나비, 잠자리, 여치, 사마귀 등이 있고, 벌레는 바퀴벌레, 거미, 전갈, 지네 외에도 배추벌레, 송충이, 지렁이, 노린재, 구더기, 기타 곤충들의 애벌레와 번데기, '풀벌레' 등이 있다. 인터넷에서 검색해보면 곤충은 여섯 개(세 쌍)의 다리와 두 쌍의 날개를 가지고 있으며, 벌레는 일반적으로 기어 다니는 동물을 말하는 것이라고 이해하고들 있다. 과연 그렇게 분류하는 것이 타당한지는 모르겠다.

사실 살펴보면 벌레를 곤충으로, 곤충을 벌레로 바꿔 부르기에는 애매한 것들이 있다. 한자말과 한글 사이에서 차별이 되고 있기 때문이다. 곤충과 벌레 말고도 한자로 표현하면 그 가치가 긍정적이 되고, 한글로 표현을 하면 천박하게 뜻풀이가 되는 낱말이 더러는 있다. '곤충 같은 인간'과 '벌레 같은 인간'은 확실히 그 의미가 다르다. 전자는 SF소설에서나 등장할 수 있는 존재이고, 후자는 현실 세계에서 창궐하고 있는 존재이다. 특히 이 대목에서는 조심해야 할 것이 있다. 자기 얼굴에 침 뱉기라는 말이 있듯이 누군가가 어떤 사람에게 '벌레 같은 인간'이라고 표현을 했다면 그 객체보다는 화자 쪽이 더 벌레가 되는 수가 있다. 벌레라는 표현이 사람에게는 가당치 않은 표현이고 아무리 표현에 자유가 있다 하더라도 삼갈 것은 삼가고 낱말도 골라가면서 써야 한다는 뜻이다.

눈알과 안구(眼球), 이빨과 치아도 같은 맥락이다. 한자인 안구를 순 한글로 써서 눈알이라고 하면 어딘가 모르게 천박하게 들릴 수 있다. 냄새와 향기(香氣)는 동의어라고 볼 수는 없겠으나 각각 한글과 한자로서 쓰임새에 따라 서로 교환된다는 측면에서 맥락은 같다. 우리의 후각에서 어떤 냄새가 역하거나 퀴퀴하게 나는 경우에는 이를 향기라고 하지 않는다. 또한 은은하고 향기롭게 나는 향취를 냄새라고도 하지 않는다. 이때는 최소한 '향기로운 냄새'라고 수식을 단다. 대체로 그 향취가 아름답고 긍정적인 경우에는 향기, 역하고 부정적인 경우에는 냄새라고 구분하게 되는 것이다. 어떤 욕설에서 '그 자식!'과 '그 새끼!'의 어감은 분명히 다르다. 욕설로서는 '그 자식'보다는 '그 새끼'가 강도가 세다. 이 또한 자식(子息)은 한자말이고 새끼는 순 한글이다. 또 한자로 된 성기(性器)를 재래식 순 한글로 바꿔보자. 감히 글로서는 표현할 수 없는 천박한 단어가 되고 만다. 항문(肛門)은 한자이고 항문을 순 한글로 표현하면 '똥구멍'이다. 어느 쪽이 더 깨끗한가? 화제가 바뀌니 글이 점점 시궁창 쪽으로 가고 있는 느낌이다. 안되겠다. 다시 벌레 이야기로 돌아가자.

벌레를 정의하는 측면에서 어느 한 부분의 적확한 논거가 될지는 모르겠으나 부모로서의 성충은 곤충이고 자식으로서의 유충은 벌레다. 성충인 나방은 곤충이고 그 유충인 배추벌레는 벌레다. 매미는 매미로서 존재할 때 곤충이고 땅속에 있을 때는 벌레다. 유충인 벌레에서 변태를 하여 성충인 곤충이 된다. 참고로 성충인 매미의 수명은 대략 7일 정도라고 한다. 그런데 그 짧은 7일 동안 매미로 살기 위해 7년간을 땅속에서 유충으로 살아간다는 것이다. 즉, 7일간의 곤충이 되기 위해 7년간을 벌레로 살아야만 한다는 뜻이다. 매미는 도대체 전생에서 무슨 죄를 범했기에 그토록 가혹하게 인생을 살아야만 하는 것일까? 어른이 되는 과정이 그토록 어렵다는 뜻일까? 그렇다면 오늘날 어른을 '꼰대'로 경시하는 젊은이는 매미의 유충에게서 교훈을 얻어야 하고, 세상을 너무 오래 점령하고 있는 어른은 매미의 성충을 닮아야 한다는 뜻이 아닐까?

곰곰이 생각해보면 벌레의 경계는 곤충과의 관계에서만 있는 것이 아니다. 우선 형체나 크기에서도 경계가 발생한다. 예를 들어 어떤 벌레의 크기가 산봉우리만 하다면? 그러한 개체를 감히 우리 조무래기들이 어떻게 벌레로 취급할 수가 있겠는가? 그쯤 되면 차라리 우리 쪽이 벌레가 아니겠는가? 몸집이 크면 뇌 용량도 커질 것이다. 몸집이 산봉우리만 하다면 그들의 두뇌는 아마 집채보다는 클 것이다. 아무리 버전이 떨어진다고 해도 뇌가 집채만 하다면 삼차원 급의 우리들 뇌와는 달라도 많이 다를 것이다. 진화론에 근거하면 우리는 미생물에서 출발을 했다. 벌레의 몸집이 산봉우리가 되고 우리의 몸집이 벌레가 되는 것은 시간문제다. 따라서 人間이라는 두 글자는 우리가 잠시 빌려서 쓰는 한시적인 지칭일 뿐이다.

⁖ 글의 영양가

어떤 글을 읽고 배울 점이 없거나 자신에게 필요한 내용이 없다고 느껴지면 "이 글은 별로 영양가가 없어!"라고 빗대기도 한다. 영양가는 음식을 섭취했을 때 몸에 이로운 지방, 단백질, 탄수화물의 3대 영양소를 포함하여 철분, 비타민, 미네랄 등 각종 원소로서 영양분, 영양소라고도 한다. 좀 더 정확하게는 영양소는 원소를, 영양분은 성분을, 영양가는 말 그대로 영양물질을 가치로 표현한 경우다. 확실한 것은 영양분은 육신과 정신의 생장에 필요한 요소이며, 사람은 유아기부터 시작하여 영양분을 섭취함으로써 육체의 성장과 함께 정신이 발달하고, 정신의 발달은 육체가 성장한 후에도 계속 발달하게 된다는 것이다. 그러한 맥락에서 영양가는 신체적 작용으로든 정신적 작용으로든 분명 글에도 그 영향을 미치고 있는 것만은 확실하다. 음식에 들어있는 영양가는 신체에 필요한 영양소이고 글에 들어있는 영양가는 정신에 필요한 영양소이다. 음식의 영양가 중에는 소금이나 지방처럼 영양가가 아니고 오히려 독소인 것처럼 보이는 것도 있다. 우리에게 지방은 살이 찌고 소금은 혈압을 올리니 분명 해로운 물질이다. 그러나 지방이 결핍되면 사람이 말라서 죽을 수도 있고 소금이 결핍되어도 죽음에 이를 수가 있다. 그러한 의미에서 영양가는 그 기능이 절대적이지는 않다.

'지금부터는 글에 대한 영양가만을 이야기할 차례다.' 이 말을 하는 순간 여러분은 벌써 필자가 무슨 말을 하리라는 것을 이미 눈치를 채고 있다. 여러분이 알고 있듯이 글의 영양가는 길게 말할 필요도 없이 곧 자양분으로서의 지식을 일컫는 것이다. 그러나 필자가 이야기하고자 하는 것은 조금 다를지도 모른다. 필자가 가끔 정치적 이념에 매몰되어 짧은 글을 나불대는 경우가 있다. 참고로 필자의 글은 대체로 풍자적인 경우가 많다. 말로 치자면 뒤통수에다 대고 빈정거리는 투로 말하는 경우가 많다는 뜻이다. 의미를 곱씹어보지 않고서는 필자가 의도하는 뜻과는 정반대로 해석되는 수도 있다. 좀 전에 영양가가 절대적이지는 않다고 전제하였듯이 사람에 따라서 일부는 공감할 수도 있고 일부는 그렇지 않을 수도 있다. 특히 이념적인 과제는 어떤 형태로든 편향적일 수밖에 없으므로 더욱 그렇다. 말이 나왔으니 짚고 넘어가자면, 동과 서라는 각기 방향이 반대인 지향점이 있다. 둘의 결과는 아직 확인되지 않았으므로 어느 쪽으로 가는 것이 나은지 그 가치를 알 수가 없다고 하자. 내가 동쪽으로 가면 당신은 서쪽으로 가야만 하고 당신이 동쪽으로 가면 나는 서쪽으로 가야만 한다. 만에 하나 내가 당신이 가는 방향으로 선회를 하게 되면 정체성을 잃었다고 표현이 된다. 그것이 현재 여당과 야당이라는 이름으로 조직된 정치 구도인데 한사람이 양쪽으로는 갈 수가 없다. 이 두 방향 중에 어느 한 방향이라도 가게 되면 곧 편향성이 있는 것이다. 물론 방향은 정해져 있으나 아무 방향으로도 가지 않을 수도 있다. 그러나 필자의 사고방식으로는 편향성을 가진 자만큼 어리석은 자는 없고 중도만큼 비겁한 자가 없다고 보고 있다. 다만 어리석다는 표현에는 강하거나 약한 정도의 표현이 가능하나 비겁하다는 표현에는 정도의 차이는 무의미하다. 우리라는 각각의 개별자가 동참하여 사회를 구성하는 한 우리는 어느 쪽으로든 가야만 하고, 뭔가 움직여야 한다면 회전 운동이 아닌 한 여기서 편향성을 배제할 방법은 없다. 방금 이야기는 필자의 이념적 사고방식을 축약한 것이다.

이러한 생각을 하고 있던 필자가 개인 블로그에 '우리는 보수주의자인가?'라는 제하의 글을 사진과 함께 올린 적이 있다. 1911년 미국 디트로이트에 세워지고 있던 고층빌딩의 건설 중 사진이었다. 100년도 넘은 사진이지만 여기에서 사용되고 있는 공법이 현재와 크게 달라진 것을 발견할 수가 없다. 글은 다음과 같다. "기초 위에 철골 기둥을 세우고, 보를 조립하고, 데크플레이트를 깔고, 슬래브 콘크리트를 타설하여 완성해 나가는 현재의 건축공정과 비교해 보면 전혀 달라진 모습이 없다. 예나 지금이나 건축 공정의 틀은 변함이 없다는 뜻이다. 그렇다면 우리는 언제나 옛것을 견지하며 100년 전의 공법을 그대로 답습해 나갈 것인가? 우리

1911년, 미국 디트로이트에 세워지고 있는 'Dime 저축은행'의 건설 중 사진. 왼쪽에 보이는 시계탑은 디트로이트 우체국의 시계탑이다. (사진출처: @SHORPY)

는 보수주의자인가? 그렇지 않고 우리가 진정 진보주의자라면, 맨 먼저 허공에다 슬래브를 놓고, 그 옆에 보를 가져다 붙이고, 기둥을 세워 완성해 나가는 공법이 가능한지를 한 번 생각해보자!" 글을 잘못 이해하면 보수주의의 늪에서 탈피하여 고정관념을 깨고 불가능을 가능으로 승화시키라는 뜻으로 이해할 수도 있다. 그렇게 해석하는 것이 오히려 글의 영양가를 향상시킬 수 있는 방법일지도 모른다. 그러나 필자의 의도는 다른 곳에 있다. 최근 글로벌化, 신소재, 신개념, 신재생, 융복합, 4차 산업, 스마트산업, 하이브리드, 인공지능(AI), 가상현실(VR), 사물인터넷(IoT), 빅데이터, 5G 등의 진보적인 신조어의 등장으로 인하여 필자처럼 구세대가 본의 아니게 무지한 자로 전락하고 있는 데 따른 푸념이었으며, 한편으로는 보수주의를 부정하려면 허공에 슬래브를 먼저 설치하고 일을 거꾸로 진행해보라는 뜻으로서 반쯤은 조소가 섞여 있는 비열하고도 못난 탄식이었던 것이다.

물론 정치적 이념과는 성질이 다르겠으나 필자의 의도를 보수주의자가 읽었다면, 그것이 보수주의자에게는 영양가로 작용할 수가 있고 진보주의자에게는 지방이나 소금으로 작용할 수가 있다. 글을 읽고 오해가 없었다면 그 반응은 우선 보수주의자는 별 기분이 나쁘지는 않을 것이다. 이미 알고 있는 사실이라고 하더라도 확실히 뭔가를 숙지하게 하는 효과도 발생시킬 것이다. 도대체 이게 무슨 말이지 하고 사유에 파동을 일으키는 역할만으로도 자신이 품고 있는 고정관념에 대하여 한 번 더 반추해볼 기회가 될 수도 있다. 그리하여 육체에 근육이 발달하듯이 정신 속에 뭔가가 더욱 구체화 되는 과정을 겪게 되는 것이다. 필자의 글에 무슨 대단한 내용이 담겨있다는 뜻은 결코 아니다. 소의 여물은 우리가 보기에 영양분이라고는 없는, 그냥 짚단을 썰어놓은 건초일 뿐이다. 우리는 우둔한 사람을 소와 비유를 한다. 우둔하기 짝이 없는 소는 영양가라고는 없는 마른 짚을 체내에서 소화하여 영양분을 그 스스로 만들어 내는 것이다. 소에서 교훈을 얻는다면 아무리 영양가가 없는 글이라고 할지라도 건초에서 영양가를 솎아내듯이 그 속에서 가치를 찾아내는 것이다.

∷ 풍자를 풍자로 읽는 기술

앞에서 '곤충과 벌레의 의미'라는 제목으로 글을 썼다. 한자와 순우리말에 관한 내용으로서 한자인 곤충은 긍정적이지만 한글인 벌레는 부정적이라는 내용이었다. 하나 더 보탠다면 한자인 女子와 한글인 계집도 같은 맥락이다. 한자인 男子와 한글인 사내도 얼추 비슷한 원리로 다가갈 수 있다. 그러나 한자인 人間과 한글인 사람은 좀 다르다. 떼어놓고 보면 인간이나 사람은 서로 같은 말이고 사람보다 인간은 왠지 모르게 깊이가 느껴진다. 그런데 인간과 사람 앞에 '그'라는 한글 관형사를 붙여놓고 비교해보면 수준이 달라진다. 여기서도 순우리말의 부정적인 위력이 작용하는 것이다. 여기서 인간은 풍자(암시)의 성격이 강하다. 풍자에는 반어법이나 완곡어법을 쓴다. 순 한글인 '그 사람'은 단지 그분의 낮춤말이거나 인간과 동의어이지만 한자인 '그 인간'은 인간이 아닌, 때로는 짐승이라는 표현이 더 어울리는 정도로 부정적이다. 강조하지만 '그 인간'은 '인간'의 반어법이다.

요즘 들어 반어법을 써야 할 '인간'들이 많아졌다. 반어법은 잘 느껴야 한다. 일본 정부가 지폐를 새로 디자인하면서 최고액 지폐인 1만 엔 권에 한반도 경제 침탈의 주역을 넣기로 해 논란이 일었던 적이 있다. 이 인물은 시부사와 에이이치라는 사람인데 그를 화폐에 삽화로 넣겠다고 하자 한국의 언론들이 발끈한 것이다. 이들 신문이 올린 기사를 그대로 옮겨 적는다면 다음과 같다. "시부사와 에이이치는 메이지(明治)와 다이쇼(大正) 시대를 풍미했던 사업가로, 국립제일은행, 도쿄가스 등 500여 개의 회사 경영에 관여해 일본에서 추앙받는 인물이다. 하지만 한반도에서는 구한말 화폐를 발행하고 철도를 부설하는 한편 한국전력의 전신이었던 경성전기 사장을 맡으며 한반도에 대한 경제 침탈에 전면적으로 나선 상징적인 인물이다. 그는 특히 한반도의 첫 근대적 지폐에 등장해 한국에 치욕을 안겨주기도 했다." 참고로 조금 전 반어법을 써야 할 인간들이 많아졌고, 반어법은 잘 느껴야 한다고 했는데 여기서 시부사와 에이이치라는 인물을 인간이라는 반어법으로 떠올리는 건 그것을 느끼지 못하고 있다는 뜻이다.

이 글에서는 친일이나 반일의 문제를 피력하고자 하는 것은 결코 아니다. 신문의 내용이 풍자가 아님에도 너무나 풍자적이라는 것이다. 신문은 그를 경제 침탈과 치욕을 안겨준 사람이라고 썼다. 그런데 살펴보면 경제 침탈이 될 만한 내용이 없다. 침탈의 내용이란 게 '구한말 화폐를 발행하고 철도를 부설하는 한편 경성전기 사장을 역임'했다는 이야기다. 화폐를 부정 축재한 것도 아니고, 철도를 파괴한 것도 아니고, 사장을 역임하면서 회사를 말아먹었다는 이야기도 아니다. 풍자가 아니라면 시부사와는 우리나라에 철도를 부설해줬고, 엽전을 종이 화폐로 개선해줬으며, 한국전력 사장까지 역임하면서 우리나라의 산업화에 기여한 인물로 평가된다는 뜻이 된다. 만일 풍자라면 그가 우리나라 사농공상의 원리를 타파하고 국가 경제를 근대화하는 데 좌지우지했으므로 기분이 나쁘다는 정도로 해석이 된다. 논리가 참 궁색하다. 우리의 반일 감정이란 속내가 바로 이런 모양이 아닐까? 한편, 우리나라에서는 실험적 화폐라고 할 수 있는 그 지폐를 자기가 만들고 거기에다 자신의 얼굴을 박아 표현의 자유를 꾀했다면 우리는 그것을 요즘 말로 '개무시'하거나 사용하지 않으면 된다. 요즘의 정서라면 충분히 가능하고도 남을 일이 아니겠는가? 이 이야기는 이쯤하고, 이와 비슷한 논지의 사건이 또 하나 있다. 최근 대학가에 나붙은 전대협이라는 단체의 대자보다.

대자보의 내용을 간단히 소개하면, "(前略) 기적의 소득 주도 성장 정책으로 자영업자, 소상공인의 추악한 이윤 추구 행위를 박살내어 사농공상의 법도를 세우셨고 최저임금을 높여 고된 노동에 신음하는 청년들을 영원히 쉬게 해주시었고…" 등이다. 초등학생이 봐도 풍자라는 것을 알 수 있다. 여기서 초등학생을 들먹이는 것은 정작 초등학생들에게는 대단히 미안한 소리다. 풍자가 뭔지 가짜 뉴스가 뭔지 분간을 하지 못하는 요즘의 기성세대들보다도 초등학생의 수준이 높으니 말이다. 더군다나 대자보를 붙인 단체는 전대협이고 대자보를 붙인 날은 만우절이다. 만우절의 기능은 구태여 설명이 불필요할 것이다. 전대협은 1980년대 학생운동 단체인 전국대학생대표자협의회의 줄인 말이고 현재 대한민국 정권의 중심인물들 다수가 전대협 출신들이 포진해 있다. 그들의 정부 정책에 반발한 청년들이 이 시대를 풍자하기 위해 만든 단체가 지금의 전대협이다. 그 구성이나 과정, 명칭 또한 물씬 풍자적인 요소가 담겨 있는 것이다. 아니나 다를까 그들이 붙인 대자보에 대해 급기야 '진짜 경찰'이 수사를 펼쳤다는 후문이다. 풍자를 풍자로 보지 못하고 해학을 해학으로 받아들이지 못하는 경찰의 행동이야말로 얼마나 풍자적인가? 중요한 것은 풍자의 허용이야말로 우리 사회에 비폭력을 허용한다는 뜻이다. 비폭력이 허용되지 않는 사회에서 나타날 수 있는 현상은 과연 무엇이겠는가?

:: 된소리, 거센소리

말과 글은 개념이 완전 다르다. 성철스님의 어법으로는 "말은 말이요 글은 글이로다!" 방금 쓴 이 완전이라는 낱말이 좀 어색해 보일지도 모른다. 이른바 '꼰대' 시각에서는 그렇다는 말이다. 요즘의 주인(?)세대들은 자신들이 세상을 완전히 접수했다고 생각해서 그런지 살판이 났다. 특히 말과 글의 사용에서 말이다. 기존을 뒤엎고 새로 시작할 모양이다. '완전 다르다' '완전 멋있다'도 요즘 그들의 언어다. 필자는 민족주의라는 낱말 자체를 그 누구보다도 싫어한다. 그러나 한글 앞에서는 그렇지가 않다. 설마 모르는 사람은 없겠지만 한글은 미국이나 중국의 언어가 아니고 우리의 언어요, 우리 민족의 언어다. 즉 고래로부터 내려오면서 오직 소리로만 존재하던 우리 민족의 언어를 시각적으로 나타낼 수 있도록 만든 기호 체계가 한글이다. 한글에는 발음에 따라 예사소리, 된소리, 거센소리가 있다. 된소리는 ㄲ, ㄸ, ㅃ, ㅆ, ㅉ의 발음이고 거센소리는 ㅋ, ㅌ, ㅍ, ㅊ의 발음이다. 이 된소리나 거센소리의 배치에 따라 의미가 달라지거나 느낌이 달라질 수가 있다. 훈민정음에서 '나라 말씀이 중국과 달라'라고 했으니 우리말은 한글 창제 전부터 사용되어온 언어이고 우리글은 한글 창제로부터 태동한 문자라는 것을 알 수 있다. 특이한 것은 한글은 일반의 국가가 헌법이나 법률을 제정하듯이 1443년의 창제일과 1446년 9월 상순이라는 반포일이 있고 역사가 분명한 문자라는 것이다. 그 역사도 무슨 신화처럼 전해지는 것이 아니고 훈민정음이라는 실체가 존재하며 지금으로부터 그토록 오래전의 일이 아니라는 것이다. 한글 창제는 영국의 헌법이랄 수 있는 마그나카르트타 공포일인 1215년보다 무려 200여 년이나 후에 발생한 사건이다. 우리의 금속활자가 구텐베르크보다 200년 앞섰다는 뜻과는 수치상으로 완전히 반대의 개념이다. 국어의 역사가 오래되지 않은 게 왜 자랑스러운지는 좀 더 따져봐야겠지만 여타 외국에서는 자기들의 문자로 법을 만들어 사용하고 있는데 우리는 문자도 없이 남의 나라 문자를 빌려 쓰고 있었던 것이었다.

훈민정음을 읽다 보면 '어린 백셩'이라는 대목에서 가슴이 뭉클해진다. 백성을 위하여 이 쉽고 오묘하고 아름다운 국어를 있게 해준 분께 우리는 은혜를 느낄 줄 알아야 한다. 고마움을 모르는 사람에게 '후레자식'

이라는 욕설은 매우 자연스러운 표현이다. 후레자식은 '보통 사람'의 입에서 발화되어 후레자식이라는 그 막돼먹은 인간에게 향하는 욕설이다. 그래서 그런지 발음이 대체로 부드럽다. 반면에 후레자식에 해당하는 인간은 입부터가 거칠다. 여기서 거칠다는 의미는 발음이 거세거나 된소리가 난다는 뜻이다. 그들의 입으로부터 발화되는 후레자식은 '후레짜식'으로 바뀔 수가 있다는 뜻이다. 오늘 이야기는 우리의 말, 즉 입에서 나는 소리에 관한 이야기이니 시대적으로 국어의 발생과는 무관할지도 모른다. 국어의 가장 큰 특징은 입에서 나는 거의 모든 소리를 문자로 표현해낼 수가 있다는 데 있다. 생명체는 진화하고 모든 것이 시대에 따라 변천하듯이 우리의 국어도 변화한다. 문제는 쉽고 단순한 국어가 획수도 많아지고 더 어렵게 변모해 간다는 것이다. 일례로 고전 국어에서 '가마귀 검다하고 백로야 웃지마라'의 가마귀가 현재에 와서는 까마귀로 변모하여 쓰이고 있다. 고전 국어는 발음이 대체로 부드러운 구성인 반면에 세월이 지날수록 된소리와 거센소리로 변화해 가는 것으로 생각이 된다. 또 방언의 변천속도는 상대적으로 느린 데 비해 표준어의 변천 속도는 빠르다. 표준어의 성립 과정이 인위적이며 강제력이 동원되기 때문이다. 어떤 사람을 주의 깊게 살펴보면 생활 환경에 따라 그 사람의 얼굴이 변하는 것을 느낄 수가 있다. 이것은 부정적인 사회가 거친 소리를 조장하게 될 것이라는 생각과 일맥상통한다. 문자의 변화는 진득하지 못하고 참을성이 부족한 현대인의 성격에서도 그 영향을 받고 있는지도 모른다.

조금 어려운 문제로 넘어가 보자. 음식은 먹는다, 물은 마신다, 담배는 피운다고 표현한다. 이 세 가지만 놓고 판단한다면 고체, 액체, 기체를 우리의 신체 조직인 목구멍 속으로 넘기는 행위의 구분으로 보인다. 그런데 공기를 흡입하는 것은 피운다가 아니고 마신다이고 남녀 간의 불륜을 의미하는 바람은 피운다로 활용된다. 기체의 성질인 냄새를 발산하는 현상은 '풍긴다' 마약의 복용은 '한다'로 표현하니 위 예상은 헛다리를 짚은 것 같다. 마약은 고체일 수도 있고 액체일 수도 있고 기체로 흡입하는 대마초도 있으니 논외로 하더라도 담배 연기와 남녀 간에 불륜이 어떻게 유사하게 작용하는지에 대하여 짚고 넘어가지 않을 수 없다. '피운다'는 거센소리이며, 그 활용은 위의 담배나 바람 말고도 게으름을 피운다, 거드름을 피운다, 연기를 피운다 등으로 뭔가가 목구멍을 통과하지 않고도 행동이나 현상의 표현으로도 활용이 되고 있다. 피운다가 거센소리라면 '떤다'는 된소리이다. 너스레를 떤다, 거만을 떤다, 교만을 떤다. 등이 있다. 또 '씹어대다' '빨아대다' '뻘짓' '빨리빨리'도 된소리로 구성된다. 살펴보면 된소리, 거센소리로 구성된 언어의 공통점은 대체로 부정적인 행위에 대한 표현이거나 다혈질의 입으로부터의 발화라는 것이다. 이들을 본격적으로 이야기하자면 활자화할 수 없는 단어, 곧 육두문자로 예를 들어야 하는데 별다른 방법이 없다. 이때는 외과적 시술과 함께 접근을 시도해볼 수밖에 없다. ㅅ발과 ㅆ발과 ㅆ팔과 ㅆ+ㅂ팔은 그 의미는 같지만 갈수록 강도가 센 발음으로 구성되어 있다. 첫 번째 것은 고전에서도 쓰였을 만한 단어이고 그 뒤의 단어들은 시대에 따라 강도가 다르게 변천한 경우다. 부디 지금 쓰고 있는 이 지저분한 낱말들로 인해 우리의 자랑스러운 국어가 오염이 되지 않기를 바랄 뿐이다.

부정적이거나 다혈질의 성격을 표현할 수 있는 단어만을 예로 든다면 썩은 감자의 '썩'은 된소리이고 부패한 정부의 패나 패거리의 패는 거센소리다. '빨리'의 의미를 담고 있는 '썩 물러가라!'의 썩은 된소리이고 '냉큼'

의 큼은 거센소리이다. '빨리'는 부정적인 단어라고는 볼 수 없겠으나 대체로 다혈질적인 발화임은 분명하다. 물론 반대말에서도 된소리, 거센소리가 없는 것도 아니다. 청렴한 정부의 청은 거센소리이고 '썩 물러나라!'의 반대말 격인 '꼼짝 마라!'에서는 된소리 두 개가 겹쳐있다. 여기서 주의할 점은 '꼼짝'에 따라붙는 '마라'에 있다. '게 섰거라!'라면 몰라도 '꼼짝 마라'는 꼼짝 못하다, 꼼짝달싹도 못하다 등과 함께 대체로 뭔가를 못하게 막는 부정적인 표현의 한 측면이라는 것이다. 그렇다면 여기에 '못하다'의 반의어인 '하다'를 붙여보자. '꼼짝 못하다'의 반의어는 '꼼짝하다'인데 꼼짝하다로는 활용되지 않으므로 제대로 활용되는 것으로는 꼼지락하다가 있다. 뭔가가 아주 작은 것이 간신히 움직여 미동한다는 뜻이다. 그나마 이것도 운신이 원활하지 못하거나 시원하지 않다는 뜻이니 부정적인 의미라고 할 수가 있다. 한편, 조금 더 무리하게 논리를 전개해보자면 청렴한 정부의 청렴은 부패라는 단어를 은폐하기 위해 임시로 덮어둔 얇은 보자기와 같은 것이다. 진정 청렴하다면 굳이 청렴이라는 단어로 언어를 복잡하게 만들 이유가 없다. 독재 국가에서 민주주의라는 포장으로 덮어두는 행위와 같은 의미라고 할 수가 있다. 현재까지 우리가 겪어본 바로는 정부라는 단어의 본 모습은 분명 청렴과는 거리가 있다.

한편, 지금 필자의 행동을 묘사하는 것과도 같은 '놀고 앉았네!'라는 비꼬는 투의 욕설이 있다. 이 욕설의 더욱 강한 표현은 '놀고 자빠졌네!'이다. 자빠지다의 본딧말은 '넘어지다'인데, 우리의 활용으로 '넘어지다'는 그냥 평범하게 넘어지는 경우이고 '자빠지다'는 미운 사람이 꼴사납게 넘어지는 경우라고 짐작된다. 대체로 앉아 있는 모습은 서 있는 모습에 비해 지위가 높거나 점잖은 모습이다. '앉았네'라는 표현보다는 '자빠졌네'는 서 있다가 넘어졌으니 그 지위를 한참 낮추었다는 의미가 된다. 또 '자빠졌네'는 넘어지다에 한정되지 않는다. 서 있거나 앉아 있거나 간에 넘어지지도 않았는데 기분이 나쁘다면 매우 범용적으로 자빠졌다는 표현을 쓴다. '꼴사납다'는 표현도 모양새나 하는 짓이 흉하다는 뜻이지만 꼴사납다는 관찰자의 느낌에 해당할 뿐이고 직접 화법으로는 '꼴 좋~다!'가 된다. 이러한 경우는 곰곰이 새겨들어야 하는 경우다. 실제로는 꼴이 절대 좋지 않은 데 좋다고 표현하는 것이다. 앞에서 '그 인간'처럼 반어법이 적용된 것이다. 아버지, 오라버니, 이 얼마나 점잖고 아름다운 호칭인가? 그런데 어느 날 아버지와 오라버니에게 빠라는 된소리가 주어지더니 아버지가 아빠가 되고, 오라버니가 오빠가 되고 말았다. 아빠는 아버지의 예사말이고 오빠는 오라버니의 예사말이다. 즉 호칭으로서 가치가 격하되었다는 뜻이다. 격하라는 말 자체가 격상에 비하면 부정적이다. 그뿐인가. 성 소수자라는 이름으로 동성애라는 지저분한 단어와 문화가 등장하더니 최근에는 근친상간의 호칭을 서슴없이 남발하여 자기 남편을 아빠라고 부르고 자기 애인을 오빠라고 부르고 있다. 우리의 언어는 이제 격식은 없고 점점 된소리와 거센소리로 변모해 가고만 있다. 달리 표현하면 세상은 점점 '자빠져'가고 있고, 그러한 시대를 방관하고 있는 한 우리는 '후레짜식'으로 변화해 가고만 있는 것이다.

필자입문(筆者入門)

:: 나는 이렇게 칼럼을 쓴다

요즘 SNS상에서 좋은 글이라는 미명하에 식상하리만큼 넘쳐나고 있는 글들 중에는 중국의 고전이 많은 위치를 점하고 있다. 하나의 예를 들자면, "아이가 물이 담긴 커다란 항아리에 빠져 허우적대며 살려달라고 외쳤다. 동네 어른들이 항아리 주변에 모여들기 시작했다. 그리고는 사다리 가져와라, 밧줄 가져와라, 요란 법석만 떨었다. 물독에 빠진 아이는 숨이 넘어갈 지경이 되었다. 그때 이를 보고 있던 한 아이가 호박만 한 돌멩이를 들고 오더니 힘껏 내리쳐 항아리를 깨트려 버렸다. 그러자 속에 있던 물이 쏟아져 나오고 아이를 구할 수 있었다." 항아리를 깨트린 아이는 사마광이다. 중국 송나라 학자였던 사마광의 어릴 적 이야기로 우리에게는 교훈으로 널리 전파되고 있는 일화다.

이 이야기를 전하는 사람들은 여기에서 사마광의 어린 시절을 본받기를 주문하고 있다. 만약 필자가 이야기를 여기서 끝내버리면 남의 이야기를 전할 뿐, 또한 너무 짧아 한편의 칼럼은 될 수가 없다. 또 여느 사람들처럼 아이의 지혜와 슬기, 뭐 이런 것에 대하여 계속해서 논한다면 위에서의 언급과 같이 식상한 정보에 일조하는 것으로 밖에는 작용할 수가 없다. 자, 그렇다면 이 교훈의 달콤함에 우리의 미각을 맡기지만 말고 좀 더 비판적으로 생각을 하면서 대화를 계속해보자. 대화를 계속하다 보면 칼럼은 완성되어갈 것이다. 약간의 철학적 시각을 가미하면 당신과 나는 같은 세계에 있지 않다. 필자의 입장에서 보면 나는 현재이고 당신은 미래다. 당신의 입장에서는 필시 그 반대가 될 것이다. 우리의 겉 행동으로 보면 지금 필자는 손으로 자판을 두드리고 있고 세월이 흐른 뒤에 당신은 필자가 쓴 책을 읽고 있을 것이다. 그러나 필자도 당신도 이 책을 접하는 한 그 시기는 언제나 현재일 것이다. 별 가능성은 없지만, 당신이 마음속으로 고개를 끄덕였다면 필자의 말에 수긍이 간다는 뜻이다. 이 글에는 필자의 정신이 녹아 있으므로 당신과 필자는 정신으로 교감한다는 뜻이 된다. 필자는 당신의 그러한 매력에 빠져들어 오늘도 이 글을 쓰고 있다. 사랑은 국경을 초월한다고 했던가? 당신과 필자의 교감은 시간을 초월하고 있다.

다시 항아리로 들어가 보자. 과연 항아리 주인은 누구였으며 항아리를 깨는 것만이 능사였을까? 동네 어른들은 항아리를 깰 생각을 왜 못했을까? 머리가 나빠서였을까? 어린 사마광에게 항아리를 깰 수 있는 배짱은 어디서 나왔을까? 남들보다 똑똑해서였을까? 추측하건대 당시 항아리 가격은 웬만한 푼돈을 주고는 살 수 없을 만큼 큰돈이라고 한다면 그 항아리를 깰 수 있는 배짱은 자신의 경제력이나 사회적 지위로부터 나온다. 그 옛날의 정황으로 짐작건대 사마광 정도의 인재로 성장할 수 있었던 것은 필시 부모의 위치나 집안의 재력이 뒷받침되고 있었을 것이 분명하다. 동네 어른들은 항아리 가격을 먼저 생각했을 것이다. 항아리를 깨트리면 깨트린 자가 그것을 책임져야 한다는 생각에 자신의 능력을 먼저 계산했었던 것이다. 물론 여기에는 자신과 아이의 관계가 개입되는 이기심도 포함되었을 것이다. 남의 아이니 산 너머 불구경하는 입장으로 뒷짐을 지고 있었을지도 모른다는 말이다.

위 추측되는 내용에도 불구하고 필자가 보기에 사마광의 일화는 실화가 아니라 각색된 내용이 짙다. 위 전제에서 '힘껏 내리쳐'라는 문장으로 본다면 위치적으로 항아리가 사마광보다는 아래라는 뜻이다. 그러나 이 부분까지 토를 달면 항아리 형상이나 측량술까지 언급이 있어야 하고, 무엇보다도 필자의 결벽증이 문제가 되니 이 부분은 중국어 번역 과정에서 오류라고 하자. 어른 중에는 사다리와 밧줄 타령하는 사람도 있었으니 계산상 항아리의 높이는 아마 어른 키만 하다거나 아무리 크다고 해도 당시 항아리 제작 기술에 한계가 있었을 것이므로 그다지 크지는 않았을 것이다. 아이가 거기에 빠졌다면 친구의 등을 타고서라도 항아리 입구에 올라갔었다는 이야기다. 빠져서 곧 죽을 상태라면 물이 어린아이 신장보다는 높게 차 있다는 뜻이다. 그런데 아이의 자세가 거꾸로 처박힌 상태라면? 몸이 거꾸로 처박혀 회전이 불가능 상태라면 항아리가 작아야 한다. 그러나 항아리가 작다면 어른이 아이의 발을 잡고 번쩍 들어 올리면 이야기는 끝난다. 더군다나 아이가 살려달라고 외쳤을 정도이니 항아리가 크든 작든 거꾸로 처박힌 상태에서도 얼굴이 물속에 잠길 정도는 아니라는 뜻이다.

위 전제의 내용으로 보아 항아리는 지상에 있었고 사다리나 밧줄을 이용할 정도였으니 입구가 넓으며 크고, 모여든 어른은 한사람이 아니고 몇 사람은 된다는 이야기다. 하다못해 한 사람의 어른이 또 한 사람의 발목을 잡은 채로 윗몸을 항아리에 집어넣고 손을 뻗치면 최소한 항아리의 절반까지는 닿을 것이다. 아이가 살려달라고 외쳤을 정도의 지각과 언어를 구사하는 능력으로 보면 그 아이의 신장은 항아리의 절반은 될 것이고 계속 물속에 잠겨 있지는 않았을 것이라는 이야기다. 여기까지 이야기로 본다면 항아리를 깨지 않고도 아이를 구해내지 못할 이유가 없다. 그러나 지금까지의 이야기에서는 간과한 것이 있다. 과학에서의 특이점과 비슷한 단어로서 '이상적'이라는 특수한 상황이 개입될 수 있는 것이다. 만일 항아리의 크기와 아이의 체형이 매우 이상적으로 맞아떨어진다면, 예를 들어 항아리 입구는 좁고 아이는 뚱뚱해서 아이의 몸이 항아리에 꽉 끼었다면 항아리를 깨지 않고는 아이를 구해낼 방법이 없다. 결과적으로 필자의 생각은 어리석었고 어린 사마광은 역시 현명했었다는 소리다. 이야기가 한 바퀴 돌더니 원점으로 되돌아오고야 말았다. 그러나 실망하지 말자. 그러는 사이 우리는 사마광의 교훈도 얻었을 뿐만 아니라 덩달아 그 반전도 체험해보았다. 자, 어떤가? 이렇게 자잘한 생각만으로 한편의 칼럼이 완성되지 않았는가!

:: 매우 비관적인 독후감

20세기의 석학 토마스 새뮤얼 쿤의 『과학혁명의 구조』를 읽었다. 김명자 전 환경부 장관이 공역한 책이다. 저자나 역자의 포스만 보더라도 이미 예상할 수 있는 사실이지만 책을 읽긴 읽었으나 필자(**이하 필자라 하고 책의 저자와 구분한다.**)의 얄팍한 지력으로는 감당이 어려운 난해한 책이다. 책 한 권 전체가 패러다임이라는 단어에 대한 설명인 것으로 보일 정도로 패러다임이 자주 나오는데 우리가 보통 '사조', '경향'이라는 정도로만 무심코 언급하고 있는 그 패러다임이라는 단어가 그토록 긴 설명을 늘어놓아야 할 정도로 복잡하고 비중이 있는 단어였음이 새삼 놀랍다. 책을 읽다가 어려운 문장 앞에서는 해독도 할 수 없는 난수표를 들고 앉아 뚫어지게 쳐다보고 있다는 생각이 들 지경이다. 차라리 덮고 그 시간에 두어 권의 책을 더 읽을 수 있지 않을까하고 읽는 내내 갈등도 된다.

360쪽에 해당하는 글의 양적 분량으로 보아 대략 3분의 1 정도는 얼핏 이해가 가지만 나머지는 도통 무슨 소리를 하는 것인지 이해가 가지 않는 내용이 대부분이다. 이해가 가는 3분의 1도 책을 덮고 나니 기억나는 것은 거의 없다. 나중에 생각해본 사실이지만 일반 서점가에서 이 책의 판매 부수가 상당하다면 필자의 수준이 그만큼 낮다는 사실일 것이다. 나는 세계적인 석학이 쓴 책을 '누구나 읽을 수 있도록 풀이해서 쓴' 책이라는 선전에 현혹이 되어 구매했다가는 읽으면서 후회하는 경우가 종종 있다. 지금처럼 말이다. 이 책을 완독하는데 꼬박 열흘을 할애했다. 물론 짬이 날 때마다 읽은 것이다. 그렇다면 내가 이 책을 읽고 나서 얻은 것은 무엇일까? 읽을 때만 이해를 하고 책을 덮고 나니 이미 까먹어버린 그 3분의 1에 대한 지식을 잠재적으로 습득한 걸까? 아니면 열흘이라는 시간적 길이에 대한 인내심을 기른 걸까?

한마디로 나는 그동안 책을 읽은 것이 아니고 다만 국문으로 이루어진 수많은 문장, 나아가서는 교과서 체로 이루어진 수많은 글씨를 읽은 것이라고 할 수가 있다. 상황이 그 지경임에도 읽다가 밑줄을 그어 둔 부분이 몇 군데 있어 확인할 겸 전체 내용을 군데군데 다시 훑어보았다. 그런데 읽었던 부분을 문장 단위로 곰곰이 살펴보니 이해가 가지 않던 부분도 가까스로 이해가 가는 부분이 나온다. 이것은 무엇을 의미하는가? 독자 즉, 지금 이 글을 쓰고 있는 필자가 이해하기에는 시간이 더 걸린다는 뜻이다. 바꿔 말하면 필자의 머리 회전이 따라주지를 못한다는 뜻이다. 말뜻을 알아듣지 못한다는 것은 지능이나 지식수준의 차이로부터 나타나는 결과로 이해할 수 있다. 이 말은 언젠가 앞에서 대체언어의 사용은 지식이 짧을수록 또는 기억력이 나쁠수록 빈도는 상승할 것이라고 했고 학력이 높다거나 지능이 높을수록 그때그때 마다 맞춤형의 정확한 단어를 구사할 수 있을 것이라고 했던 말과 맥락이 얼추 비슷하다.

필자의 일천한 독서 경험으로 미루어 자고로 지식인들의 습성은 글을 쓸 때 가능한 어려운 낱말과 수사법을 동원함으로써 자신들의 영역을 구축하고, 문장의 논리를 비틀고 또 비틀어, 그러나 문법상 심각한 오류가 없도록 교묘하게, 지능이나 지식이 어느 한계에 도달하지 않고서는 감히 알아들을 수 없도록 그 방법을 강구 해두고 있다는 생각이 든다. 글의 내용에 관한 한 자신들의 부류 외에는 매우 배타적이라는 뜻이다. 물론 책마다 수준이 있고 그 독해에 전문적 식견이 요구됨으로써 이를 접하는 과정에서 독자의 지식과 의식 수준이 함양될 수 있음에는 의심의 여지가 없으며 여기에 불만을 토로한다는 자체가 어리석은 행위일 것이다. 더군다나 지금까지 필자가 쓴 글에도 분에 넘치는 문장과 단어가 있을 수는 있다. 따라서 필자가 무지한 바람에 나오는 넋두리에 불과하겠지만 독자에게 하여금 인식을 모호하게 만들 수 있다고 생각되는 인자를 나열해보면 다음과 같다.

첫째, (여러 가지 이유로) 원서를 비교해볼 수가 없으니 지레짐작만 가는 경우로서 번역 과정에서 융통성을 결여한 경우를 들 수가 있을 것이다. 일국의 장관까지 지낸 저명한 학자의 번역 작품을 놓고 이 분야에 무지하기 짝이 없는 아마추어 작가가 태클을 건다는 자체가 무모한 행동일 수는 있다. 그러나 지금 이야기는 이 책(『과학혁명의 구조』, 토마스 쿤)에 한정된 이야기가 아니고 번역서를 읽으면서 지적 한계에 부닥칠 때마다 필자가 느끼는 감정을 피력하고 있는 것이니 오해 없기를 바란다. 이 책의 역자 후기에서도 원서에 충실하게 직역되어야 한다는 생각과 독자가 이해하기 쉬운 우리말이 되어야 한다는 생각에서 갈등을 겪었다고 역자 스스로가 밝혔듯이 언어는 나라마다 다르고 각각의 언어 간에는 문자 기호만으로는 서로 호환되지 않는 경우가 있거나 호환을 한다고 해도 직역이 현실에 부합되지 않는 경우가 있을 것이므로, 이때는 번역자가 가장 어울리는 단어나 문장으로 융통성을 발휘하여야 할 것으로 본다.

둘째, 굳이 번역의 결과가 아니더라도 문장을 좀 더 순화할 필요가 있다. 이를테면 이 책의 내용 중에서 "유기체의 진화를 과학적 개념의 진화에 관련시키는 유비는 너무 지나치게 비약하기가 쉽다."라는 문장의 경우, 해석이 모호하기도 하고 선뜻 무슨 말인지 이해가 어려운 측면이 있다. 여기서 '지나치게 비약하기가 쉽다'라는 말은 유비의 결과 즉, 둘 사이의 비교한 결과를 지나치게 확대 해석할 수가 있다는 뜻으로도 보이고 유비 자체, 즉 비교의 결과가 아니고 비교하는 과정을 지나치게 비약할 수가 있다는 뜻으로도 보인다. 따라서 이 문장을 필자의 해석으로는 "유기체의 진화를 과학적 개념의 진화에 견주어 비교하는 것은 그 결과를 확대 해석하기가 쉽다."라고 바꿀 수가 있다. 특히 '지나치게'라는 단어의 의미는 '너무'라는 의미를 함의하고 있음에도 둘을 연속 배치하고 있다. 이 책에서는 특히 조사의 연속배치가 난립하고 있다. "정상 연구의 문제들의"와 같이 조사 '~의'를 연속 배치하여 혼동을 야기하고 있다. 경우에 따라서는 이와 같은 배치가 부득이할 수도 있겠으나 가능한 이를 피하는 것이 좋다고 생각한다.

셋째, 필자가 이 책의 내용을 이해하지 못하듯이 사람에 따라서는 지금 필자가 쓰고 있는 이 글 자체가 이해가 가지 않을지도 모른다. 앞서 말했듯이 글의 수준과 독자의 의식이 맞지 않은 경우다. 이 경우 순방향일 수도 있고 역방향일 수도 있다. 즉, 수준이 높은 사람은 수준 낮은 문맥이나 말투가, 또는 그 역의 경우에는 문장의 수준이 높아서 자신의 지력으로는 이해가 가지 않을 수 있다. 여기서 순방향은 후자를 의미한다. 이를테면 누군가에게 농담할 요량으로 완곡어법을 사용하였는데 그것을 농담으로 받아들이지 않고 심각한 언어로 받아들이는 경우 화자는 참 무안하다. 특히 그것이 농담으로 가공되지 않고 욕설로 둔갑하는 경우라면 더욱 난감하다. 단어의 의미라든가 인용되는 전문적 지식을 이해하지 못하고서는 글의 전체적인 의미를 알아낼 수가 없을 것이다. 이 경우에는 저자가 독자를 배려하거나 독자 스스로 눈높이를 맞출 필요가 있다는 말이다. 따라서 이 대목은 저자(역자)가 독자인 필자를 배려하여 집필했을 리는 만무하므로 필자가 너무 어려운 책을 선택했다는 뜻이다. 참고로 필자가 쉽고 재미있게 읽을 수 있는 책은 공상과학 만화다.

넷째, 낱말의 배치가 문법에 어긋나는 경우이거나 논리적 오류가 내재해있는 경우다. 다른 책에서 인용을 하자면, "천문학자들은 은하와 같이 규모가 작은 우주 구조부터 조사했다." 필자가 자주 태클을 거는 문장 유형이다. 이 문장을 자세히 뜯어보면 분명 모순이면서도 말이 된다. 은하의 규모는 비교급이 아니라면 아무리 작다고 해도 작다고 표현할 수가 없을 만큼 큰 규모다. 위 문장에서는 '무슨 무슨 은하와 같이'라는, 어떤 상대를 두고 비교를 한 것이 아니고 전체적인 표현으로서의 은하를 언급하고 있다. 언뜻 보면 모순으로 생각되는 문장이다. 그러나 뒤에 은하보다 더 큰 '우주 구조'가 따라붙기 때문에 이 부분은 우주 전체에 대한 상대적인 표현으로 간주할 수 있는 경우다. "고기를 잡는 것도 어부가 할 일이고 고기를 잡지 않는 것도 어부가 할 일이다." 참 아름다운 문장이라는 생각이 든다. 그렇다면 이 문장은 어떤가? A라는 사람과 B라는 사람이 한집에서 동거하는데 두 사람 사이에 청소와 관련하여 당번을 정해두기로 한다. "청소를 하는 것은 A가 할 일이고 청소를 하지 않는 것은 B가 할 일이다." 같은 구조지만 후자는 도통 말이 되지 않는 문장처럼 느껴진다. 이처럼 단어의 선택과 문장의 배치에 따라 그 내용이 달라질 수 있고, 보는 사람의 시각에 따라 또는 읽는 사람의 지적 수준에 따라 그 의미가 다를 수도 있다. 감당도 할 수 없는 책이었다고 일갈을 하면서도 이렇게 태클을 걸고 있는 필자의 행동이야말로 참으로 뻔뻔스럽기도 하고 한편으로는 용감무쌍한 행동이라 아니할 수가 없다.

:: 너무 나가는 우리말

색상은 그것을 느끼는 주체마다 각각 주관이 다르다. 빨간색이라고 모두가 같은 느낌을 가지지는 않는다. 그 느낌의 차는 뚜렷하기도 하고 미묘하기도 하다. 글은 대체로 3가지 방향의 주관에 따라 해석될 수 있다. 필자의 주관, 독자의 주관, 글 자체가 가지는 주관이 각각 다르다. 필자에게는 의도한 대로 글을 구성하느냐가 중요하고 독자에게는 필자가 의도한 대로 생각하면서 읽어 주느냐가 중요하다. 또 글 자체가 갖는 주관은 필자의 주관이나 독자의 주관과는 사뭇 다를 수가 있다. 필자가 자기 주관에 따라 글을 쓰더라도 문법의 구성이 필자의 의도와는 다르게 표현될 수가 있기 때문이다. 그만큼 신중해야 한다는 뜻이다. 요즘의 언어로 뭔가가 어떤 상태에 놓여 있을 때를 지칭하는 말로 '그렇다'와 '완전 그렇다'로 그것을 표현한다면 어느 쪽이 더 사실과 가까울까? 물론 그냥 '그렇다'보다는 완전하게 그렇다고 강조하는 것이 어떤 상태에 놓여 있다는 사실과 더 가까울 것이다. 그런데 꼭 그렇지만은 않다. 예를 들면 "그 사람, 거기서 죽었다."와 "그 사람, 거기서 완전 죽었다."는 그야말로 그 뜻이 '완전' 다르다. 여기서는 강조된 '완전 죽었다'보다는 강조되지 않은 '죽었다'가 사실과 더 가깝다. 여기서 '완전'의 의미는 경상도사투리로 '얼반~'과 동의어이다. 즉, '완전 죽었다'는 거의 죽음에 가까웠다는 뜻일 뿐 실제로 죽지는 않았다는 말이다.

같은 말이라도 골라서 쓰는 것이 중요하다. 노년에게는 행복하게 노년을 '보내시기를' 바란다는 말은 참 쓸쓸하게 느껴질 수가 있다. 같은 말이라도 행복하게 노년을 '맞이하시기를' 바란다는 말이 청춘을 소진해버린 사람들에게는 그나마 위로가 될 것이다. 90 노인은 노년을 이미 맞이했으므로 전자가 더 어울릴 것이라고 생각할지도 모르겠다. 그러나 청춘은 칠십부터라는 말이 있다. '칠십부터'는 칠십 살의 주관일 뿐이다. 아흔 살의 주관으로는 인생은 아흔 살로부터 살게 되는 것이다. 아흔 살이 100살이 되려면 아직 10년이나 남았을지도 모른다. 따라서 지금부터라도 노인에게는 남은 인생을 '보내시라'고 권하기보다는 '맞이하시라'고 권하도록 하자. 얼마 전 히말라야 산악사고로 산악인들이 아까운 목숨을 잃는 사고가 발생했던 적이 있다. 방송에서는 연일 이 사건을 특집 뉴스로 보도하고 있었다. 희생자의 유가족이나 지인들에게는 청천벽력이랄 수 있는 사고였을 것이다. 뉴스 진행자 특유의 숨이 막히는 듯 바쁜 음성으로 첫 멘트를 날린다. "산악 사고로 목숨을 잃는 사례가 심심치 않게 발생하고 있습니다!" 첫 대목에서 문법에 어긋나는 듯한 이상한 부분이 발견된다. '심심치 않게'란 무료하지 않게, 즉 '재미가 느껴지게'로 바꿀 수가 있는 말이다. 인명이 희생되는 사건을 전하면서 심심한지 그 여부를 따지는 듯이 낱말을 쓰고 있다. 방송 언어가 표준어라면 분명 필자가 잘못 알고 있다는 뜻일 것이다. 국어가 하도 변하다 보니 이제는 무엇이 표준어인지도 분간이 어려워진다.

위와 비슷한 맥락으로, '극단적'이란 어떤 일의 진행이 끝까지 미쳐 더 나아갈 데가 없는 상황을 표현할 때 쓰는 단어다. '일이 극단적으로 치닫고 있다.', '극단적 상황' 등으로 활용이 된다. 언젠가 신문에 이런 기사가 났다. "러시아 중부 울리야노프주의 한 마을에서 16세 청소년이 일가족 5명을 살해하고 스스로 목숨을 끊는 극단적 선택을 해 충격을 던지고 있다." 여기서 필자가 묻건대 '극단적 선택'에 해당하는 문장은 어느 부분일까? 1) 일가족 5명을 살해하다. 2) 스스로 목숨을 끊다. 3) 16세 청소년이 살인을 하다. 아마 당시의 기자는 '스스로 목숨을 끊었다'는 결과를 극단적 선택이라고 쓴 것으로 보인다. 물론 위 문장 모두가 우리에게는 충격을 던지고 있다는 사실 자체가 극단적이라고 할 수가 있다. 그럼에도 불구하고 필자가 생각하기에는 스스로 목숨을 끊었다는 사실보다는 극악무도한 그의 행동 자체가 극단적 선택이라고 본다. 이를테면 일가족 5명을 살해한 행위가 극단적이며 16세 청소년으로서 그러한 행동을 서슴지 않았다는 자체가 극단적 선택이었다는 말이다. 더불어 그 어떤 사람일지라도 인명을 5명이나 살해한 후에는 자신이 죽어야겠다는 생각뿐일 것이므로 그가 죽은 것은 당연한 결과이며 만약 살아야겠다는 생각을 했다면 그 자체가 극단적일 것이라고 본다. 따라서 인명을 5명이나 살해한 극악무도한 인간의 자살 행위를 극단적 선택이라고 표현하기에는 당치도 않는 단어 설정이라고 본다.

미쳐버렸다는 정신이 돌아버렸다는 뜻이고 돌아버렸다는 뭔가가 이미 회전 동작을 마쳤다는 뜻이다. 미쳐버렸거나 돌아버렸거나 둘 다 정신병이 발병했다는 뜻의 과거형이다. 정신병은 정신분열증, 정신착란증, 우울증과 불안증, 강박증과 결벽증, 자폐증, 여타의 정신질환을 아우르는 말이지만 보통 정신분열증이라는 명칭으로 대표되는 질병의 총칭이다. "정신분열증 환자는 자신이 믿고 싶은 것은 극단적으로 믿고 의심하고자 하는 것은 극단적으로 의심하는 경향이 있다. 와해된 언어와 행동을 보이고 움직임과 의사소통이 심하게 둔화되는 등의 증상을 보인다." 이처럼 정신분열증의 극단적인 증세는 정말 정신이 분열된 듯한 증세로서 사실 '정신분열'이라는 단어보다 어울리는 표현은 없을 것이다. 내용을 따져보지 않고 정신과 분열, 단어의 연결 하나만 보고도 그 내용이 바로 짐작이 간다. 생각의 차이는 있겠지만 '정신' '분열' '정신분열' '정신분열증' 분해를 하든, 조립을 하든 그 낱말 자체가 그토록 혐오스럽거나 천박하지도 않다. 그런데 그 병명을 어감이 좋지 않다는 이유로 조현병이라는 생소한 이름으로 바꾸어놓고 말았다. 이름을 바꿀 수 있는 권리를 가진 자들의 생각만으로 말이다. 개명의 논리가 그러하다면 '동성애'라든가 '근친상간', '불량배' '조직폭력' 심지어 '사기꾼'이나 '정치인' 같은 낱말도 언젠가는 이 세상에서 사라져야 할 것으로 보인다. 조현이라는 말은 우리가 잘 쓰지도 않을뿐더러 필자의 생각으로는 정신분열증 보다는 조현병이라는 이름이 더 불편하게 느껴질 뿐만 아니라 최근 무분별하게 양산되고 있는 신조어의 발생 빈도만 높여 줄 뿐이다. 조현병이라는 단어만으로는 그것이 무슨 과자 이름 같기도 하고, 액체를 담는 그릇 같기도 하면서 그 뜻을 선뜻 짐작할 수가 없다. 더욱 문제는 정신 질환 자체가 우리에게는 크든 작든 혐오감을 수반하고 있다는 것이다. 그렇다면 조현병이라는 이름도 익숙해지면 언젠가는 그 자체가 혐오의 대상이 될지도 모른다는 사실이다.

그러한 이유로 바꿔야 한다면 정작 바꿔야 할 이름으로는 '무도병'이라는 병명을 들 수가 있을 것이다. 환자의 비틀리는 움직임이 때로는 춤사위 같아 보이기에 붙여진 이름이다. 그 어떤 질병이든 증세가 심각한 환자에게는 농담도 신중해야 한다. 하물며 비틀거리는 환자에게 춤을 춘다고 표현을 한다면 조롱으로 들릴 수가 있다. 무도병의 원어는 그리스어로서 잘못 전달되면 KOREA가 될 수도 있는 chorea이다. 실제로 미국식 발음으로는 '코리아'이다. 혹신 일변도에 있는 우리의 정서에서 이 병명은 원어든 국어든 얼른 손을 봐야 할 것으로 보인다. 어떻게 보면 이름을 바꿔야 한다는 이러한 행위도 정도가 심하면 결벽증이나 강박증으로 분류될 소지가 있다. 모든 것을 개선의 대상으로 보는 어느 교육청에서는 '수평적 호칭제'라는 이름으로 선생님을 쌤 또는 님으로 호칭을 공식화하자는 의견을 공론에 부친 적이 있다. 교장선생님을 '교장 쌤', 김대중 선생님을 '김대중 님', 이렇게 말이다. 학생들에게도 이름자 뒤에 '님'자를 붙이는 것을 고려하고 있다고 했다. 매사에 다소 보수적이고 고리타분한 성격인 필자만의 생각일지는 모르겠으나 한마디로 호칭의 위계질서가 엉망진창이 된다. 이러한 현상은 매사에 간편한 것만을 지향하고 생략을 즐기며, 낡은 것은 부당하다고 생각하고 있는 현시대의 이기심과 무관하지 않다는 생각이 든다. 부디 국어가 그들의 이기심으로부터 무사하기를 바란다.

∴ 경제원론

재화는 교환되거나 소비될 때 재화로서의 가치를 발한다. 경제학에서 재화는 경제재와 자유재, 단용재와 내구재, 사유재와 공공재 등으로 나누고 배제성과 경합성으로 그 특성을 분류하기도 한다. 집이나 시설은 마냥 존재하는 것은 아니다. 집이나 시설도 내구연한이 존재한다는 측면에서 일종의 소비재이기 때문에 누군가 소비를 하고 있다고 볼 수가 있다. 집이나 시설의 소비는 다각도, 다중화로 이루어진다. 여러 경로를 거쳐 이루어지기도 하지만 주인만 그 소비에 참여하고 있는 것이 아니라는 뜻이다. 어떤 커피숍이 있는데 단위 면적당 천만 원을 들여 인테리어 시설을 했다고 치자. 이 커피숍의 인테리어 시설은 경제재, 내구재이며 사유재이다. 누군가 주인이 있고 내구연한이 있으며 권리금을 받고 처분할 수도 있는 것이다. 주인은 정기적으로 또는 다른 볼일이 있을 때는 가끔 커피숍 문을 닫을 수도 있고 커피숍에 손님이 많아서 더는 앉을 자리가 없을 때는 뒤에 오는 손님은 배제가 되고 먼저 자리를 잡기 위한 노력도 필요하다. 그렇다면 이 커피숍은 배제성과 동시에 경합성을 지닌다고 보아야 할 것이다.

A와 B, 두 사람이 5천 원씩 갹출하여 이 커피숍에서 커피를 마시는데 각자 다른 공간에서 커피를 마신다고 하자. A는 그냥 길거리에 서서 커피를 마시기로 하고, B는 단위 면적당 천만 원을 들여 근사하게 인테리어 장식을 한 바로 그 커피숍에서 분위기를 잡고 앉아서 커피를 마신다고 한다면, A는 인테리어 시설의 사용이라는 측면에서 배제된 사람이고 B는 단위 면적당 천만 원짜리 커피숍의 인테리어 시설을 잠시나마 소비하고 있다고 보아야 한다. 그렇다면 두 사람이 마시는 커피의 가치는 같은

것일까? 각각 5천 원을 지불하고 구입한 커피이니 원가는 같을지 모른다. 그러나 5천 원은 A와 B 측면에서의 원가이고 커피숍 주인의 원가와 필자 측면에서의 원가는 사뭇 다르다. 커피숍 주인의 원가는 간단한 계산으로, (매출 수익-시설 비용)÷판매 수량으로 구해낼 수가 있는데 여기서 매출 수익은 매출 총액에서 제조 원가 총액을 뺀 금액이며, 시설 비용은 내구연한을 고려한 시설비에서 잔존가액을 뺀 금액이다. 여기서 총판매 잔 수로 나누면 커피 한 잔의 가격이 결정된다. 물론 커피 가격도 품종별로 여러 가지가 있을 테고 계산요소나 방법도 좀 더 복잡하겠지만 여기서는 생략한다.

필자 측면에서의 커피값 산출은 위 산출 방법에도 불구하고 좀 더 복잡하다. 대략 위 커피숍 주인의 원가에 B가 커피를 마시는 시간×(커피숍 주인의 만족도+B가 커피를 마시는 시간 동안의 만족도)/2가 추가된다. 커피숍 주인이나 필자의 측면에서는 커피숍 주인의 경영상 손익분기점에서 원가가 결정된다고 볼 수 있다. 커피숍 주인이 이 커피숍을 운영하는 전체 기간에서 차변과 대변의 합이 ±0일 때 커피값의 원가는 0이라는 뜻이다. 즉, 바로 이때 A와 B의 커피값은 각각 5천 원이 된다. 커피숍 주인의 계산법으로는 자신이 호황을 누릴수록 A와 B의 커피값은 저렴해지고 자신이 경영에서 적자를 볼수록 A와 B의 커피값은 비싸진다. 반면 필자의 계산법으로는 A와 B의 커피값이 또 다르다. A의 커피값은 커피숍 주인의 계산법과 같으나 인테리어 시설을 소비하고 있다는 측면에서 B의 커피값은 커피숍 주인과 B, 심지어는 지나가는 사람들의 느낌까지도 영향을 미친다. B는 5천 원으로 경우에 따라서는 수십만 원에 해당하는 커피를 즐길 수도 있다. 비싼 시설일수록, 손님이 적을수록, 또한 인테리어 시설이 아름답게 느껴질수록 거기서 마시는 커피값의 가치는 높아지는 것이다. 여담이지만 분위기에 젖다 보면 상대방도 더 괜찮거나 아름답게 보일 수가 있다. 미혼의 남녀가 이 커피숍에서 만나 사랑을 고백하고 결혼에까지 골인할 수 있을지 어떻게 알겠는가?

천만 원의 시설이라고 할지라도 누군가가 그 분위기를 느끼지 않고서는 천만 원의 가치를 다한다고 볼 수가 없다. B가 단위 면적당 천만 원짜리 인테리어 시설 속에서 커피를 마시는 동안 아무 생각도 없이 먼 산만 바라보면서 커피를 마시고 앉았다면 천만 원의 인테리어 시설은 B에게는 무용지물이다. 그런데 손님이 띄엄띄엄 앉아있는 모습으로 커피숍으로서의 분위기가 빛을 발한다면 그 호화로운 시설 속의 B는 소품으로 작용하는 것이다. 누군가가 소품 B가 앉아있는 그 각도로 분위기를 느끼고 있다면 좀 전의 B가 스스로 느끼지 못해 박탈당하는 그 가치는 환원이 될 수가 있다. 얼마 전 필자의 일터건물 관리사무소에서 건물을 이용하는 '모든 소비자'에게 점심을 제공한 일이 있다. 건물 1층에 있는 식당에서 점심을 먹고는 바로 옆에 작은 커피숍에서 커피까지 한잔 씩 마실 수 있도록 배려해주었다. 필자와 동료들은 거기서 제공해준 대로 점심을 해결하고는 그 작은 커피숍에서 잠시나마 작고 앙증맞은 인테리어 장식을 감상하면서 커피를 마셨다. 이 글은 그날 거기서 도출된 글이다. 필자는 그날 소비자 측면에서 여러 가지 소비를 수행하고 있었다. 아침 출근을 하면서 자동차를 소비하고, 회사에서는 빌딩을 소비하고, 사무실 구석구석을 소비하고 있었으며, 식당에서는 음식을 소비하고, 마침내 그 커피숍에서 커피와 인테리어 시설을 소비하고 있었던 것이었다. 시간이 흐르는 한 우리는 모든 것을 소비할 뿐이다. 어쩌면 우리의 육신까지도.

∴ 치악산 에피소드

추석 연휴 중에 가족들과 함께 난생처음 치악산에 올랐다. 8년을 원주에 살고 있지만, 지척에 두고도 처음 올라보는 그 유명한 명산 국립공원 치악산이다. 그동안 산이라고는 해발 300고지의 집 뒷산만 줄기차게 오른 쾌거였다. 정상에 거의 다다랐을 무렵에 어린아이를 안은 채 산을 오르고 있는 잘 생긴 젊은 백인 가족을 만났다. 뭐가 불만인지 아이는 엄마 품에서 연신 칭얼대고 있다. 잠깐 쉬면서 아이를 내려놓아 가까이서 볼 기회가 있었는데 두어 살쯤 돼 보이는 아이가 부모를 닮아서인지 인형처럼 예쁘고 귀엽다. 아이의 볼을 쓰다듬어 주고 싶지만, 특히 외국인이라 실례가 될 것 같아 눈으로만 빙그레 웃고는 말았다. 우리나라 사람끼리라면 아이가 귀여워 볼을 쓰다듬는 행위는 미덕이라고 생각되고 더군다나 누군가가 자기의 아이를 귀여워해 준다는 사실은 고맙고 기분이 좋은 일일 테지만 이제 그것도 옛날이야기다. 우리와는 상식이 다른 외국 문화가 나라 전역에 전염병처럼 번지고 있기 때문이다. 동성애와 함께 소아성애라는 희귀한 단어가 문제가 될 수 있는 현대에서 귀엽다는 생각은 자칫 성적 욕구로 오해받을 소지가 있다. 세상이 이토록 요지경처럼 돌아가고 있는 이때 그나마 정신이 맑고 붙임성이 있는 집사람은 그러한 사실에 아랑곳하지 않는다. 평상시부터도 워낙 아이를 좋아하는지라 그 어여쁘고 귀여운 아이를 목도하고도 그냥 지나칠 리가 없다.

말도 통하지 않는 아이 엄마로부터 슬그머니 아이를 빼앗더니 놓아주지를 않는다. 집사람에게 아이는 말이 필요 없다. 아무리 울던 아이도 품에만 가면 뚝 하고 그치는 마력을 지닌 집사람이었다. 그 칭얼대던 아이는 집사람의 손에 가더니 연신 깔깔대며 웃기만 한다. 그러나 방금 염려한 바와도 같이 내가 알기로 외국인의 사고방식이 우리와는 사뭇 다르다고 배웠기에 나는 혹시라도 아이 엄마가 집사람의 행동에 대해 못마땅하게 생각하지나 않을까 싶어 노심초사 그 아이 엄마 눈치만 살피고 있었다. 그나마 다행스럽게도 아이 엄마는 집사람을 신뢰하는 눈치다. 좀 더 친해지고 싶은 마음에 말이라도 한번 걸어보고 싶다는 생각을 했다. 그 사람들은 어딘가 모르게 유럽 쪽에서 온 사람들일 것이라는 예감이 든다. 내 예감이 맞는지 갑자기 궁금해진다. "당신들 어디서 왔습니까?" 간단하게 물어보면 될 일이다. 그러나 하는 행동으로 보나 그들은 우리말은 알아듣지 못할 것이므로 발성 기관이 감당하기도 어려운 "where are you from?"이라는 꼬부랑 글을 목구멍에다 장전을 했다. 그러고는 아이 엄마를 향하여 자세를 잡는다.

그동안 살면서 우연히 만났던 필리핀인이나 인도네시아인 등 동남아인과는 서투른 영어 단어를 섞어가며 그나마 표정으로 대화를 해본 사실이 있으나 비록 단문이지만 문장으로 하는 백인과의 대화는 처음이다. 발음이 될지 몰라 속으로 "웨얼 아 유 프롬."을 두어 번 연습을 하고는 이윽고 "웨-."라고 첫마디를 떼는데, 이 여자는 대뜸 "체코!"라고 또렷하게 응답을 해버리고 만다. 나의 질문이 음속이었다면 그녀의 답변은 가히 광속을 넘어서는 순발력이다. 어떻게 알았을까? '웨'라는 1/2음절과 함께 나의 자세만으로도 그녀는 내가 벼르고 벼르던 그 어려운(?) 뒤의 문장까지도 이미 숙지를 해 버리고 말았던 것이었다. 그 뒤에 따라오는 "얼 아 유 프롬."은 그녀의 전광석화와도 같이 또렷한 응답 한참 후에 힘없이 주저앉는 한여름 뙤약볕의 엿가락처럼 축 늘어져 맥없이 흘러내리고 있었다. 결과적으로 나는 평생 올까 말까 했던 그 절호의 외국어 실습 기회를 졸지에 박탈당하고 말았던 것이었다. 단 한 가지 위안이 되는 것은 내가 뱉은 그 '웨-'라는 단발 음이 얼마나 정확했으면 그 한마디로 그녀의 순발력을 유도해낼 수가 있었는가 하는 사실이다.

그런데 여기서 짚고 넘어가야 할 것이 있다. 방금 나는 처음 보는 그 외국인들의 신상에 대해 내 자의로 결정한 부분이 몇 가지가 있다. 그 남녀가 부부인지를 내가 어떻게 알았을까? 그리고 그녀가 그 아이의 엄마인지 내가 어떻게 알았을까? 물론 그들이 유럽 사람이라는 것은 나의 직감으로 알아낸 사실이고 이미 체코인이라는 사실을 그들 구성원 중 한 명의 짧은 진술로 확인을 했다. 그러나 나머지에 대해서는 확실히 알지도 못하면서 추측만으로 그렇게 단정을 짓고 있었던 것이다. 우리는 남녀 두 사람이 산속에서 같이 있다면 부부로, 거기에 아이가 같이 있다면 가족으로 추측을 한다. 그것이 사실인지 아닌지는 확인한 바가 없다. 설령 남녀가 부부라고 하더라도 그 아이가 그들의 자식인지도 명확하지 않다. DNA를 분석해보면 알 수 있을까? 그것도 의심이 갈 뿐, 우리는 다만 추측할 뿐이다. 이제까지 동쪽에서 해가 떴으니 내일도 동쪽에서 해가 떠오른다는 것은 사실이 아니고 아마 그렇게 될 것이라는 우리의 추측일 뿐이다. 우리는 대부분을 그렇게 편리한 대로 추측을 하고 그것이 기정사실인 양 생각을 하면서 세상을 살고 있다. 다만 우리의 추측은 지나고 보면 놀랍게도 사실과 잘 맞아떨어지고 있을 뿐이다.

1_ 배중원리(排中原理)

형식 논리학에서 사유 법칙의 하나. 배중률(排中律), 배중법, 제3자 배척의 원리라고도 한다. 어떤 명제와 그것의 부정 가운데 하나는 반드시 참이라는 법칙을 이른다. 어느 것에 대하여 긍정과 부정의 서로 모순되는 두 가지 명제가 있는 경우, 하나가 참(眞)이면 다른 하나는 거짓이고, 다른 하나가 참이면 하나는 거짓이라는 경우처럼 이것도 아니고 저것도 아닌 중간적 제3자는 인정되지 않는 논리법칙을 말한다. 고전 논리학에 있어서 이 원리는 'A는 A가 아니고 비(非)A도 아닌 어떤 것일 수는 없다'라는 꼴로 표현된다. 즉, 두 개의 서로 모순되는 판단이 쌍방 모두 성립하지 않는다는 것은 있을 수 없다는 원리이다. (네이버)

2_ 에너지보존법칙(law of energy conservation)

운동에너지, 위치에너지, 열에너지, 빛에너지, 소리에너지, 전기에너지, 화학에너지 등 많은 형태의 에너지들은 갑자기 생기지도 않고 사라지지도 않는다. 서로 모습을 바꾸어 나타날 뿐이다. 에너지가 다른 에너지로 전환될 때, 전환 전후의 에너지 총합은 항상 일정하게 보존된다는 것이 바로 '에너지보존의 법칙'이며, 이는 물리학의 기본 법칙이다. 특수상대성이론에 따르면 질량이 곧 에너지가 되므로 에너지보존은 질량보존과 함께 다루어지기도 한다. (두산백과)

시간은 흐르는가

펴 낸 날 2020년 10월 8일
2쇄발행 2021년 7월 23일

지 은 이 이창우
펴 낸 이 이기성
편집팀장 이윤숙
기획편집 윤가영, 이지희, 서해주
표지디자인 이윤숙
책임마케팅 강보현, 김성욱
펴 낸 곳 도서출판 생각나눔
출판등록 제 2018-000288호
주 소 서울 마포구 잔다리로7안길 22, 태성빌딩 3층
전 화 02-325-5100
팩 스 02-325-5101
홈페이지 www.생각나눔.kr
이 메 일 bookmain@think-book.com

• 책값은 표지 뒷면에 표기되어있습니다.
ISBN 979-11-7048-148-5(03400)

• 이 도서의 국립중앙도서관 출판 시 도서목록(CIP)은 서지정보유통지원시스템 홈페이지(http://seoji.nl.go.kr)와 국가자료공동목록시스템(http://www.nl.go.kr/kolisnet)에서 이용하실 수 있습니다(CIP제어번호: CIP2020040794).